DIFFERENTIAL AND
INTEGRAL CALCULUS

まずはこの一冊から
意味がわかる
微分・積分

●●● 岡部恒治 | 本丸 諒 著
Tsuneharu Okabe | Ryo Honmaru

微分・積分の意味がわかると、数学がさらに好きになる
――「はしがき」に代えて――

　私は高校時代、数学は好きでしたが、その中では「微分・積分」はあまり好きな科目ではなく、どちらかというと、苦手な分野でした。その頃は、「微分・積分は lim やインテグラルで計算するだけの、つまらない科目だ」と思っていたほどです。

　そのように微分・積分を考えてしまう状況は、現在も変わらず続いているようです。

　というのは、2年ほど前に誘われて「わかる数学の授業」という研究会に参加し、首都圏のある高校で、微分・積分の授業をした経験があるからです。そのとき、「微分・積分について、どう思っているか」というアンケートをとってみたところ、「微分・積分の計算自体はできるけれども、それが何を意味しているかがわからない」「何に使えるのかがわからない」と答える生徒が何人も出てきました。

　「微分の計算はできるけれど……」という以上、数学に関しては優秀な学生なのだろうと思われるのに、「計算ばかりで、意味がわからない」と嘆いていたのです。

　そこで本書を執筆するにあたっては、そのときの経験も踏まえ、微分・積分の計算ができるだけではなく、**微分・積分の意味がわかること**に重点をおくことにしました。

　さて、日本では、「微分・積分の一応の完成」が高校数学の最終到達点として考えられています。また、数学者をはじめとして、多くの方にも、微分・積分が数学教育の中で最も重要なジャンルの一つであることは認めていただけるでしょう。

　実際、多くの科学技術の発見、製品開発などが微分・積分の成果として生まれています。その最初の例はイギリスのエドモント・ハレーによる「ハレー

彗星の発見」です。彼は当時（1682年）現れた大きな彗星が、実は75年前にケプラーが観測したもの（1607年）と同じ彗星であることをニュートンの助けを借りて示しました。

　当時の多くの人は半信半疑でした。同じ彗星が、何度も地球に接近することなどありえない、と考えていたからです。ところがハレーの死後、予告どおり、その彗星が現れたのです（600日ほどのズレはありましたが、これは木星と土星の摂動によるもので、事前に予想されていました）。

　こうして人々は微分・積分の威力を目の当たりにすることになりました。いまでは人工衛星や、火星探査ロケットまで打ち上げられるようになりましたし、かんたんな微分・積分計算だけで、静止衛星の速度やケプラーの法則なども示すことができます。本書でも、これらの事例をいくつか紹介しておきました。

　このような微分・積分の軌道計算は、「**変化するものすべてが対象**」になります。その中には、台風の進路予想やクルマのナビゲーションシステムもあります。

　また、経済学の理解には微分・積分学は必須ですし、言語学や心理学などにもその成果は生かされています。

　しかし、それはまだ、微分・積分の役割のほんの一面でしかありません。
　私自身、微分・積分の応用の広いことは当然、理解しているつもりでした。けれども、大学で勉強し、講義をする中で、**微分・積分がものごとを統一的に眺め、根本的に理解するための強力な道具になる**ことを痛感し、その認識がさらに深まってきました。

　もし、微分・積分の意味を根本的に理解すれば、遠回りのように見えても、暗記量も減らすことができるでしょうし、さまざまな変化にもうまく対応できるでしょう。ですから、微積分の思考法は、ほかの分野の勉強にも大変役に立つものなのです。

　そうすると、高校時代には、積分による面積や体積の計算はツマらないものに見えていたのに、そのような計算でさえ、生き生きとし、工夫し、楽し

いものに感じられるようになりました。

　ぜひ、皆さんにも、本書を通じて微分・積分の計算法だけでなく、思考法の楽しさ、すばらしさ、おもしろさ、社会への役立ちなどを知っていただければと思います。そして、さらに数学に親しんでいかれることを願っております。

　最後になりましたが、本書の執筆にあたり、われわれを支えてくれたベレ出版の坂東一郎氏に深い感謝の意を表したいと思います。

　2012 年 2 月

著者

まずはこの一冊から　意味がわかる微分・積分　● もくじ

微分・積分の意味がわかると、数学がさらに好きになる …………… 3
──「はしがき」に代えて──

第0章　微分・積分のイメージをつかむ

1　「微分＝虫の目」で眺めてみる ………………… 14
　　曲線をどんどん拡大していくと／「微分できない」こともある？

2　曲線で囲まれた面積を考える「積分」………… 17
　　ナイル川の氾濫が積分発祥のきっかけ？

3　微分と積分の関係は？ …………………………… 20
　　クルマの「走行距離・速度」を考えてみよう／「移動距離→速度→加速度」の関係／さまざまな情報が1本のグラフから得られる！

4　開花時期の予想と積分 …………………………… 25

5　砲弾の軌跡と台風の進路 ………………………… 27
　　微分は戦争とともに発展した？／微分・積分の応用は幅広く、楽しい

第1章　x^n の微分がすべての基本！

1　「距離、速度、加速度」が「微積」をつなぐ …… 32

2　$f(x) = c$ の微分は？ ……………………………… 36

3　1次式 $f(x)=x$ の微分は？ ……………………………38

4　2次式 $f(x)=x^2$ の微分は？ ……………………………41

　　曲線に接線を引いてみる／2次関数の「微分の法則性」を知りたい……

5　3次式 $f(x)=x^3$ の微分は？ ……………………………45

　　3次関数を微分の定義から考える

6　x^n を微分すると ………………………………………48

7　$(x^n)'=nx^{n-1}$ を証明する ……………………………50

　　パスカルの三角形と二項定理／ルート（平方根）の微分は？

8　$f(x)=ax^3+bx^2+cx+d$ を微分する ………………55

コラム　ニュートン、ライプニッツ……微分記号の違いは？

第2章　sinとcos、対数を微分する

1　sinを微分すると、何になる？ ……………………………60

　　サインカーブを描いて考えると……／cosを微分する／三角関数の微分の法則性が見えてきた／人工衛星の速度は三角関数の微分で……

2　$(\sin)'=\cos$ となる証明 ……………………………67

　　「sinの微分→cos」を証明する／「cosの微分→－sin」を証明する

3　指数を微分すると、どうなる？ ……………………………71

　　ネイピア数 e と自然対数／指数を微分すると、どんなグラフになるのか？

4　不思議の国の「e」 ……………………………………76

e の定義／シャイロックの末裔の秘策とは？

　5　対数 log を微分するには ………………………… 79
　　　　対数は指数の逆バージョン／対数の微分公式の証明

　6　指数・対数の微分は何の役に立つ？ ………… 84
　　　　指数・対数を微分して化石の年代測定？

第3章　「極値」を究めよう！

　1　グラフは増加・減少の連続だ ………………… 88
　　　　「区間」によってグラフの傾向が変わる／「増減無し」の地点を探せ

　2　増減表とはどういうもの？ …………………… 91
　　　　グラフの増減は「接線の傾き」と一致／増減表は「コブの位置」を見つける道具

　3　増減表でグラフの形を調べる ………………… 96
　　　　「増減無し」の点を探すことから始める

　4　極大値・極小値を求める …………………… 103

　5　最大値・最小値では、端点に注意 ………… 106
　　　　「極値」とはどう違うのか？／いよいよ最大値・最小値を求めてみる

　6　最大値・最小値トレーニング ……………… 111
　　　　最大値・最小値は「習うより慣れよ」／デフォルメ・グラフでわかりやすく

第4章　微分の応用問題にチャレンジ！

1. 落下の法則をグラフにする……………………116
   ガリレオの実験と微分／真上に投げると……
2. ブリキの板で最大の箱をつくる………………120
   少ない材料で最大のものを／切り取る部分を変えると
3. 三角の箱の最大容量は？………………………125
4. 球の中の円錐を最大にする……………………128
5. 3次関数が3実根をもつ問題…………………130

第5章　積分だからできる面積計算

1. マス目で面積に接近してみる…………………136
   両側から接近するアルキメデスのアイデア
2. 積分とは「微分の逆操作」………………………139
3. インテグラルの意味と不定積分………………145
4. 範囲が定まっている定積分……………………150
5. x軸より下にある面積の計算法は？…………155
6. 2つの関数 $f(x), g(x)$ で囲まれた面積………158
   ミスしない積分の計算法

　コラム　古代エジプト人は、円の面積を正方形に置き換えた？

第6章　ドーナツ型からカバリエリまで

1　体積は薄片を集めたもの ……………………………… 166

　　　１ミリ幅のシリコンウエハ／体積は薄く切った面積の集まり？

コラム　加速度の加速度は「加々速度」

2　x軸に沿った回転体をつくる ………………………… 171

　　　回転体は積分の定番／円錐、円柱の体積

3　y軸に沿った回転体をつくる ………………………… 175

4　ドーナツ型の体積を測る ……………………………… 179

　　　円を回転させてドーナツ型をつくる／２つの回転体の引き算で／発想を変えてドーナツ型の体積を考える

5　パップス・ギュルダンの定理 ………………………… 184

6　地球の体積を考える …………………………………… 186

　　　まず、断面積を求めることから／積分を使わずに、積分発想だけで考える

7　カバリエリの原理は万能の積分ツール ……………… 190

　　　面積、体積に役立つカバリエリの原理／長さが２倍のとき、面積は？

8　カバリエリの原理で球の体積を求める ……………… 194

　　　アルキメデスお気に入りの「球：円柱」の比

第7章　微積に自信！　４つの計算法則

1　「積の微分」という方法 ……………………………… 198

　　　使い勝手のいい「積の微分」／「商の微分」とは

2 「合成関数の微分」という方法 …………… 201
　　ややこしい関数は「合成関数の微分」で対応／少しレベルの高い計算もラクラク

3 「置換積分」という方法 ………………………… 206
　　展開せずに積分する／一見、むずかしそうだが……

4 定積分での置換積分は「範囲」に要注意 …… 211
　　区間の変更を忘れない！

5 円の面積公式を置換積分で ………………………… 214
　　円の面積＝πr^2はホント？

6 「部分積分」という方法 ……………………… 218
　　積分しにくいものを扱う／$\log_e x$を積分する法

第8章　ニュートン近似が好きになる

1 シンプルな台形近似の方法 ……………………… 224

2 台形近似よりよい近似のシンプソンの公式 …… 226
　　2次曲線で面積に接近する／πの近似値を出す

3 ニュートン法で近似する ………………………… 232
　　微分を使って$\sqrt{5}$や$\sqrt[3]{5}$を近似計算する／繰り返して近似していく

4 ニュートン法の一般式 …………………………… 238
　　ニュートン法の一般式を求める

5 表計算ソフトでニュートン法 ……………………… 241

6 70を利率で割ると ………………………………… 244

$\log(1+x) \fallingdotseq x$ となる？

第9章　微分方程式を楽しもう！

1　「流れ」を予測する ……………………………………… 250

2　静止衛星の速度を求める …………………………… 252

　　位置を微分→速度、速度を微分→加速度／遠心力と重力加速度がバランスする！／微分方程式で知的世界が広がる

3　ケプラーの第3法則を求める …………………… 257

4　化石の年代測定と微分 ……………………………… 259

　　放射性元素の半減期／微分方程式を立てて解く

さくいん(Index) ………………………………………………………… 262

第 0 章

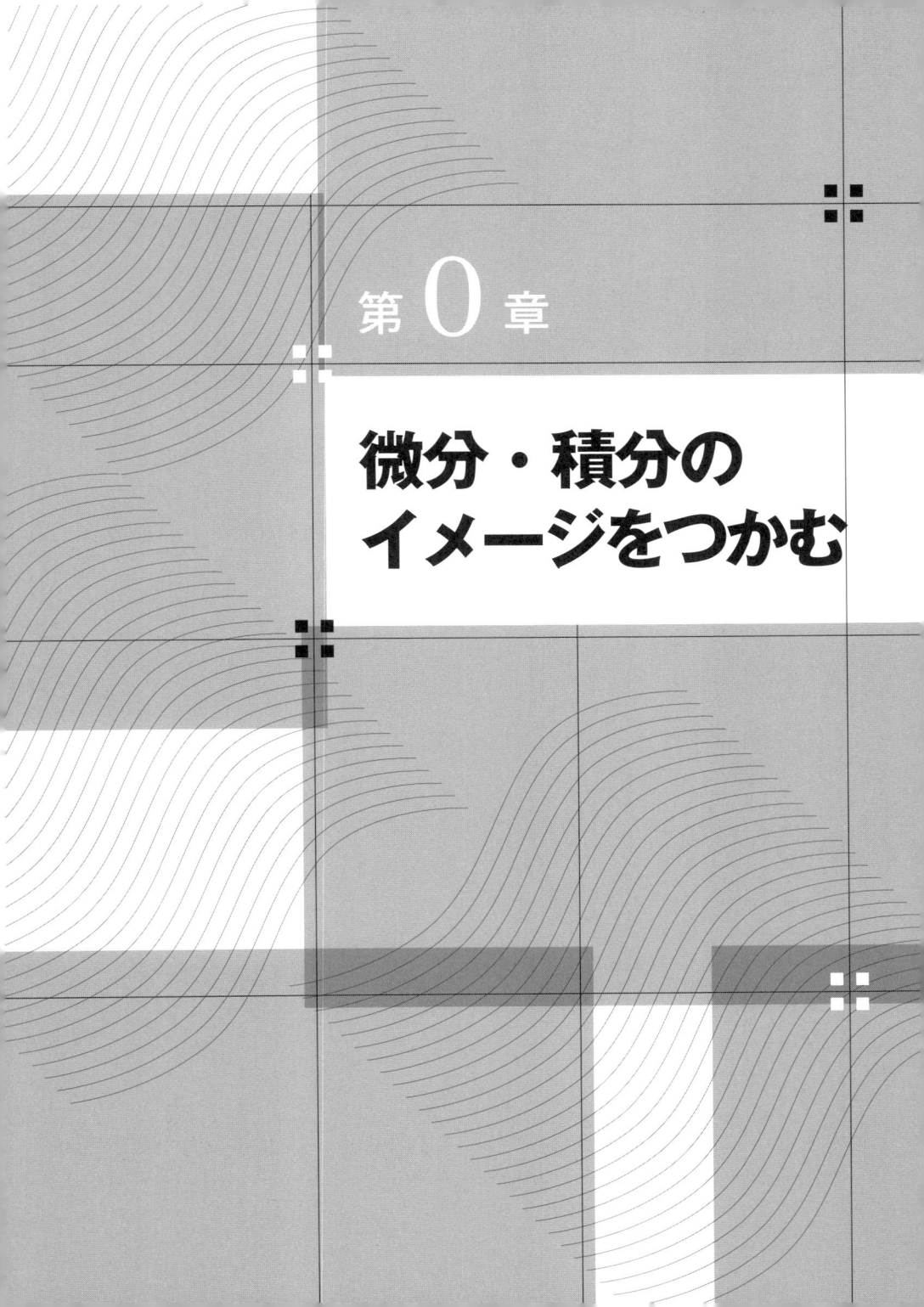

微分・積分の
イメージをつかむ

■第 0 章 ■　　　　　　　　　　　　　　　　　微分・積分のイメージをつかむ

1　「微分＝虫の目」で眺めてみる

■曲線をどんどん拡大していくと

　私たちはいつも、自分の目線でものをとらえ、それによって世の中の多くの現象を理解しようとしがちです。ただ、ときどき視点を変えることで、いままでにない見え方を感ずることもあります。

　たとえば、きれいな花畑を写真に撮す場合でも、ふつうに立って撮すだけでなく、地面いっぱいまで這いつくばり、その位置からファインダーを覗いてみると、自分がまるで虫になり、巨大な茎と茎の間を駆け抜けていく感覚を感じたりします。

　実際、「発想の転換」という場合、よくいわれるのが「鳥の目・虫の目」です。この「**鳥の目・虫の目**」をもつことで、新しい世界を感じとり、新しい分析をすることもできるのです。

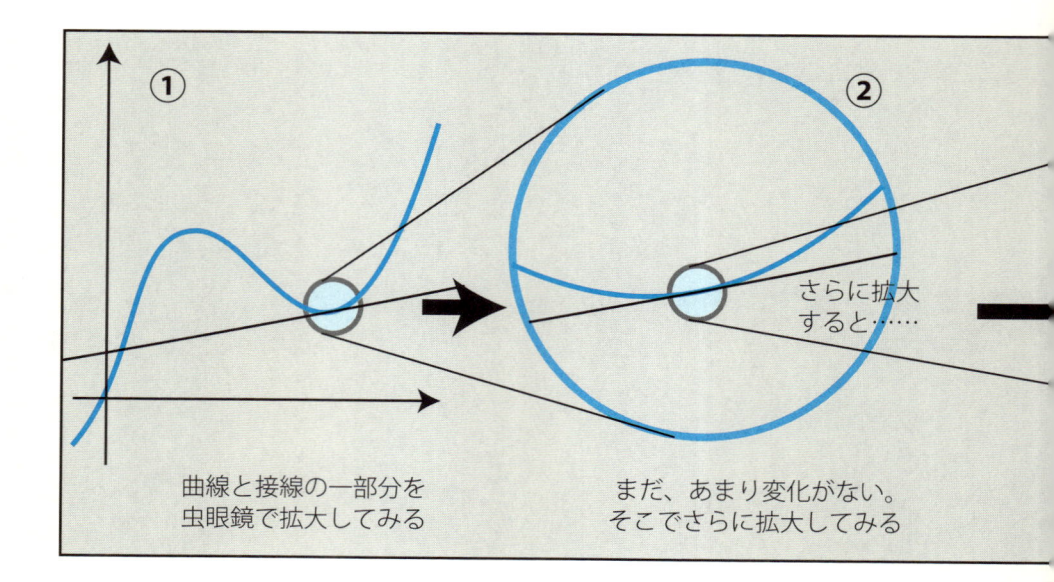

① 曲線と接線の一部分を虫眼鏡で拡大してみる

② まだ、あまり変化がない。そこでさらに拡大してみる

さらに拡大すると……

次のグラフを見てください。①には曲線のグラフと、その曲線に引かれた接線が描かれています。曲線のグラフと接線とは、誰が見ても形が違います。この①の図を虫眼鏡を使って拡大してみたのが②の図です。②は①を単に拡大しただけで、まだ大きな変化を感じません。

　けれども、さらに③、④へと拡大していくとどうでしょうか。曲線と接線の2つはほとんど一致し、両者の違いを感じなくなってしまいます。

　この現象は、「**なめらかで、連続な曲線**」のどこに接線を引いても同じです。そして、その「接線の傾き」が、それぞれの接点における「グラフの上向き加減」、あるいは「下向き加減」を示していることにも気づきます。

　ある接点では「急激な上向き度合い」を示し、ある接点では「なだらかな上向き度合い」を、さらには水平状態（つまり、増減無し）を示している接点もあるでしょう。

　このように、なめらかな曲線（線でなく、曲面でもいい）に接線を引き、その「**接線の傾き**」を求めることで、もとの曲線の「グラフの伸び率」を示すことができます。このような「虫の目」作業のことを**微分**と呼んでいるのです。

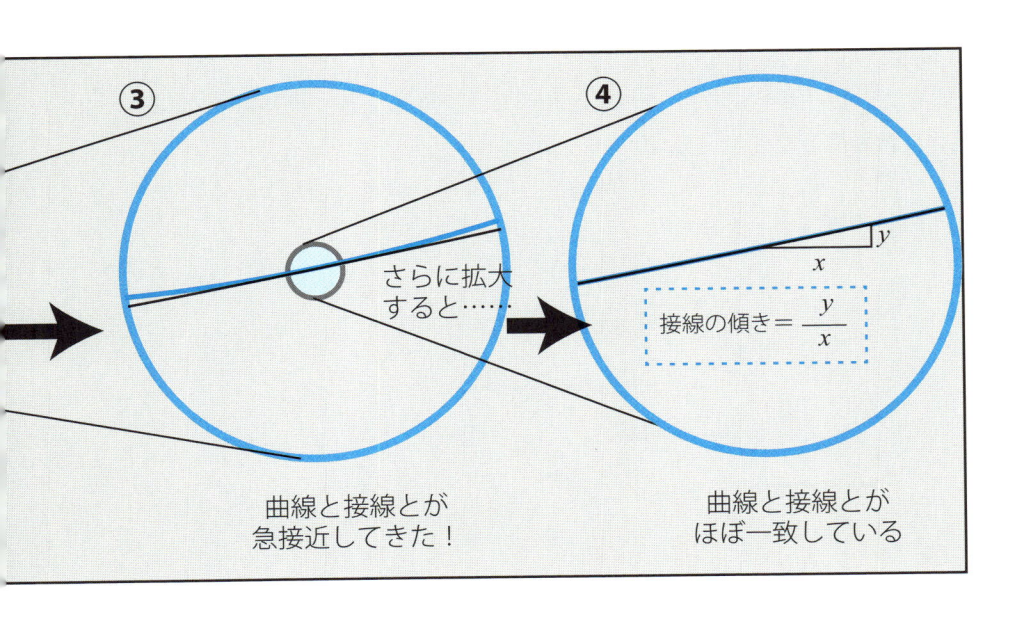

③ さらに拡大すると……　④ 接線の傾き $= \dfrac{y}{x}$

曲線と接線とが急接近してきた！　　曲線と接線とがほぼ一致している

■「微分できない」こともある?

ところで、どんなグラフでも、虫眼鏡で拡大していくと「グラフの曲線と接線が同一視」される場合ばかり——とはかぎりません。たとえば、次のグラフを見ると、$x = 0$ の地点をいくら拡大しても少しも変わりはなく、ずっと V 字型のままです。つまり、いくら拡大していっても、「グラフの曲線（あるいは直線）＝ 接線」のように2つの線を同一視できそうにありませんね。

この場合には、「**$x = 0$ において微分できない**」ということになります。

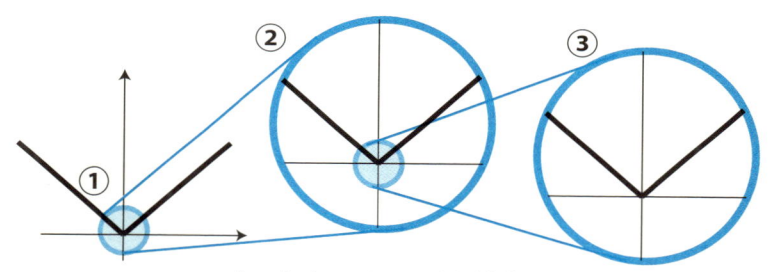

尖った点では、いくら拡大しても変化がない

他にも、郵便料金のグラフのように、グラフ自体が途中で途切れて**不連続な場合も微分できないの**です。

ですから、微分というのは「なめらかで連続な曲線（直線）のグラフ」を対象としていることがわかります。

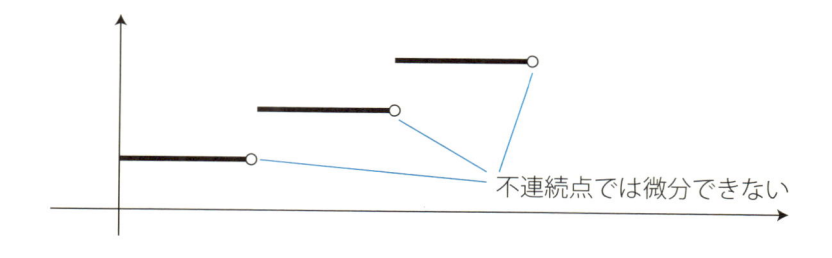

不連続点では微分できない

2 曲線で囲まれた面積を考える「積分」

第0章 / 微分・積分のイメージをつかむ

　本書のもう一つのテーマ、「**積分**(せきぶん)」とは、どのようなものでしょうか。ひとくちにいってしまえば「面積」を算出する方法のことです。多角形の面積であれば、

　　　　長方形……「タテ×ヨコ」

　　　　三角形……「底辺×高さ÷2」

などで計算できます。面積というのは、もともと「単位1」の■がいくつあるかということなので、下の長方形（左）であれば $4 × 6 = 24$ 個あると考え、もし右下のような三角形であれば、ちょうどその半分だから 12 個と考えるわけです。

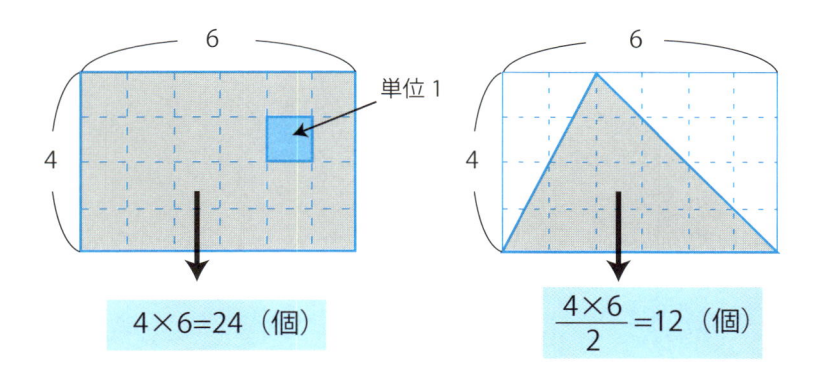

$$4×6=24（個）$$

$$\frac{4×6}{2}=12（個）$$

　多角形の場合にはそれでよいでしょうが、もし、次ページのような「曲線で囲まれた面積」の場合には、「単位1」の■の数を数えるのはちょっと難しいところがありますね。どう考えればいいのでしょうか。

　このような「曲線（または直線）で囲まれた面積」を考え出そうというのが「積分の仕事」です。もちろん、積分を使えば曲線で囲まれた面積だけで

17

なく、四角形や三角形などの面積も求められます。

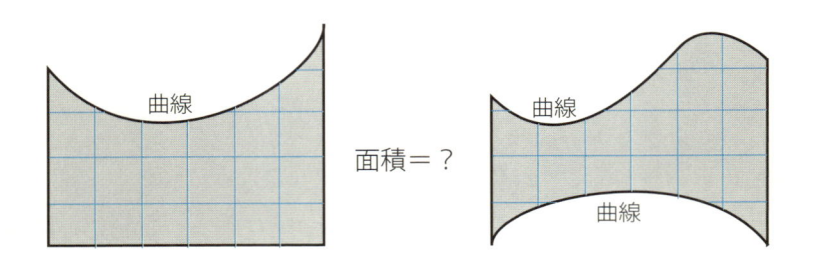

面積＝？

■ナイル川の氾濫が積分発祥のきっかけ？

　ところで、このような曲線で囲まれるような面積を求める必要性はどこにあったのでしょうか。それは古代エジプトでのナイル川の氾濫(はんらん)に起源があります。

　エジプトでは、ほんの数十年前まで6月〜10月にかけてナイル川が定

●青ナイルの増水がエジプトの測量術を発展させた

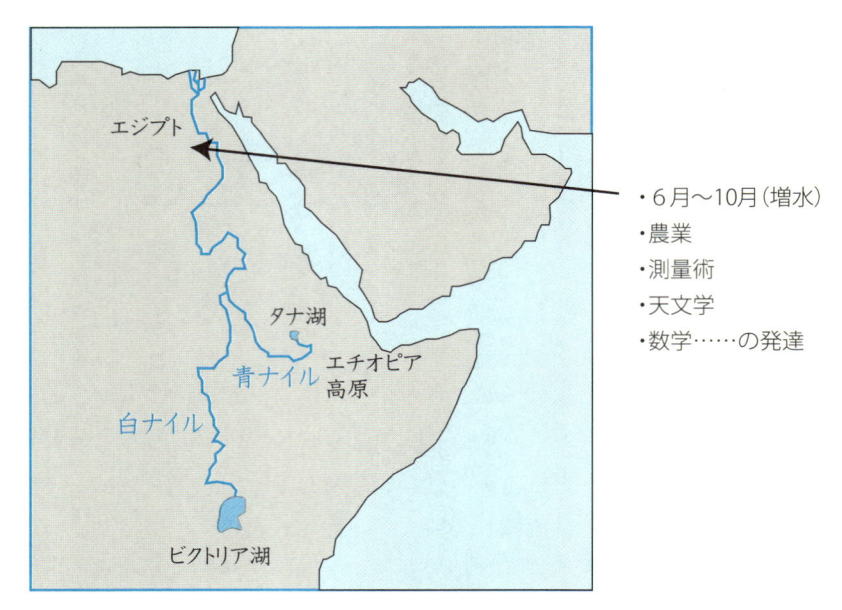

・6月〜10月（増水）
・農業
・測量術
・天文学
・数学……の発達

期的に増水・氾濫を繰り返していたそうです。「なぜ定期的なのか？」というと、源流のひとつ青ナイルのあるエチオピア高原では6月から雨期に入って大雨がもたらされ、河口のエジプト平野を増水させたのです。そして、エチオピア高原から運ばれてきた肥沃な黒土（玄武岩）が、エジプトの農業を発展させ、測量（土地の再測量のため）、天文学などを発展させたといわれています。現在では、アスワンハイダムの建設（1970年）により、定期的な氾濫は見られなくなっています。

　さて、ナイル川が氾濫し、その後に水が引いた際、仮にムハンマドさんの土地が左から右のように変わってしまったとしましょう。ナイル川の川岸に接したことで、土地の一部が「曲線」になってしまいました。そこでムハンマドさんも年貢のことを考え、土地の再測量をお願いしたとします。
しかし、この形だと、従来の三角形、四角形の発想では面積を求めるのが困難ですね。

●ナイル川の蛇行が変わり、土地を再測量したいが……

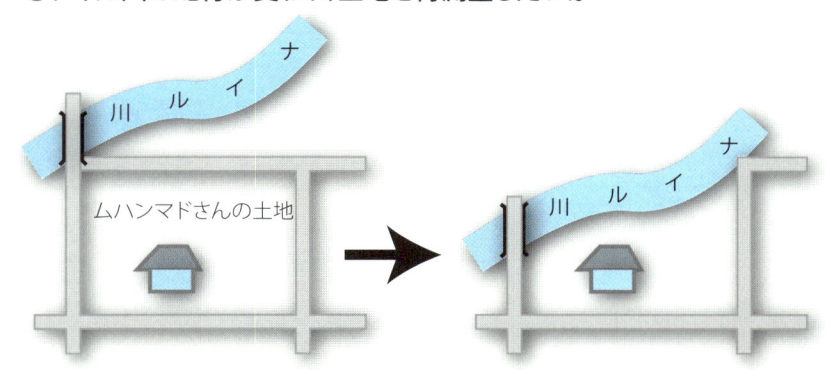

　このような「曲線で囲まれた面積」を求める方法を**積分**と呼んでいるのです。積分はたんに「面積を求める方法」というより、微分とのコンビでさまざまなことを知ることができる、とても便利なツールです。そのこともお話ししていきましょう。

3 微分と積分の関係は？

■クルマの「走行距離・速度」を考えてみよう

　微分はいわば「虫の目」で、微細な変化を読み取り、積分は面積を求める方法でした。この両者には、どのような関係があるのでしょうか。

　次ページのグラフ❶は、クルマが時速50kmで走り続けたときの走行距離を表わしたものです（現実には同じ速度で走り続けるのは、むずかしいのですが）。

　この走行距離の直線に接線を引くと、接点がどこであっても、ピタッと重なります。これは、いわば「（走行距離の）伸び率」にあたります。伸び率は「傾き」を調べればいいので、❶に書かれているように「$\frac{y}{x}$」となり、計算すると、「1時間に50km」、つまり「50km/h」です。これは「**速度**」ということですね。

　こうして、「**走行距離**」のグラフに接線を引き、接線の傾きを調べると（微分すると）、「**速度**」が出てきました。

> 走行距離　　（微分する）　→　　速　度

　そこで、微分した「速度」のグラフを❷で描いてみました。どの時点でも「時速一定（50km/h）」ですから、x軸に平行なグラフとなります。

　ところで積分とは、なめらかな曲線や曲面で囲まれる面積や体積を求めることだと述べました。❷の「速度」のグラフで囲まれる面積を色付けしたのが❸です。この面積の単位は（km/h）× h ＝ km となるので、1時間後であれば50km、2時間後であれば100km、3時間後であれば150km……の面積となります。この数値は、1時間後、2時間後、3時間後……の「走行距離」を表わしていることがわかります。

●「距離⟷速度」と微分・積分の関係

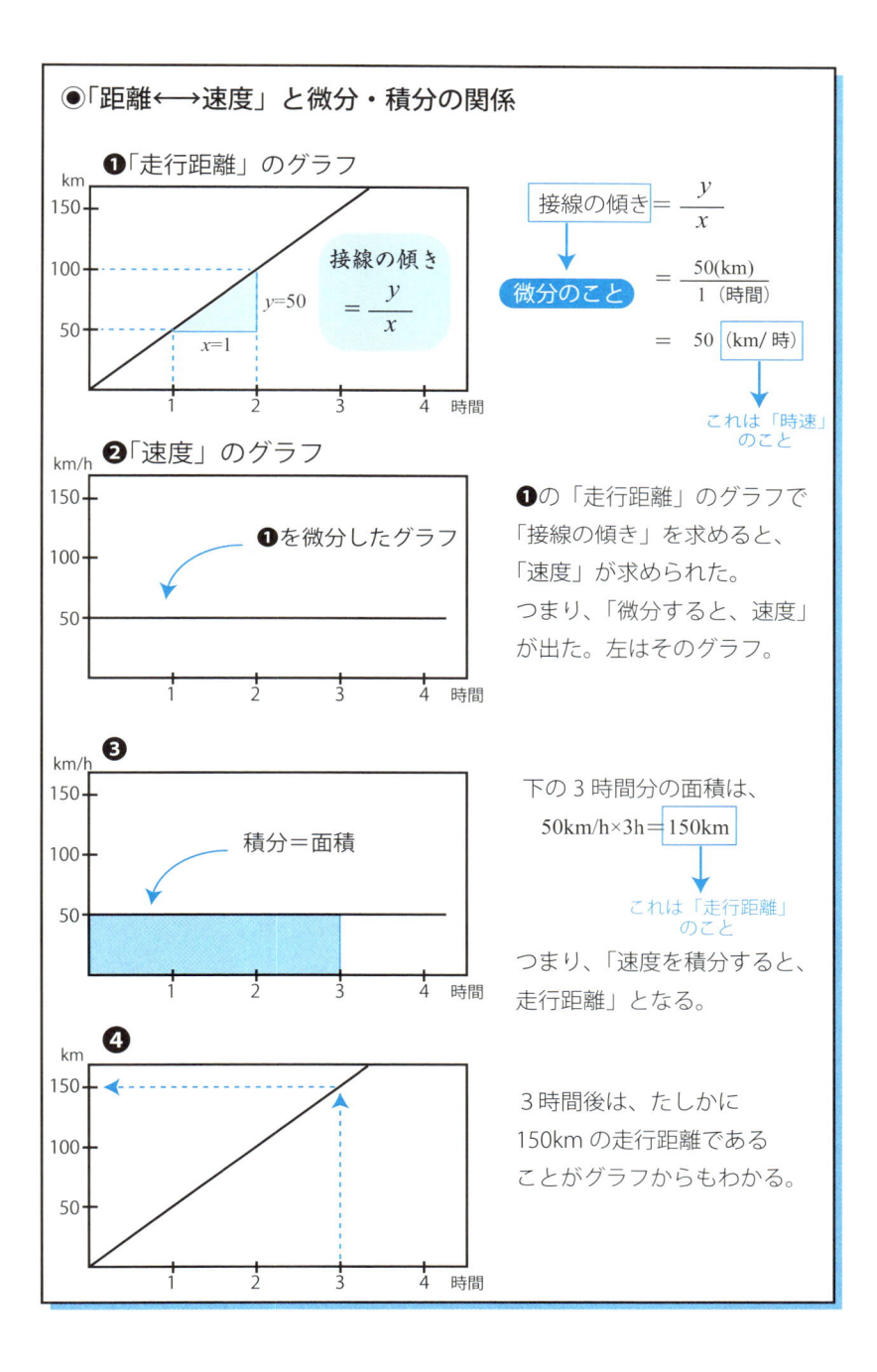

❶「走行距離」のグラフ

接線の傾き $= \dfrac{y}{x}$ ↓ 微分のこと

$= \dfrac{50(\text{km})}{1\,(\text{時間})}$

$= 50\ (\text{km/時})$

これは「時速」のこと

❷「速度」のグラフ

❶を微分したグラフ

❶の「走行距離」のグラフで「接線の傾き」を求めると、「速度」が求められた。
つまり、「微分すると、速度」が出た。左はそのグラフ。

❸

積分=面積

下の3時間分の面積は、
$50\text{km/h} \times 3\text{h} = 150\text{km}$

これは「走行距離」のこと

つまり、「速度を積分すると、走行距離」となる。

❹

3時間後は、たしかに150kmの走行距離であることがグラフからもわかる。

実際、❹のグラフで、それが「走行距離」であることを確認できます。

■「移動距離→速度→加速度」の関係

「速度」と「走行距離」が一つのグラフから相互に出てくることがわかりましたが、もう一つ「加速度」を知ることも可能です。

◉100m走のグラフの「面積」は？

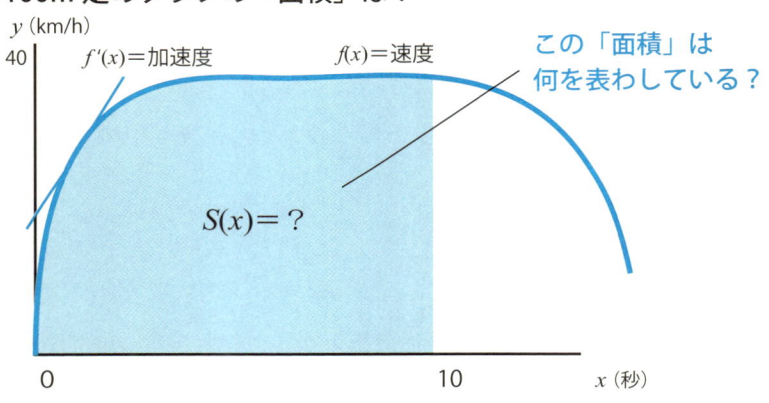

y(km/h)、40、$f'(x)$＝加速度、$f(x)$＝速度、この「面積」は何を表わしている？、$S(x)=?$、0、10、x(秒)

たとえば、オリンピックの100m走の決勝でランナーが走ったとき、スタート地点からの時刻 x (秒) のときの速さ $f(x)$ を表わしたのが上のグラフです。スタート地点では 0km/h ですが、一気に加速し、一定地点からゴールまではほとんど等速度で走り、ゴールを抜けた後、速度が落ちていきます。

この際、$f(x)$ は「速度（速さ）」ですから、それを積分した面積の $S(x)$ は何を表わしているかというと、「移動距離」です。

クルマの例（走行距離）では、ずっと一定の速度で走るという想定だったため直線となり、結果的に、その接線は重なっていました。今回の100mランナーの場合には曲線なので（速度のグラフですが）、接線を引くと直線とは重ならず、見やすくなりましたね。

ところで、速度 $f(x)$ のグラフに接線を引くと、その傾きは「**速度の変化率**」である「**加速度**」を表わします。

ですから、$f(x)$ という「速度」のグラフがあれば、①その $f(x)$ から積分

して面積を求めると「移動距離」が求められ、②同じく速度$f(x)$のグラフに接線を引く（微分）と「加速度」が求められることが直感的にわかります。

■さまざまな情報が1本のグラフから得られる！

$f(x)$をもとに、微分すれば加速度、積分すれば移動距離がわかりましたが、関数が表わす意味の違いによって、さまざまな異なる情報を得られるのです。

たとえば下のグラフはケータイ電話の契約台数の推移を表わしたものです。当然、このグラフに接線を引いても「加速度」や「移動距離」は出てきませんが、

　　　傾き（微分）＝ ケータイ電話の契約数の伸び率
　　　面積（積分）＝ これまでの総契約台数

が出てきます。

1本のグラフ（関数）を微分・積分することで、このように関数ごとに特有な情報を手に入れることができるのです。

ほかにも、人間行動（心理）と「微分不可能」でおもしろい事例がありました。「不安病」についてのNHKの番組（あさイチ）を見ていたのですが、

●1つのグラフを微分、積分すると2つの「顔」が見えてくる

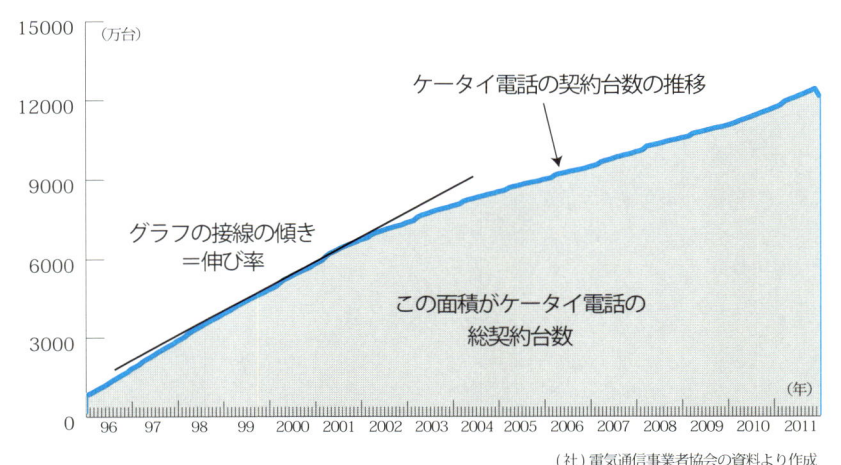

（万台）／ケータイ電話の契約台数の推移／グラフの接線の傾き＝伸び率／この面積がケータイ電話の総契約台数／（年）

(社)電気通信事業者協会の資料より作成

Aさん

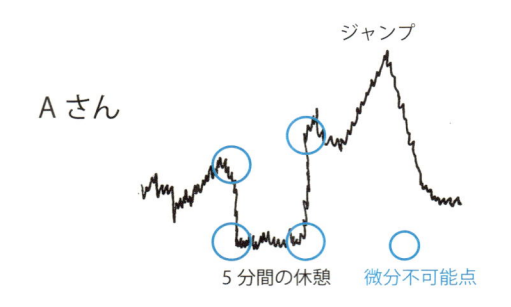

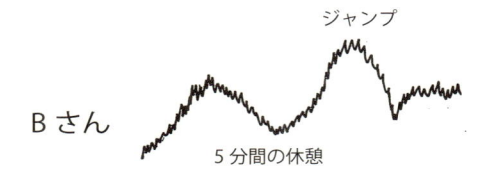

ジャンプ

5分間の休憩　微分不可能点

Bさん

ジャンプ

5分間の休憩

2人の男性を不安のどん底まで追い込み、そのときの対応の違いを比較するものでした。

実験では、Aさん、Bさんの2人にバンジージャンプをしてもらうのですが、ジャンプ直前になって（覚悟ができたときに）、ジャンプを一度中止させ、5分間休んでもらい、再度、ジャンプさせるという仕掛けです。

Aさんはこの5分間、「ロープが切れたらどうしよう」と不安のどん底に落ち込み、Bさんは「小川の音を聞いていた」といいます。その結果、Bさんは初経験にもかかわらず、スムーズに自らジャンプすることに成功しました（番組での不安病への対策は本書のテーマではないので省略）。

ここで見て欲しいのは、2人の心拍数の変化です。Aさんのグラフはほとんど「微分不可能」な状況で、このグラフを見るだけで異常な状態であることがわかります。微分の基礎知識があると、そのグラフを見るだけで、少なくとも「なんらかの問題が起きている場所・時期」がどこかを知ることができるのです。

このように、一つのグラフをもとに、接線を引いたり面積を求めることで、さまざまな情報を知ることができます。応用は広く、人工衛星の速度なども求めることができる、非常におもしろいテーマ、それが「微分・積分」なのです。

4 開花時期の予想と積分

　桜は毎年春になると花を咲かせ、人々に春が訪れたことを知らせてくれます。関東地方では、黄色いアブラナもほぼ同時期に咲き、桜のピンク、アブラナの黄色のコントラストがみごとな名所もあります。

　ところで、桜はどのようにして「春が来た」ことを知るのでしょうか。いくつか説があります。

　一つには、日照時間（日長）の変化が開花に影響している、と考えるものです。たしかに、日本のように四季折々がはっきりしている地域では、徐々に日照時間が延びてくることを感ずることができ、花を咲かせる最適な時期も判断できるでしょう。

　もう一つ考えられるのは、気温の変化です。テレビや新聞で「桜前線」の開花予想を見ていると、暖かな九州・四国から始まり、徐々に本州、北海道へと北上している様子が見て取れます。

　最近では、京都大学の工藤洋教授から、「植物は過去6週間の気温を遺伝子 RNA が記憶し、最適なタイミングで開花する」といった考えも発表されています。

　気温変化の場合は日長変化とは異なり、1日単位、1週単位でずいぶん変わります。3月の第3週よりも、第4週のほうが寒かった……ということは頻繁に起こることですから、植物が短期間の「気温変化」に依存すると、開花時期を誤る可能性があります（冬でも暖かい日が何日も続くこともありますから）。そこで用心のため、花自身が「一定期間」の観測をする必要に迫られるということなのでしょう。

　日長と気温変化を比べると、次ページのグラフのように、日長が先行し、気温が後に続きます。これらに共通しているのは、一定温度（あるいは一定の日照時間）以上の温度を加算し、それがある数値を超えた段階で、植物は開花する時期を判断している、という考え方です。

　気温のグラフはどうしてもぎざぎざ模様になってしまいますが、これを下

◉気温の変化はギザギザ曲線だが……

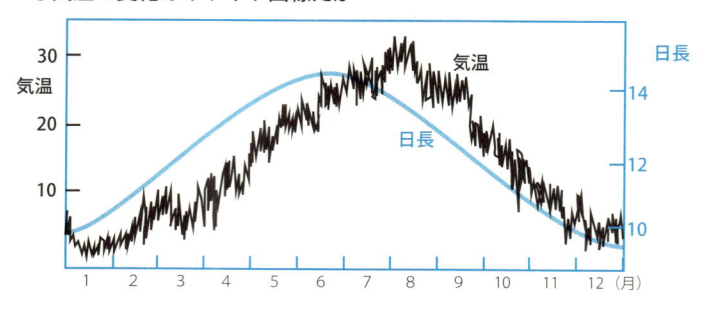

の図のように大ざっぱにトレースするグラフを描き、もしその曲線の方程式がわかり、その面積が一定以上になれば開花すると考えてよいでしょう（単純に温度の積分ではなく、一度、寒くなるのが春化に必要＝トリガー理論という考え方もあります）。

このように、私たちは、日常生活でも「積分的な発想」を知らずしらず活用しているのです。

◉開花予測は「温度の積分」で

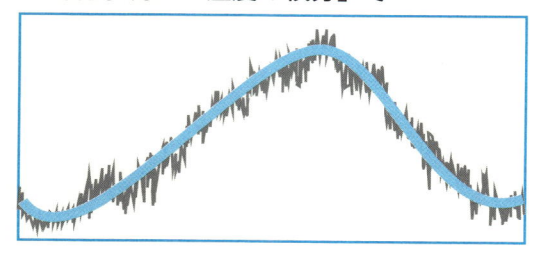

激しく変動する気温のグラフを、なめらかなグラフにトレースし直す。

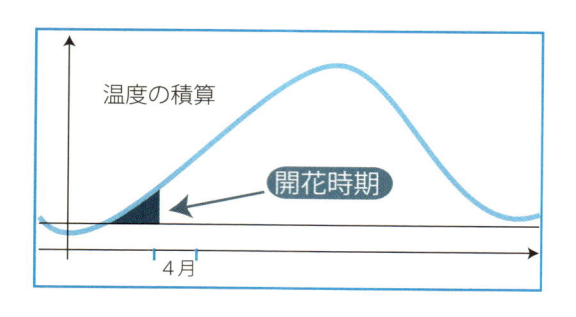

一定温度以上での積算（面積）で、開花時期を予想する。

5 砲弾の軌跡と台風の進路

■微分は戦争とともに発展した？

　積分の萌芽は遠く古代エジプトにまで遡るのに、なぜ微分・積分の完成はずっと後世の17世紀、ニュートン（1642〜1727）やライプニッツ（1646〜1716）の登場まで待たねばならなかったのでしょうか。それは、

- 積分……「面積」＝ 具体的で可視化しやすい
- 微分……「接線の傾き」＝ 抽象的でイメージしにくい

ことに一つの原因があります。微分の場合、瞬間瞬間の速度のように、「**極限**」という難解な概念を導入する必要がありました。

　しかし、「必要は発明の母」で、ニュートンやライプニッツが登場した17世紀の前後は、戦争の世紀であり、そこで勝敗に大きな影響を与えたものに「大砲」の登場があります。

　大砲の砲弾は、打ち出された後、水平方向には時間に比例した等速度運動を行ないますが、上下方向では最初の角度のままで飛んでいくことはありません。もしそうであれば、宇宙の果てまで飛んで行ってしまいます。つまり、重力加速度の影響を受け、時間の変化とともに徐々に「下向き」に傾きを変えていき、ついには、放物線を描いて着弾します。

　この幾何と代数を結合する「座標」を発明したのが17世紀のデカルト（1596〜1650）で、これによって放物線の方程式もグラフ化しただけでなく、次のような方程式としても表わせるようになり、これを解くことで着弾地点も予測できるようになったのです。

$$y = -\frac{1}{100}x^2 + x$$

　実際、この方程式を解くと、100m先の地点で砲弾が落下することがわかります。ただし、砲弾はその瞬間瞬間にその向きを変えていて、それぞれの接点における接線方向をめざす形になります。逆にいえば、それぞれの点

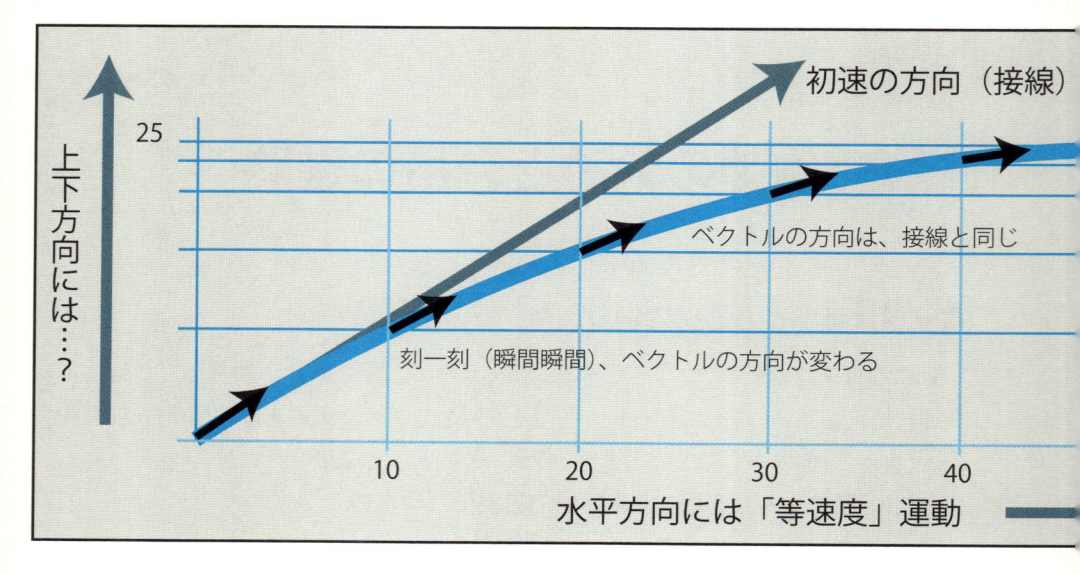

図中のラベル:
- 上下方向には…?
- 25
- 初速の方向（接線）
- ベクトルの方向は、接線と同じ
- 刻一刻（瞬間瞬間）、ベクトルの方向が変わる
- 10　20　30　40
- 水平方向には「等速度」運動

における**ベクトル**を足し合わせれば、到達地を特定することもできるのです。

このように、砲弾の軌跡の研究が微分・積分を学問として発展させたともいえるわけです（そういえば、世界最初のコンピュータ ENIAC ＝ エニアックの当初の開発目的も「弾道計算」でした）。

■微分・積分の応用は幅広く、楽しい

ところで、このように微分（接線の方向）を考えていくことで、どこに到達できるかを予想できるように、砲弾以外にも、微分・積分を勉強することでさまざまな予想を立てることができるようになります。

「**台風の進路**」も、その一つです。刻一刻と変わる台風の進路は、その進路の接線方向と速度の2つ（ベクトル）を積み重ねていけば、どこに何時頃に台風が向かうかも、予想することが可能です。

現在、多くのクルマには**ナビゲーションシステム**（カーナビ）が搭載されていて、宇宙衛星による GPS（全地球測位システム）で位置を確認するのが主流です。実は、カーナビにはもう一つ、別の考え方があります。かつて、ホンダが開発したジャイロケータという航法装置がそれで、自らの速度・進行方向の積み重ねによる位置確認を加速度センサーによって行

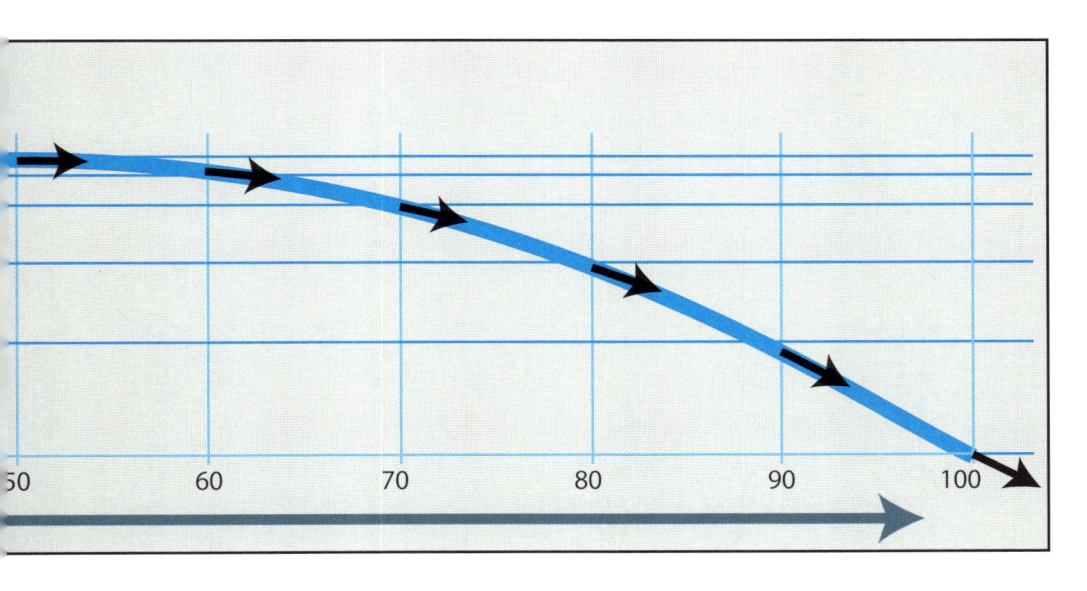

●台風の進路は、そのベクトルの方向でわかる

各点におけるベクトルの「方向＋大きさ」を見ると、台風の「進路＋速度」が推定できる。

なっていました。この方法は砲弾や台風の進路と同様、接線方向を積み重ねる、いわば積分的な考え方です。

　ほかにも、地球から遠く離れた人工衛星の速度を求めたり、化石の年代測定、あるいは30年後の人口予測なども、**微分方程式**という道具を身につけることで可能となります。

　予測以外にも、微分の考え方を使ったニュートン法などの近似値計算の分野でも、微分は活躍しています。また、医学の世界ではCTスキャナーやMRIなどの断層撮影装置は、積分の考え方を利用したものといえます。

　このように微分・積分は応用が広く、人々の生活・科学技術の発展になくてはならないものとなっているのです。

　微分・積分の考え方を身につけることは、クルマのような身の回りのことから最先端の科学技術に至るまで、より深く理解することにつながるのです。

第1章

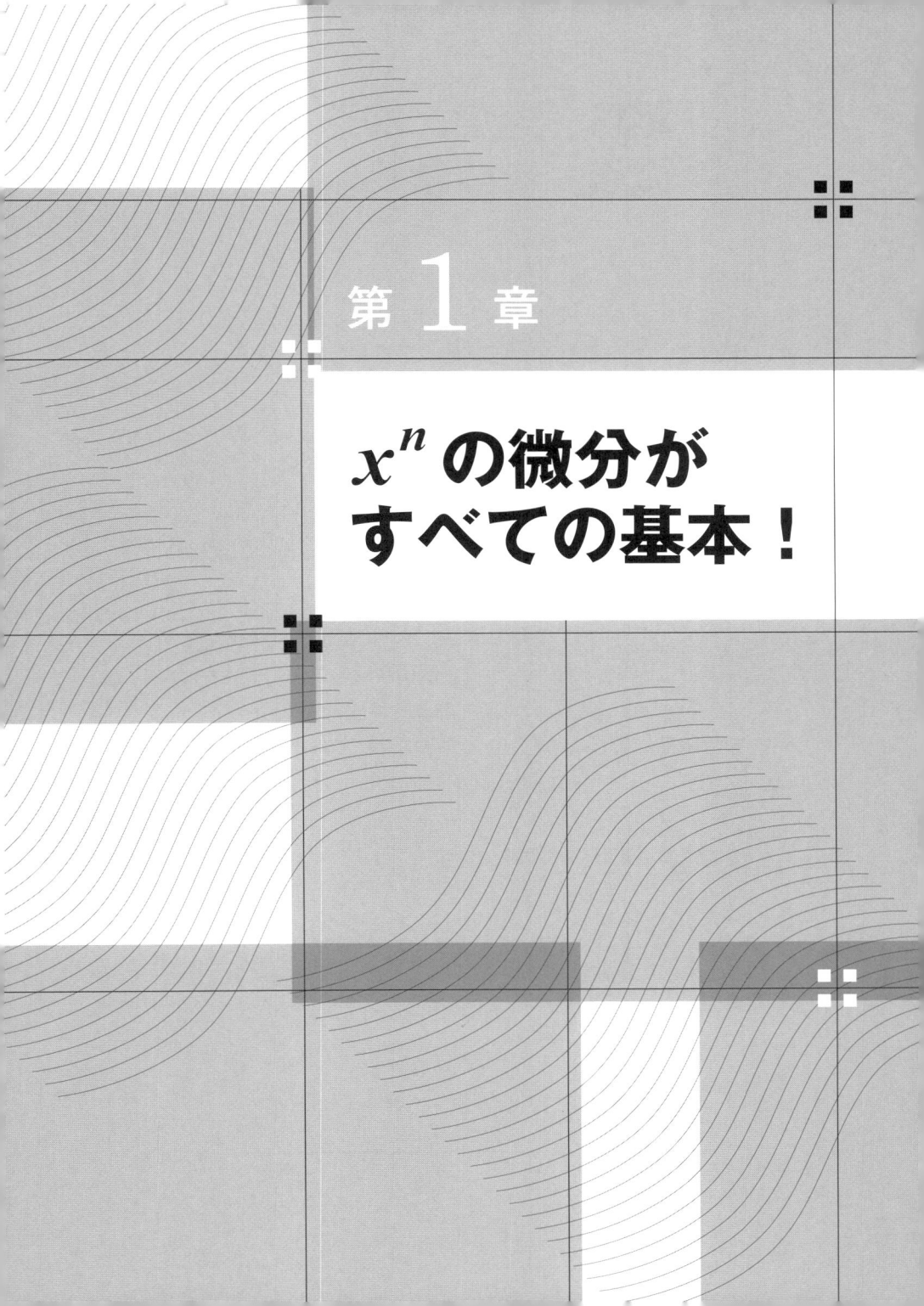

x^n の微分がすべての基本！

第 1 章

x^n の微分がすべての基本！

1 「距離、速度、加速度」が「微積」をつなぐ

　クルマに乗っていて一番目にするのはスピードメーターでしょう。スピードオーバーしていないか、いま時速何キロぐらいで走っているのか、前のクルマが異常に遅いけど時速何キロで走っているんだろう……というとき、誰しもスピードメーターを見るものです。

どうして、1時間走っていないのに、
「いま、時速45km」
とわかるの？

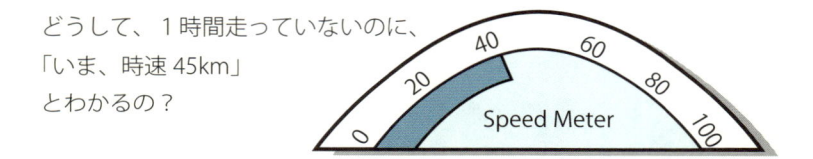

　ところで、このスピードメーターは「時速45km（45km/h）」あたりを表示しています。しかし、「1時間走って、走行距離が45km」というならわかりますが、このスピードメーターは**瞬間瞬間の速度**を示しています。どうして、1時間も走っていないのに、瞬間速度を表示できるのでしょうか。そこで、瞬間瞬間に変わる速度を知る方法を考えてみましょう。
　いま、下の図のように50kmの距離を1時間かけて走り終えたとします。

●実際の運転状況でグラフを描くと

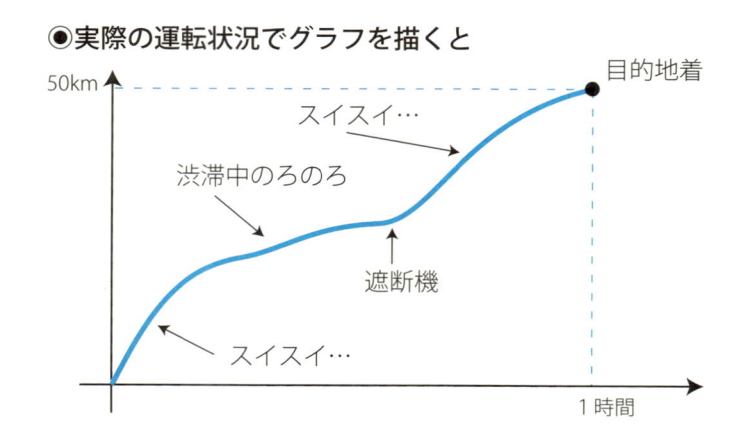

スイスイ走れる区間もあれば、渋滞でのろのろ……の場所もあり、さらには踏切や赤信号で何分か待たされることもあります。実際に運転する場合の速度は千差万別です。

◉「平均速度」というのは「距離／時間」

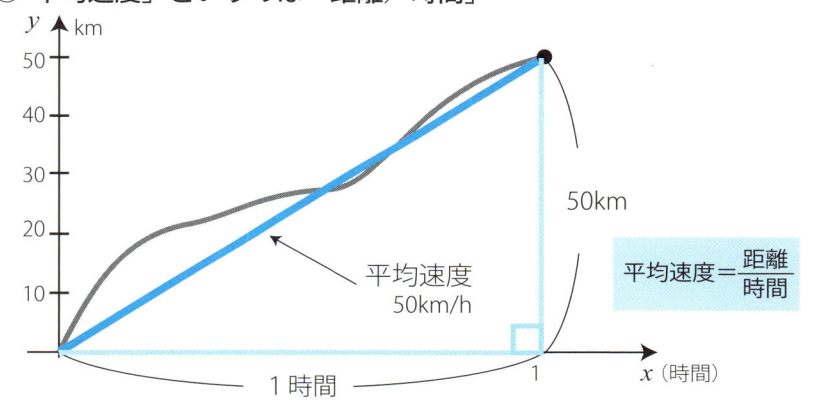

平均速度 = 距離 / 時間

しかし、1 時間かけて 50km 走ったのであれば、その平均速度は、

$$平均速度 = \frac{距離}{時間}$$

で表わせます。分母の「時間」は x 軸で、分子の「距離」は y 軸で測ることができ、このとき「**傾き = 平均速度**」を表わしているのです。

では、いまあなたが次ページのグラフの A 地点にいたとき、その地点でのクルマの瞬間速度を知りたいとすれば、グラフのどこを測ればいいのでしょうか。たとえば、h だけ距離の離れた B 地点との平均速度ではどうでしょうか。この速度は、

$$傾き = \frac{y\,座標の増分}{x\,座標の増分} = \frac{f(a+h) - f(a)}{(a+h) - a} = \frac{f(a+h) - f(a)}{h}$$

で表わせますが、これではまだ A ～ B 間の「平均速度」にすぎません。A 地点の速度とはいえないでしょう。もっと A 地点に近い、B_1、B_2……との

●A 地点での傾きこそ「瞬間速度」

「a」における
接線＝瞬間速度

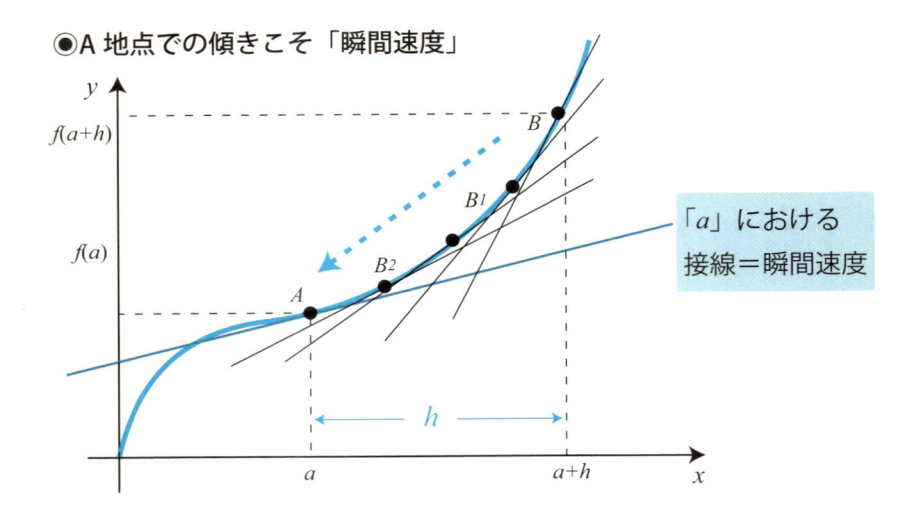

間で測るとどうでしょうか。A 地点からの距離が縮まれば縮まるほど、つまり h の幅が小さくなればなるほど、A 地点での速度に近くなりそうです。

究極的には、h が 0（ゼロ）となる点、つまりこれは、A 地点での「**接線**」そのものを表わしていて、その傾きこそ、A 地点での「**瞬間速度**」といえそうですね。つまり、それぞれの点での接線を引くと、その接線の傾きを調べれば、瞬間瞬間での「速度」がわかるといえるでしょう。

このように、刻一刻と変わる**クルマの速度は、それぞれの「位置」での接線の傾きとして表わされる**と考えられます。

ここで考えたように、極限まで h を 0 に近づける操作を lim（リミット＝極限）という記号を使い、これを $f'(a)$ と書いて、次のように表わすことにしています。

$$f'(a) = \lim_{h \to 0} \frac{f(a+h) - f(a)}{h}$$

上の式で、分母の h は微小な時間、分子はその微小時間に移動した微小距離を表わし、その微小時間 h を極限まで「0 に近づけていく（$h \to 0$）」という意味をもっています。これこそ、A における接線の傾き、すなわち「微分」を表わす式といえます。

ここで、$f'(a)$ のことを、もとの関数 $f(x)$ の $x = a$ における**微分係数**（**変化率**）といいます。a 点ではなく、b 点（$x = b$）であれば当然、

$$f'(b) = \lim_{h \to 0} \frac{f(b+h) - f(b)}{h}$$

となります。このとき同様に、$f'(b)$ のことをもとの関数 $f(x)$ の $x = b$ における微分係数（変化率）といいます。

これは a 点や b 点に限ることではなく、関数 $f(x)$ 上のどの点においても成り立つと考えられますので、a や b を x に置き換えてやると、

$$f'(x) = \lim_{h \to 0} \frac{f(x+h) - f(x)}{h}$$

となり、各点 x で微分係数を与える式となります。これが微分の基本的な考え方、つまり**微分の定義**と考えることができます。ですから、微分を考える場合には、いつでもこの微分の定義に戻って考えるようにするとよいでしょう。

通常、関数 $f(x)$ において、x のとる値 a, b, c……に対して、微分係数が決まるので、$f'(x)$ という関数が得られます。この $f'(x)$ ことを、「もとの $f(x)$ から導かれた関数」という意味で「**導関数**」と呼んでいます。

●$x=a, b, c$…に対して微分係数が決まる

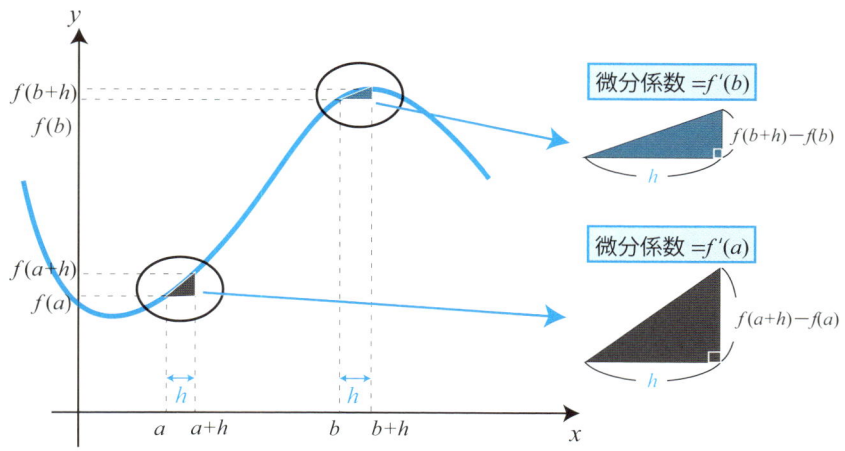

2 $f(x) = c$ の微分は？

微分に関する考え方がだいたいわかりました。そこで次に、「ax^2, bx, c」などの具体的な関数の微分がどうなるかを考えていき、最終的には、

$$f(x) = x^n$$

を微分できるようになれば、たいていの式に対応できます。

手始めに、**「定数（c）」を微分するとどうなるか**を考えてみます。抽象的な「c」ではわかりにくいので、具体的な数値、たとえば、$f(x) = 3$ ならどうでしょうか。$f(x) = 3$ のグラフのどこに接線を引いても、その傾きは 0 になり、もとの $f(x) = 3$ のグラフに重なります。

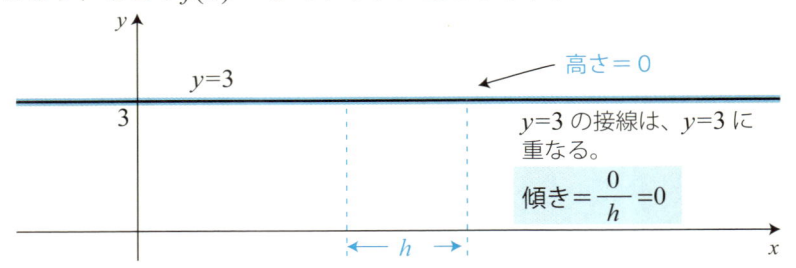

つまり、接線の傾き（高さ／底辺）は「底辺 = h」「高さ = 0」なので、常に 0 です。本当にそうなるのか、微分の定義で確認してみます。

$$f'(x) = \lim_{h \to 0} \frac{f(x+h) - f(x)}{h} = \lim_{h \to 0} \frac{3-3}{h} = \lim_{h \to 0} \frac{0}{h} = 0$$

今度は少し定数の値を変えて、$f(x) = 5$ ではどうでしょうか。

グラフで見ると、接線は今回も $f(x) = 5$ と重なっています。ということは、高さ = 0 なので、その傾きも「0」となります。

$$f'(x) = \lim_{h \to 0} \frac{f(x+h) - f(x)}{h} = \lim_{h \to 0} \frac{5-5}{h} = \lim_{h \to 0} \frac{0}{h} = 0$$

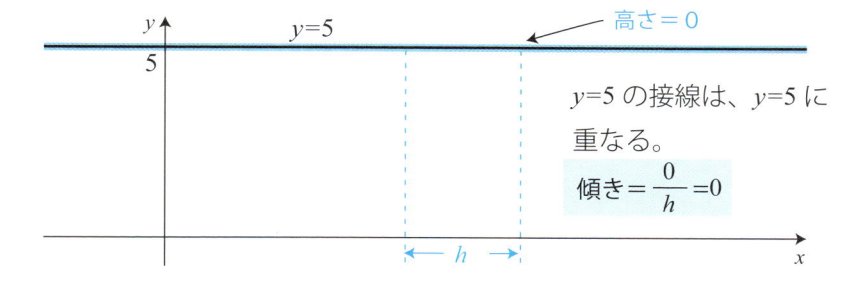

$y=5$ の接線は、$y=5$ に重なる。

傾き $= \dfrac{0}{h} = 0$

今度は定数がマイナスの $f(x) = -1$ ではどうでしょうか。下のグラフを見るとわかるように、ここでも接線はもとのグラフと重なるため、高さは0となり、接線の傾きはやはり「0」です。

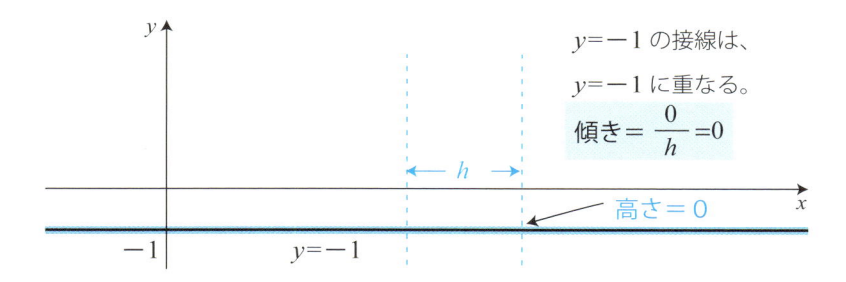

$y=-1$ の接線は、$y=-1$ に重なる。

傾き $= \dfrac{0}{h} = 0$

これも微分の定義で確認してみます。

$$f'(x) = \lim_{h \to 0} \frac{f(x+h) - f(x)}{h} = \lim_{h \to 0} \frac{-1-(-1)}{h} = \lim_{h \to 0} \frac{0}{h} = 0$$

やはり、「0」となりました。

以上のことから、$f(x) = c$ のグラフ（c は定数）の場合、微分すると、

$$f'(x) = \lim_{h \to 0} \frac{f(x+h) - f(x)}{h} = \lim_{h \to 0} \frac{c-c}{h} = 0$$

定数 c は常に x 軸に平行な直線です。ですから、その「接線の傾き」は定数 c の直線に重なり、高さが0なので、「接線の傾き $=0$」、つまり、

$f(x) = c$（c は定数） を微分すると　→　$f'(x) = 0$

となるわけです。

3 1次式 $f(x) = x$ の微分は？

定数を微分すると、その「接線の傾きは常に0」なので、微分しても、$f'(x) = 0$ となることがわかりました。では、1次式の関数

$$y = bx$$

を微分するとどうなるでしょう。たとえば、いちばんシンプルな $f(x) = x$ についてグラフを描くと次のようになります。

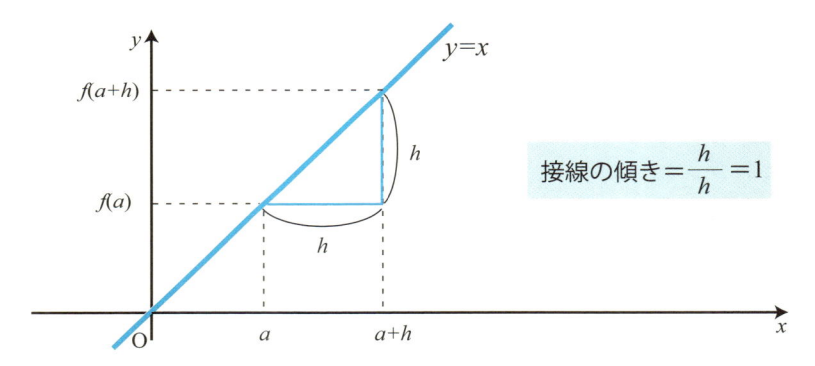

接線の傾き $= \dfrac{h}{h} = 1$

1次式の関数は定数と同様、直線です。ですから、接線を描くと、そのグラフは常に $f(x) = x$ に重なってしまいます。ただ、定数のときとは違って、今度は「接線の傾き」がありそうですね。

グラフで見た限りでは、x 座標の増分、y 座標の増分ともに h で等しく、「接線の傾き $=1$」となります。

これを微分の定義で確かめてみると、

$$f'(x) = \lim_{h \to 0} \frac{f(x+h) - f(x)}{h} = \lim_{h \to 0} \frac{(x+h) - x}{h} = \lim_{h \to 0} \frac{h}{h} = 1$$

よって、$f(x) = x$ のとき、その接線の傾き、つまり微分は $f'(x) = 1$ と

なることがわかりました。

では、他の1次式の場合はどうでしょうか。$f(x) = \frac{1}{3}x$ のとき、その接線の傾きはどういう形になるでしょうか。まず、グラフから見ておくと、接線はやはり直線$f(x) = \frac{1}{3}x$に重なりますが、接線の傾きは$\frac{1}{3}$です。

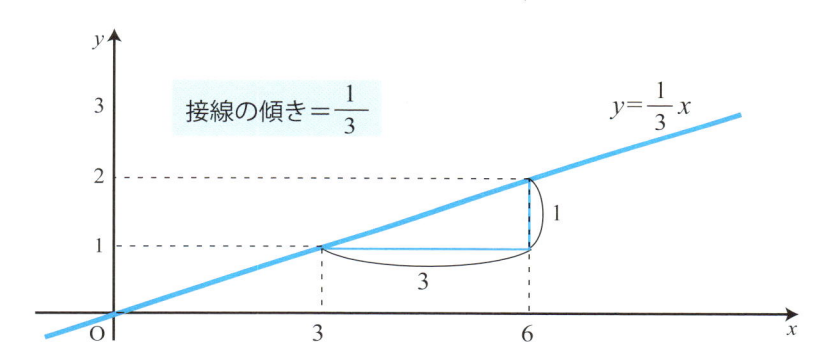

これを微分の定義で確かめておくと、

$$f'(x) = \lim_{h \to 0} \frac{f(x+h) - f(x)}{h} = \lim_{h \to 0} \frac{\frac{1}{3}(x+h) - \frac{1}{3}x}{h} = \lim_{h \to 0} \frac{\frac{1}{3}h}{h} = \frac{1}{3}$$

よって、$f(x) = \frac{1}{3}x$ の接線の傾きは$\frac{1}{3}$と確認できましたので、$f(x) = \frac{1}{3}x$を微分すると、$f'(x) = \frac{1}{3}$となるわけです。

以上のことから、次のような3つの1次式がある場合、その「接線の傾き」にはどのような違いがあると考えられるでしょうか。

$$\begin{cases} f(x) = ax & \cdots\cdots① \\ f(x) = ax + 3 & \cdots\cdots② \\ f(x) = ax - 5 & \cdots\cdots③ \end{cases}$$

グラフを描いて、おおよその見当をつけてみるのがよい手です。①〜③の違いは、「y軸との切片」に現われています。しかし、接線の傾きは皆同じ「a」です。だから、接線の傾きはいずれも「a」と予想できます。

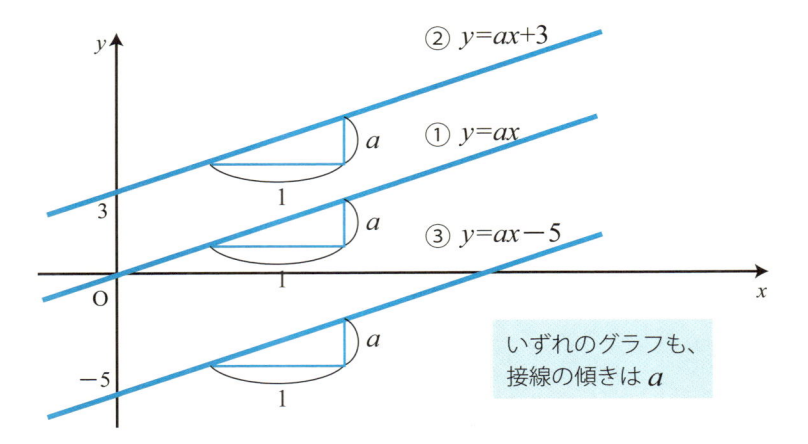

いずれのグラフも、接線の傾きは a

微分の定義で確かめておくと、

$$\begin{cases} f'(x) = \lim_{h \to 0} \dfrac{a(x+h) - ax}{h} = \lim_{h \to 0} \dfrac{ah}{h} = a \\ f'(x) = \lim_{h \to 0} \dfrac{(a(x+h)+3) - (ax+3)}{h} = \lim_{h \to 0} \dfrac{ah}{h} = a \\ f'(x) = \lim_{h \to 0} \dfrac{(a(x+h)-5) - (ax-5)}{h} = \lim_{h \to 0} \dfrac{ah}{h} = a \end{cases}$$

となり、これらのことから、1次式を微分すると、定数が付いているか否かにかかわらず、次のようになることがわかります。

$f(x) = ax + b$ のとき、　（微分すると）　$f'(x) = a$

となる、ということです。つまり、「接線の傾き $= a$」となります。

4 2次式 $f(x) = x^2$ の微分は？

■曲線に接線を引いてみる

これまでは「直線」に接線を引く形でしたので（重なっていた）、接線の傾きはすぐにわかりました。けれども、2次式のように曲線になると、接点によってさまざまな傾きがあり、グラフから入っても「微分したときの形」が見えにくそうです。

◉ 2次関数のグラフの「接線の傾き」は？

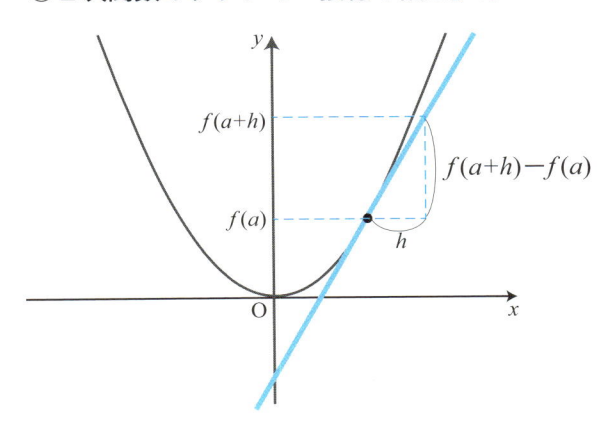

このようにグラフからではわかりにくい場合は、微分の定義から入り、そこから導き出された解答を見て考えるのも一つの方法です。

いま、$f(x) = x^2$ があるとき、各点での「接線の傾き」には、どのような変化が見られるでしょうか。

グラフではなく、微分の定義をもとに考えてみると、

$$f'(x) = \lim_{h \to 0} \frac{f(x+h) - f(x)}{h} = \lim_{h \to 0} \frac{(x+h)^2 - x^2}{h}$$
$$= \lim_{h \to 0} \frac{2hx + h^2}{h} = 2x$$

となります。

　1次関数までは微分すると「接線の傾き＝定数」になっていましたが、2次関数からは、微分してもそれぞれの接点ごとに、接線の傾きが異なってきます。これがおもしろいと同時に、わかりにくい点です。

　そこで、直感的に理解するために、下のグラフのようにいろいろな所に接線を引いてみました。

◉傾きが徐々に変化していく

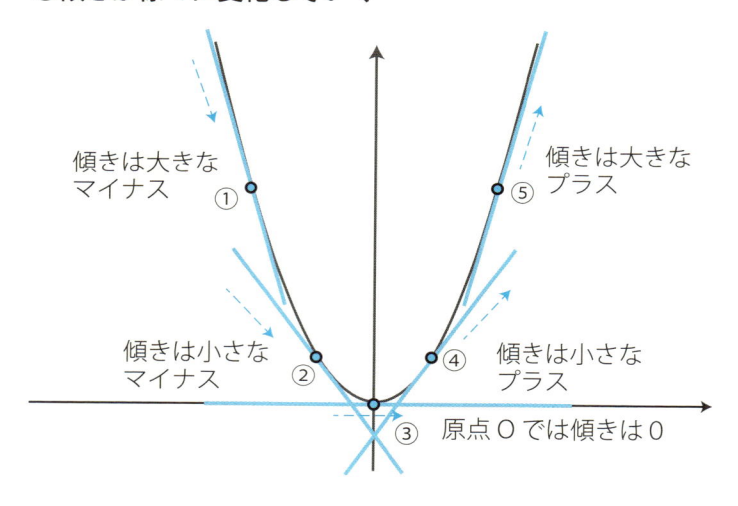

傾きは大きなマイナス　①
傾きは小さなマイナス　②
原点Oでは傾きは0　③
傾きは小さなプラス　④
傾きは大きなプラス　⑤

　これを見ると、x座標が「マイナス→プラス」に変わっていくにつれ、接線の傾きは、グラフでもわかるように、

　　　①大きなマイナス　　　($x<0$)
　→②小さなマイナス　　　($x<0$)
　→③原点で傾きが0　　　　($x=0$)
　→④小さなプラス　　　　($x>0$)
　→⑤大きなプラス　　　　($x>0$)

に転じていくことがわかります。1次関数のグラフの接線では、その傾きは常に「3」のような定数でしたが、2次関数では接点ごとに、傾きが大きく変わっていくことがわかります。

■２次関数の「微分の法則性」を知りたい……

さて、$f(x) = x^2$ を微分すると、$f'(x) = 2x$ となることがわかりましたが、$f(x) = 2x^2$, $f(x) = 3x^2$, $f(x) = 4x^2$……の微分も、いちいち微分の定義から計算していくのは、結構めんどうです。

ただ、残念ながらまだ２次式の微分について法則性が見えてきません。そこで、$f(x) = x^2$ に続いて、$f(x) = 2x^2$, $f(x) = 3x^2$, $f(x) = 4x^2$ を微分の定義によって、微分してみましょう。いくつか微分してみれば、何か、$f(x) = ax^2$ の法則性がわかるかもしれません。

まず、$f(x) = 2x^2$ を微分の公式にあてはめて、計算してみると、

$$f'(x) = \lim_{h \to 0} \frac{f(x+h) - f(x)}{h} = \lim_{h \to 0} \frac{2(x+h)^2 - 2x^2}{h}$$
$$= \lim_{h \to 0} \frac{4hx + 2h^2}{h} = 4x$$

こうして、$f(x) = 2x^2$ を微分すると、$f'(x) = 4x$ となることがわかりました。

では、$f(x) = 3x^2$ もやってみます。やはり、微分の定義から、

$$f'(x) = \lim_{h \to 0} \frac{f(x+h) - f(x)}{h} = \lim \frac{3(x+h)^2 - 3x^2}{h}$$
$$= \lim_{h \to 0} \frac{6hx + 3h^2}{h} = 6x$$

で、$f(x) = 3x^2$ を微分すると、$f'(x) = 6x$ となることがわかりました。

もう一つ、$f(x) = 4x^2$ を微分してみると、

$$f'(x) = \lim_{h \to 0} \frac{f(x+h) - f(x)}{h} = \lim \frac{4(x+h)^2 - 4x^2}{h}$$
$$= \lim_{h \to 0} \frac{8hx + 4h^2}{h} = 8x$$

で、$f(x) = 4x^2$ を微分すると、$f'(x) = 8x$ とわかりました。

ここで、$f(x) = x^2$, $f(x) = 2x^2$, $f(x) = 3x^2$, $f(x) = 4x^2$ の微分がどん

な形になっているかを、まとめてみました。では、その後の、$5x^2, 6x^2,$ …… そして ax^2 の微分の形を予想してみてください。

もとの関数		微分すると
$f(x) = x^2$	→	$f'(x) = 2x$
$f(x) = 2x^2$	→	$f'(x) = 4x$
$f(x) = 3x^2$	→	$f'(x) = 6x$
$f(x) = 4x^2$	→	$f'(x) = 8x$
$f(x) = 5x^2$	→	$f'(x) = \boxed{}\, x$
$f(x) = 6x^2$	→	$f'(x) = \boxed{}\, x$
………	→	………
$f(x) = ax^2$	→	$f'(x) = \boxed{}\, x$

　もとの関数（微分前の関数）の係数が、1 → 2 → 3 → 4……となると、微分した後の形は、2 → 4 → 6 → 8……となっています。この形から、

　　　$f(x) = 5x^2$ 　　　　　→ 　　$f'(x) = 10x$
　　　$f(x) = 6x^2$ 　　　　　→ 　　$f'(x) = 12x$

……となるだろう、と推測がつきます。ということは、いちばん下の▇には、

　　　$f(x) = ax^2$ 　　　　→ 　　$f'(x) = 2ax$

が入ることがわかりますね。よって、

$$f(x) = ax^2 \text{ のとき、} \quad (微分すると) \quad f'(x) = 2ax$$

となりそうなことがわかりました。ここまでをまとめると、

　　　$f(x) = c$ 　のとき 　　　→ 　　$f'(x) = 0$
　　　$f(x) = ax$ 　のとき 　　　→ 　　$f'(x) = a$
　　　$f(x) = ax^2$ のとき 　　　→ 　　$f'(x) = 2ax$

でしたね。$f(x)$ と $f'(x)$ の形を比べると、次数が1つ減ってくるのは確かなようです。

5 3次式 $f(x) = x^3$ の微分は？

■3次関数を微分の定義から考える

2次式まで微分できるようになりましたが、残念ながら、まだ**微分一般の法則性**が見えてきません。当面の目標である「x^n」の微分を考えるには、3次式ぐらいまではやってみる必要がありそうです。

それに、この微分の定義式（微分係数）

$$f'(x) = \lim_{h \to 0} \frac{f(x+h) - f(x)}{h}$$

を何度も繰り返し使っている間に、微分の定義を見慣れ、使い慣れる効用もあります。微分で困ったら、いつでもこの式に戻って考えることです。

さて、3次式の場合も同様なので、多少、スピードアップをしていきましょう。

① 3次式のグラフを描き、どんな接線が引けるかを見る
② 微分の公式を使って、具体的な計算をする
③ 一般的な形を予測する

という手順です。

① 3次式のグラフを描き、いくつか接線を引いてみます。

次ページのグラフは、3次式 $f(x) = x^3$ のグラフに多数の接線を引いてみたものです。x のマイナス側から見ていくと、

・最初は大きなプラスの傾き
・徐々に傾きが小さくなる
・$x = 0$ の地点で、傾きは 0 になっているらしい
・その後、徐々に傾きが大きくなる
・x が大きくなると、傾きは急に大きくなる

といったことがいえそうです。傾向はわかりました。$f(x) = x^2$ とは違いますね。

●$f(x)=x^3$と接線の動き

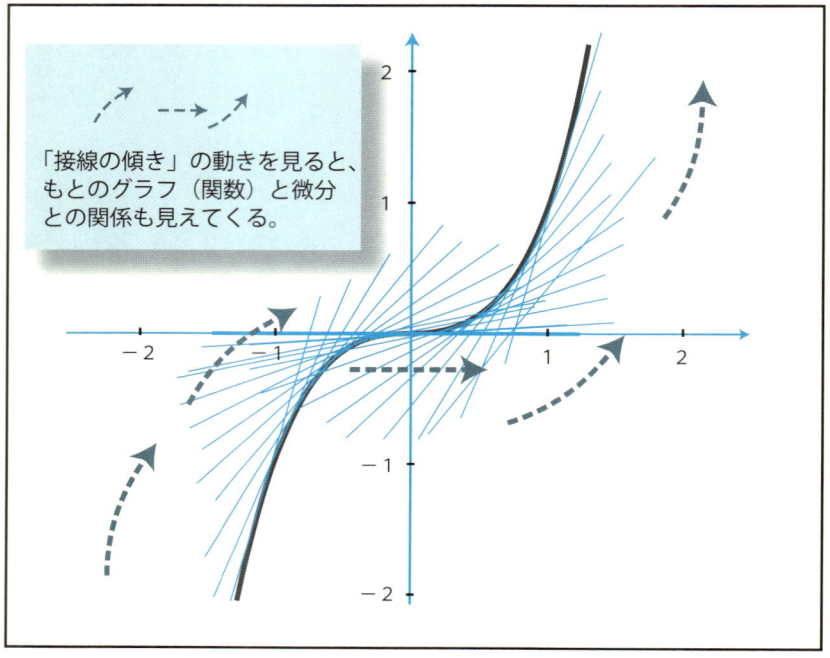

「接線の傾き」の動きを見ると、もとのグラフ（関数）と微分との関係も見えてくる。

では、手順②で、3次方程式、$f(x) = x^3, 2x^3, 3x^3$ を微分してみます。

(1) $f(x) = x^3$ を微分する

$$f'(x) = \lim_{h \to 0} \frac{f(x+h) - f(x)}{h} = \lim_{h \to 0} \frac{(x+h)^3 - x^3}{h}$$

$$= \lim_{h \to 0} \frac{3hx^2 + 3h^2x + h^3}{h} = \lim_{h \to 0} \left(3x^2 + 3hx + h^2\right) = 3x^2$$

$(x^3)' = 3x^2$ でした。どうやら、「**微分すると、次数（累乗）が一つ減る**」のではないか、という推測が確信に変わりつつあります。

(2) $f(x) = 2x^3$ を微分する

$$f'(x) = \lim_{h \to 0} \frac{f(x+h) - f(x)}{h} = \lim_{h \to 0} \frac{2(x+h)^3 - 2x^3}{h}$$

$$= \lim_{h \to 0} \frac{6hx^2 + 6h^2x + 2h^3}{h} = \lim_{h \to 0} \left(6x^2 + 6hx + 2h^2\right) = 6x^2$$

$h \to 0$ なので、$(2x^3)' = 6x^2$ となりましたね。

(3) $f(x) = 3x^3$ を微分する

$$f'(x) = \lim_{h \to 0} \frac{f(x+h) - f(x)}{h} = \lim_{h \to 0} \frac{3(x+h)^3 - 3x^3}{h}$$

$$= \lim_{h \to 0} \frac{9hx^2 + 9h^2x + 3h^3}{h} = \lim_{h \to 0}(9x^2 + 9hx + 3h^2) = 9x^2$$

$h \to 0$ なので、$(3x^3)' = 9x^2$ となりました。

これら $f(x) = x^3$, $f(x) = 2x^3$, $f(x) = 3x^3$ を微分したときの形を比較してみると、次のようになります。

$$f(x) = x^3 \quad\quad \to \quad\quad f'(x) = 3x^2$$
$$f(x) = 2x^3 \quad\quad \to \quad\quad f'(x) = 6x^2$$
$$f(x) = 3x^3 \quad\quad \to \quad\quad f'(x) = 9x^2$$

以上のことから、

$f(x) = ax^3$ という、3次の一般式を微分すると、$f'(x) = 3ax^2$

ということがいえそうです。微分の法則性を見つける旅も、ゴールが近づいてきました。

■ 第 1 章 ■　　　　　　　　　　　　　　　　　　　　　x^n の微分がすべての基本！

6　x^n を微分すると

　ここまでで、定数、1 次式、2 次式、そして 3 次式をそれぞれ微分したときの形がわかりました。それをまとめたものが次ページです。このことから、次のように推測することができるでしょう。

$$f(x) = ax^n \text{ を微分すると、} f'(x) = anx^{n-1} \quad \cdots\cdots ❶$$

まだ証明したわけではありませんが、直感的には正しそうです。

　この❶の式で、アタマに付いている「係数の a」を省き、もう少しシンプルにしたものが、次の式❷です。このほうが覚えるにはラクなはずです。

$$f(x) = x^n \text{ を微分すると、} f'(x) = nx^{n-1} \quad \cdots\cdots ❷$$

　この❷の式さえ知っておけば、いちいち微分の定義式に立ち戻る必要もありません。lim を使った長い式を書いて「h が 0 に近づく……」といった、めんどうな計算をしなくても済むのは助かります。

　長々と、$f(x) =$ 定数の場合から 3 次の関数までを扱ってきました。おかげで、非常に簡便な方法を見つけ出せたようです。まだまだ推測域にすぎませんが、これくらい手作業を続けると、かなり体に微分のやり方が染みこんできたのでは？

（もとの関数）　　　　　　　　　（導関数）
$$x^n \quad \Longrightarrow \quad nx^{n-1}$$
左の関数を「微分」すると、右の形になる

●微分の基本公式

$f(x)=c$ のとき　→　$f'(x)=0$
（$c=$ 定数）

$f(x)=ax$ のとき　→　$f'(x)=a$

$f(x)=ax^2$ のとき　→　$f'(x)=2ax$

$f(x)=ax^3$ のとき　→　$f'(x)=3ax^2$

$\vdots$ 　　　　　　　　　$\vdots$

このことから、次のように推測できる。

$$f(x)=ax^n \text{ のとき} \longrightarrow f'(x)=nax^{n-1}$$

さらに、簡易な形に直すと、

微分の公式

$$f(x)=x^n \text{ のとき} \longrightarrow f'(x)=nx^{n-1}$$

つまり、

$$(x^n)' = nx^{n-1}$$

❶ もとの関数から n が降りてくる
❷ 累乗の n から１を引く

第 1 章

7　$(x^n)' = nx^{n-1}$ を証明する

■パスカルの三角形と二項定理

さて、「$(x^n)' = nx^{n-1}$」となることは、実感としてナットクいただけたと思います。本書では「意味がわかる」「体感する」ことを重視したいので、すべてを証明していくつもりはありませんが、さすがに「$(x^n)' = nx^{n-1}$」だけは微分の根幹ともいうべき式だけに、避けて通るわけにはいきません。

そこで、以下、$(x^n)' = nx^{n-1}$ となることを証明しておくことにします。

> 例題　$(x^n)' = nx^{n-1}$ となることを証明してください。

まず、微分の定義式にあてはめてみましょう。

$$(x^n)' = \lim_{h \to 0} \frac{(x+h)^n - x^n}{h}$$

ですね。いつもここが微分のスタートラインです。

$(x+h)^n = x^n + nx^{n-1}h + \cdots\cdots + h^n$ となるので、

$$(x^n)' = \lim_{h \to 0} \frac{(x+h)^n - x^n}{h}$$

$$= \lim_{h \to 0} \frac{(x^n + nx^{n-1}h + \cdots + h^n) - x^n}{h} \quad (\text{二項係数を利用})$$

$$= \lim_{h \to 0} \left\{ nx^{n-1} + h \left({}_nC_2 x^{n-2} + \cdots + {}_nC_{n-1} x^1 h^{n-2} + h^{n-1} \right) \right\}$$

$$= nx^{n-1}$$

こうして、次の公式が証明されました（詳細は次ページを参照）。

◉微分の公式の証明

$$(x^n)' = nx^{n-1}$$ を証明する

$$(x^n)' = \lim_{h \to 0} \frac{(x+h)^n - x^n}{h}$$

$$= \lim_{h \to 0} \frac{(x^n + {}_nC_1 x^{n-1}h^1 + {}_nC_2 x^{n-2}h^2 + \cdots + {}_nC_{n-2} x^2 h^{n-2} + {}_nC_{n-1} x^1 h^{n-1} + h^n) - x^n}{h}$$

消える

$$= \lim_{h \to 0} \frac{(\cancel{x^n} + {}_nC_1 x^{n-1}\cancel{h}^{h^0} + {}_nC_2 x^{n-2}\cancel{h^2}^{h^1} + \cdots + {}_nC_{n-2} x^2 \cancel{h^{n-2}}^{h^{n-3}} + {}_nC_{n-1} x^1 \cancel{h^{n-1}}^{h^{n-2}} + \cancel{h^n}^{h^{n-1}}) - \cancel{x^n}}{\cancel{h}}$$

分母・分子を h で割る

$$= \lim_{h \to 0} \left({}_nC_1 x^{n-1} + \boxed{{}_nC_2 x^{n-2}h^1 + \cdots + {}_nC_{n-1} x^1 h^{n-2} + h^{n-1}} \right)$$

$h \to 0$ ですべて消える

$$= {}_nC_1 x^{n-1}$$

係数は何？　　　　　　　　　　　　　「n」だけが残る

$${}_nC_1 = \frac{n!}{(n-1)!\,1!} = \frac{n \times (n-1) \times (n-2) \times \cdots \times 2 \times 1}{(n-1) \times (n-2) \times \cdots \times 2 \times 1 \cdot 1} = n$$

よって、$$(x^n)' = nx^{n-1}$$ が証明された。

$$(x^n)' = nx^{n-1}$$

なお、この計算では二項係数の知識を使っていますが、二項係数の説明そのものはしていません。二項係数の説明をし始めると、微分の公式にたどり着くまで紆余曲折し、証明が遠回りになるためです。

証明を終えたので、次ページで二項係数についてまとめておきました。忘れた方はご参照ください。

■ルート（平方根）の微分は？

さて、$(x^n)' = nx^{n-1}$ が証明されたので、怖いもの無しです。そこで n が自然数でないときもこの式が成立するとして、微分にチャレンジしてみましょう。成り立つ式が予想できます。

例題1　$\sqrt{x}$ を微分してください。

「$\sqrt{x}$ の微分」……とは、どのようなものでしょうか。$(x^n)' = nx^{n-1}$ の形から、考えてみてください。$\sqrt{x}$、つまり平方根というのは、$x^{\frac{1}{2}}$ ですから、すなおに変形していくと、

$$\left(\sqrt{x}\right)' = \left(x^{\frac{1}{2}}\right)' = \frac{1}{2}x^{\frac{1}{2}-1}$$

$$= \frac{1}{2}x^{-\frac{1}{2}} = \frac{1}{2}\frac{1}{\sqrt{x}} = \frac{1}{2\sqrt{x}}$$

よって、$\sqrt{x}$ を微分したものは次のようになります。

$$\left(\sqrt{x}\right)' = \frac{1}{2\sqrt{x}}$$

実は、第7章で説明する「**積の微分**（掛け算微分）」という方法でこの問

◉二項係数とパスカルの三角形

$$(a+b)^n = a^n + {}_nC_1 a^{n-1}b^1 + {}_nC_2 a^{n-2}b^2 + {}_nC_3 a^{n-3}b^3 + \cdots\cdots$$
$$\cdots\cdots + {}_nC_{n-3} a^3 b^{n-3} + {}_nC_{n-2} a^2 b^{n-2} + {}_nC_{n-1} a^1 b^{n-1} + b^n$$

を**二項定理**と呼び、係数の ${}_nC_r$ という記号が**二項係数**です。この具体的な形はふだんから、いつも利用しているものです。

$n = 2$ のとき　$(a+b)^2 = a^2 + 2ab + b^2$

$n = 3$ のとき　$(a+b)^3 = a^3 + 3a^2b + 3ab^2 + b^3$

また、よく見ると a と b の累乗では、a の累乗が一つずつ減少し、b の累乗が逆に一つずつ増加していることがわかります。これをまとめたのが次の図です。

◉パスカルの三角形で二項定理の係数がわかる

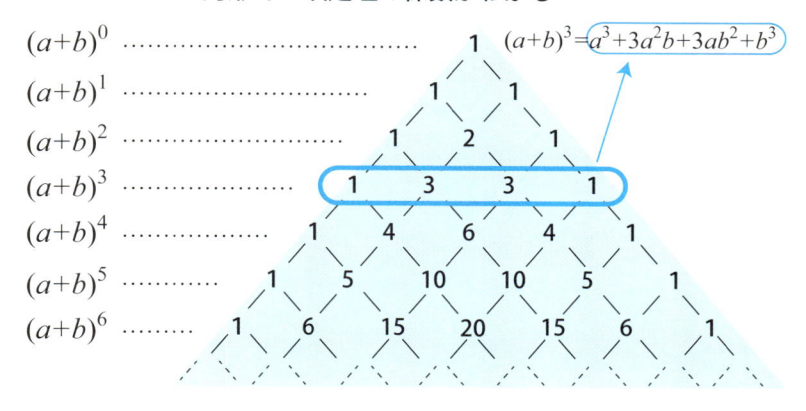

$(a+b)^0$ ……………………………… 1　　$(a+b)^3 = a^3 + 3a^2b + 3ab^2 + b^3$

$(a+b)^1$ ……………………… 1　　1

$(a+b)^2$ …………………… 1　　2　　1

$(a+b)^3$ ………………… 1　　3　　3　　1

$(a+b)^4$ ……………… 1　　4　　6　　4　　1

$(a+b)^5$ …………… 1　　5　　10　　10　　5　　1

$(a+b)^6$ ……… 1　　6　　15　　20　　15　　6　　1

まるで、数字で三角形ができているように見えますので、これを**パスカルの三角形**と呼んでいます。この形から、係数は、「斜め上の2つの数値を足したもの」という、法則性があることがわかります。

二項定理は複雑な形をしていますが、係数自体は「パスカルの三角形」でかんたんに覚えられるので重宝します。

題を示すこともできます。

(積の微分) $(f \cdot g)' = f' \cdot g + f \cdot g'$

上記の式は式をかんたんにするため、$f=f(x), g=g(x)$ を略したものです。ここで、積の微分を使って $\sqrt{x}$ を微分してみると、

$$1 = (x)' = \left(\sqrt{x}\sqrt{x}\right)' \qquad (\text{「積の微分」の形にした})$$

$$= \left(\sqrt{x}\right)'\sqrt{x} + \sqrt{x}\left(\sqrt{x}\right)' = 2\sqrt{x}\left(\sqrt{x}\right)'$$

よって、

$$2\sqrt{x}\left(\sqrt{x}\right)' = 1$$

となるので、

$$\left(\sqrt{x}\right)' = \frac{1}{2\sqrt{x}}$$

これで前ページの答と同じ結果となりました。

例題2　$\dfrac{1}{x}$ を微分してください。

$\dfrac{1}{x}$ とは、x^{-1} のことですから、やはり、$(x^n)' = nx^{n-1}$ の形へとすなおに変形していくと対応できます。

$$\left(\frac{1}{x}\right)' = \left(x^{-1}\right)' = -1x^{-1-1} = -x^{-2} = -\frac{1}{x^2}$$

よって、$\left(\dfrac{1}{x}\right)' = -\dfrac{1}{x^2}$ となります。

8 $f(x) = ax^3+bx^2+cx+d$ を微分する

ここまでで、定数、1 次式、2 次式、そして 3 次式をそれぞれ微分することができ、その方法もわかりました。

$f(x) = x^3$	微分すると→	$f'(x) = 3x^2$
$f(x) = 5x^2$	微分すると→	$f'(x) = 10x$
$f(x) = 2x$	微分すると→	$f'(x) = 2$
$f(x) = -2$	微分すると→	$f'(x) = 0$
…………	………………→	………
$f(x) = x^n$	微分すると→	$f'(x) = nx^{n-1}$

では、$f(x) = x^3+5x^2+2x-2$ のような多項式を微分すると、どのように処理できるのでしょうか。結論から先にいえば、

「多項式の微分では、各項を個別に微分していけばよい」

といえます。つまり、

$$f(x) = x^3+5x^2+2x-2 \quad \rightarrow \quad f'(x) = 3x^2+10x+2$$

とシンプルに操作することができます。

例題　$f(x) = ax^2 + bx$ のような多項式を微分すると、$f'(x) = 2ax + b$ のように「各項を個別に微分していけばよい」ことを示してください。

こういう場合には、常に微分の定義に立ち戻ることです。まず、次の方法はどうでしょうか。$f(x) = ax^2 + bx$ を微分すると、

$$f'(x) = \lim_{h \to 0} \frac{f(x+h) - f(x)}{h}$$

$$= \lim_{h \to 0} \frac{\{a(x+h)^2 + b(x+h)\} - (ax^2 + bx)}{h}$$

$$= \lim_{h \to 0} \frac{2ahx + ah^2 + bh}{h}$$

$$= \lim_{h \to 0} (2ax + ah + b) = 2ax + b$$

これでは不十分ですね。たしかに$f(x) = ax^2 + bx$を微分して、結果的に$f'(x) = 2ax + b$となっていますが、問題の主旨は、「多項式を微分すると、各項を個別に微分していけばよいことを示せ」といっているわけですから、理由がこれでは解答になっていません。

そこで、次のように、ひと工夫してみます。最初は同じです。

$$f'(x) = \lim_{h \to 0} \frac{f(x+h) - f(x)}{h}$$

$$= \lim_{h \to 0} \frac{\{a(x+h)^2 + b(x+h)\} - (ax^2 + bx)}{h}$$

ここですぐにカッコを展開せず、前後の式の組合せを変えてみると、

$$= \lim_{h \to 0} \frac{\{a(x+h)^2 - ax^2\} + \{b(x+h) - bx\}}{h}$$

$$= \lim_{h \to 0} \frac{a(x+h)^2 - ax^2}{h} + \lim_{h \to 0} \frac{b(x+h) - bx}{h}$$

$$= \left(ax^2\right)' + \left(bx\right)'$$

こうして、多項式を微分する場合、「各項を個別に微分していけばよい」ことを示すことができました。

Column Mathema

ニュートン、ライプニッツ……
微分記号の違いは？

　微分の表記にはいろいろとあり、どれを使ってもかまいませんが、それぞれの記号には特徴もあり、知った上で使い分けるといいでしょう。
　微分の創始者ニュートンの微分記号は$\dot{x}$（ドット）で、速度や加速度など、時間に関係する場合の微分でよく使われます。たとえば、位置（距離）x を微分したのが速度 v、その速度 v を微分したものが加速度 α なので、

ニュートンの微分記法

速　度　……………　$v=\dot{x}$

加速度　…………　$\alpha=\dot{v}$

と表記されます。ただ、このドット方式はあまり普及していません。

　微分・積分のもう一人の創始者ライプニッツは、記法についても非常に巧みで、このため現在でも彼の記法が多く使用されています。

ライプニッツの微分記法

$$\frac{dy}{dx} \quad \frac{d}{dx}y \quad \frac{df(x)}{dx} \quad \frac{d}{dx}f(x)$$

　たとえば、$\frac{d}{dx}f(x)$ はそのまま「ディーエフエックス・ディーエックス」と読み、「関数 $f(x)$ を x について微分する」という意味で使われます。また、$\frac{dy}{dx}$, $\frac{d}{dx}y$ は2者とも「関数 y を x について微分する」という意味です。
　ところで、変数は x や y ばかりとは限りません。「関数 S を r について微分する」という場合や、あるいは、時間（t）と距離（s）との関係という場合には、

$$\frac{d}{dr}S \ , \ \frac{d}{dt}s$$

のように表記されることになります。このように、変数は x, y だけでなく、S, r であったり、s, t であったりしますので、自在に使えるようにしておきたいものです。

なお、後の第7章で出てくる「合成関数の微分」などでは、ライプニッツの記法を使うことで、

$$\frac{dy}{dx} = \frac{dt}{dx}\frac{dy}{dt} \quad \text{（合成関数の微分）}$$

のように $\frac{dt}{dt}$ を便宜的に入れて操作することで、そのままでは解きにくい関数の微分もうまく処理できて便利に使えます。ライプニッツの記法が重宝される理由の一つです。

もう一つ、なじみの深い微分記号としてよく使われるのが、簡便なラグランジュの記法です。

ラグランジュの微分記法
y' $f'(x)$ $f'(S)$ $f'(t)$

これらをまとめると、

$$y' = f'(x) = \frac{d}{dx}y = \frac{d}{dx}f(x) \qquad \dot{x} = \frac{dx}{dt} \qquad \dot{\theta} = \frac{d\theta}{dt}$$

ということになります。見慣れない $\dot{x}$ が出てきたら、時間に関する微分だと考えるとよいでしょう。

こうやって見てくると、ライプニッツの

$$\frac{dy}{dx} \qquad \frac{d}{dx}y \qquad \frac{df(x)}{dx} \qquad \frac{d}{dx}f(x)$$

という記法は、一見すると、とっつきが悪く、むずかしく見えるのですが、「どの関数を、何について微分するか」がきわめて明瞭です。

第2章

sinとcos、対数を微分する

第 2 章

sin と cos、対数を微分する

1　sinを微分すると、何になる？

■サインカーブを描いて考えると……

　$y = x^n$ の微分がわかったので、一段落です。そこで次の段階として、**三角関数**の sin, cos の微分を考えてみましょう。そもそも、sin, cos を微分することはできるのか、もし微分できるとすれば、どのような形になるのか、興味が湧いてきます。

　x、x^2、x^3……など、x^n の形式のときの微分は、「接線の傾き」を考えて「$x^n \to nx^{n-1}$」にたどり着いたのでした。今回も同じように **sin カーブに「接線を引く」**発想で考えればいいはずです。

　sin カーブと cos カーブとは下図のようなもので（上が sin、下が cos）、

●sinカーブとcosカーブは90°ズレている

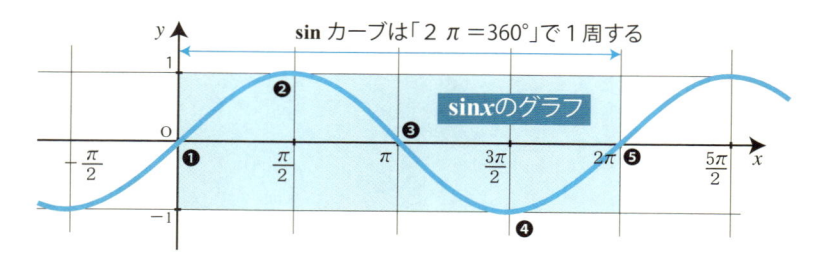

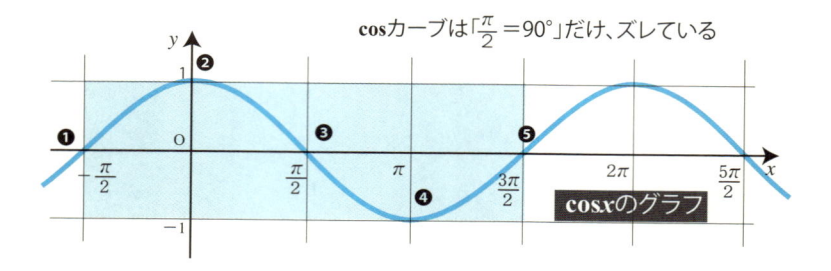

sin カーブは「$2\pi = 360°$」で1周する

sinxのグラフ

cosカーブは「$\frac{\pi}{2} = 90°$」だけ、ズレている

cosxのグラフ

●sinx のグラフを微分すると、cosx になる？

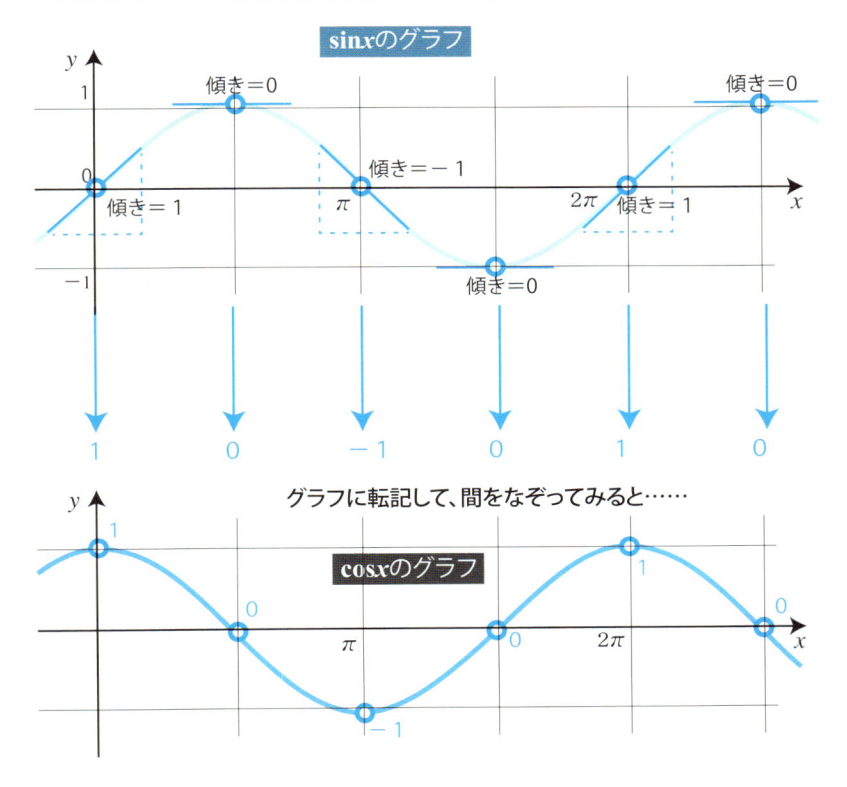

sinxのグラフ

（グラフ：sinxのグラフに接線の傾きが示されている。傾き＝1、傾き＝0、傾き＝−1、傾き＝0、傾き＝1、傾き＝0）

矢印で値が転記されている：1, 0, −1, 0, 1, 0

グラフに転記して、間をなぞってみると……

cosxのグラフ

2つの間には $\frac{1}{2}\pi\,(=90°)$ のズレがあるにすぎず、その形は同じです。

さて、「sinx を微分する」ということは、sinx のグラフに接線を引いていけば、微分した形が見えてくるはずです。さっそくやってみると、スタート地点の原点 O では、接線の傾きはちょうど 1 くらいでしょうか。そこから単調に増加していくものの、徐々に傾きは小さくなり、$\frac{1}{2}\pi\,(=90°)$ では傾きは 0 となっています。

そこから、「増加→減少」に転じ、$\pi\,(=180°)$ では最大傾斜の傾き $=-1$ 程度にまでなり、その後も減少が続くものの、徐々に傾斜角が小さくなり、$\frac{3}{2}\pi\,(=270°)$ では傾きは再び 0 となっているようです。

ここから「減少→増加」に転じ、$2\pi\,(=360°)$ では傾きが 1 になります。ここで 1 サイクル終えました。後は、この繰り返し。

　さて、それぞれの地点での接線の傾きは「$1 \to 0 \to -1 \to 0 \to 1$……」と変化していますので、この数値をグラフにプロットし、その間をなめらかになぞっていくと、一つのグラフが現れます。その形は、前ページ下のグラフで、これは cos に他なりません。つまり、

(もとの関数)   (導関数)

$$\sin x \quad \Longrightarrow \quad \cos x$$

左の関数を「微分」すると、右の形になる

ということができます。

◉cos$x$ を微分すると、何になる？

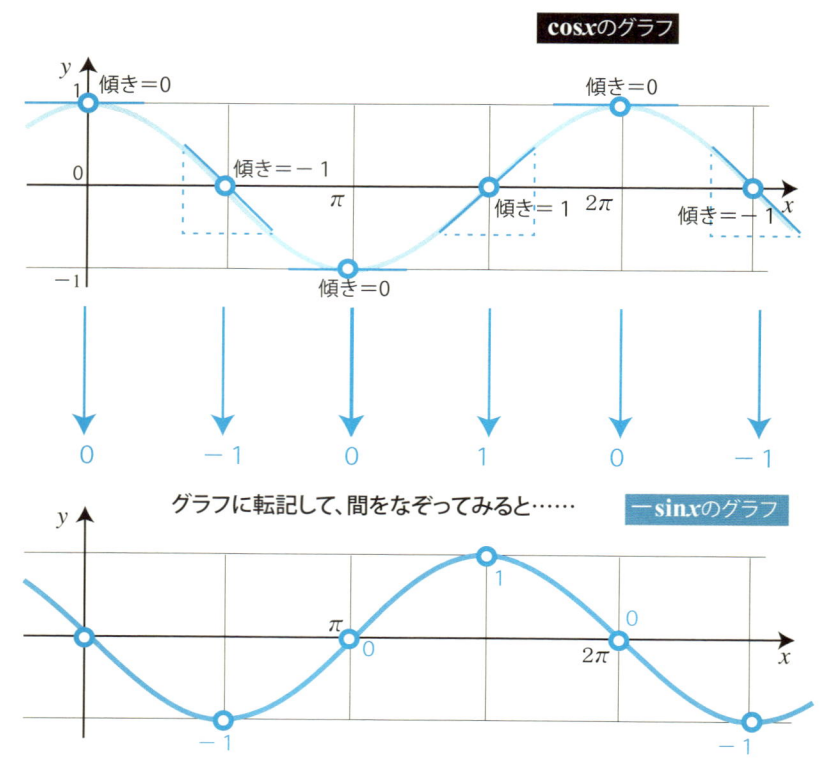

cos$x$のグラフ

$-\sin x$のグラフ

グラフに転記して、間をなぞってみると……

■cosを微分する

では、逆に、cos$x$を微分すると、どうなるでしょうか。プロセスはまったく同じなので、途中は省略し、前ページの図を見ていただきましょう。なるほど、cos$x$を微分すると、「$-\sin x$」になりました。

では、次に、「$-\sin x$」を微分すると、どうなるでしょうか。sin$x$の微分はcos$x$でしたから、「それに－符号を付けるだけ」と予想できますが、これもグラフ（下図）を描いて確かめておきましょう。いかがでしょうか。

◉ $-\sin x$ を微分すると、何になる？

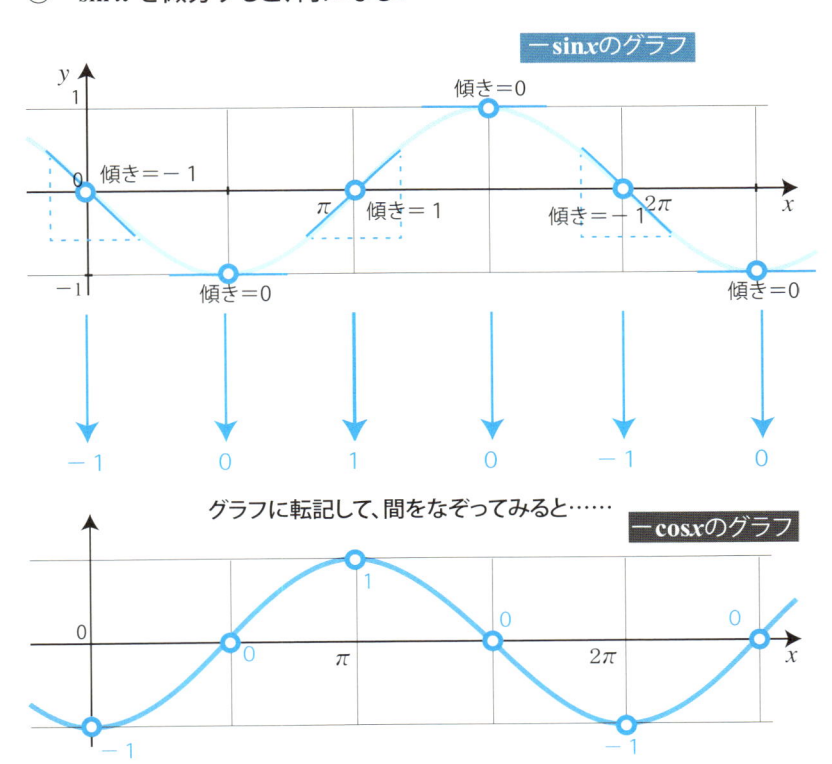

－sin$x$のグラフ

グラフに転記して、間をなぞってみると……

－cos$x$のグラフ

■三角関数の微分の法則性が見えてきた

なんだか、少し法則性が見えてきましたね。

$$0 \to \frac{1}{2}\pi \to \pi \to \frac{3}{2}\pi \to 2\pi \to \frac{5}{2}\pi \cdots$$

と曲線が動いていく際、各点での接線の傾きは、

$\sin x$ → $\cos x$	$1 \to 0 \to -1 \to 0 \to 1 \to 0$
$\cos x$ → $-\sin x$	$0 \to -1 \to 0 \to 1 \to 0 \to -1$
$-\sin x$ → $-\cos x$	$-1 \to 0 \to 1 \to 0 \to -1 \to 0$

◉ $-\cos x$ を微分すると、$\sin x$ に戻る？

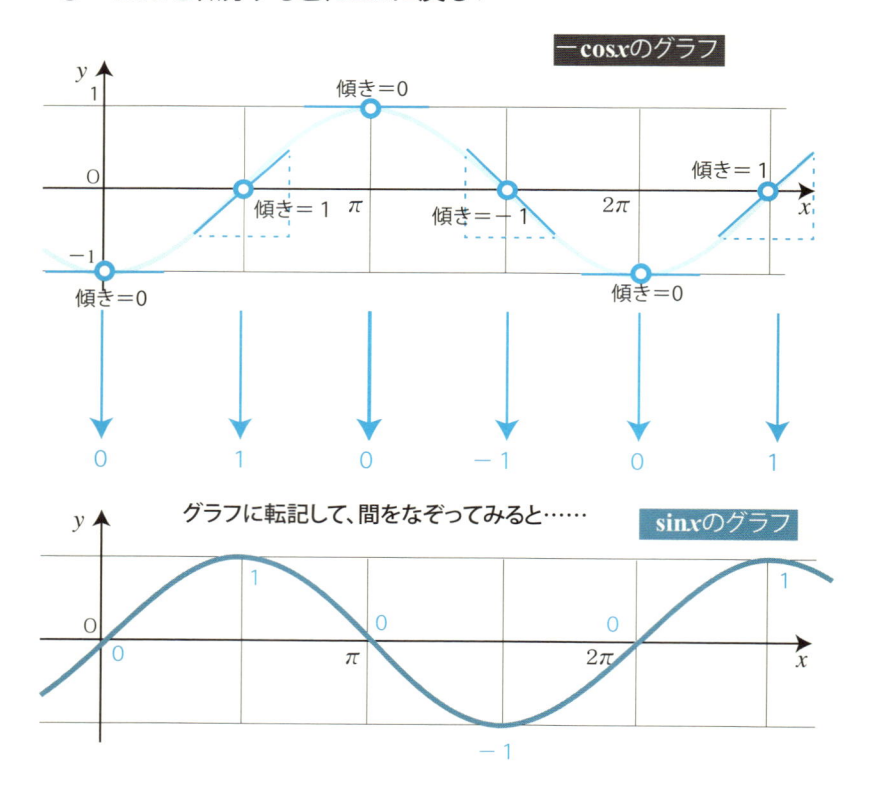

$-\cos x$のグラフ

傾き＝0／傾き＝1／傾き＝0／傾き＝-1／傾き＝0／傾き＝1

↓ ↓ ↓ ↓ ↓ ↓

0　1　0　−1　0　1

グラフに転記して、間をなぞってみると……　**$\sin x$のグラフ**

と、左端の数値が一つ消え、その分、右から一つずつズレてきていることがわかります。ということは、次は、

$-\cos x$ の微分 $\to \sin x$ 　　　　$0 \to 1 \to 0 \to -1 \to 0 \to 1$

と予想できます。なぜ「$-\cos x \to \sin x$」と予想したかというと、ここまで $\sin x$ を微分すると、「符号は変わらず、$\cos x$ に変わる」ものの、$\cos x$ を微分すると、「符号は変わり、$\sin x$ になる」からです。これもグラフでちゃんと確かめておきましょう。

こうして、次の関係がわかりました。

$$
\begin{aligned}
(\sin x)' &\to \cos x \\
(\cos x)' &\to -\sin x
\end{aligned}
$$

さらに、もう一つ、法則性をつかめました。

$\sin x$ から微分をスタートさせると、「4回でもとの $\sin x$ まで戻ってくる」ということです。

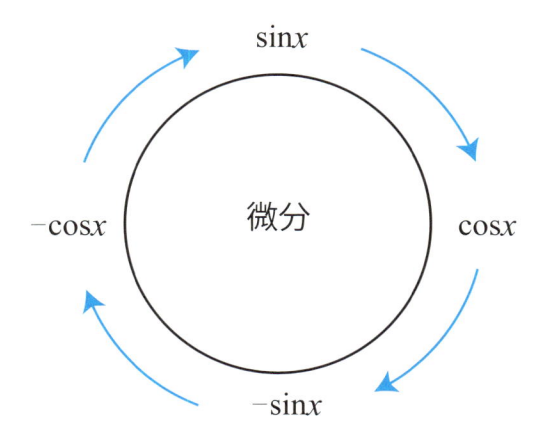

■人工衛星の速度は三角関数の微分で……

これで三角関数（$\sin x$，$\cos x$）の微分については、少なくともどういうことをやって「$\sin x \to \cos x$」「$\cos x \to -\sin x$」……になるか、$\sin$ の微分

人工衛星 $(R\cos\theta, R\sin\theta)$

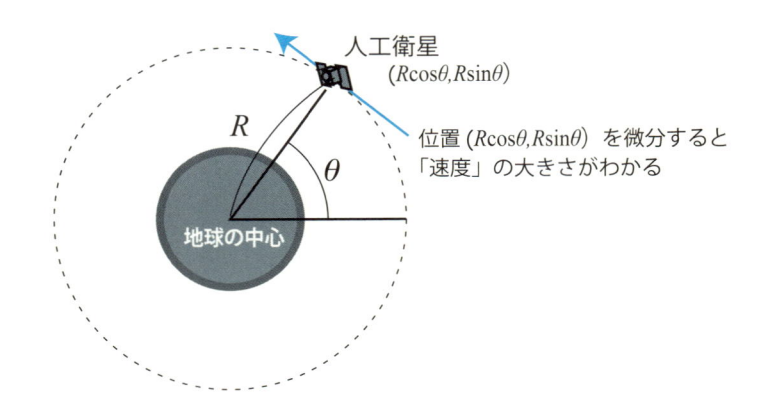

R

θ

地球の中心

位置 $(R\cos\theta, R\sin\theta)$ を微分すると「速度」の大きさがわかる

の意味は十分に体得できたと思います。

　しかし、三角関数の微分を勉強する者としては、「それがいったい何の役に立つのか」も知りたいところでしょう。数学は「すぐに実用になるもの」ばかりではないとしても、単に操作だけ覚えてもおもしろくありません。sin や cos をはじめとする三角関数の微分は、どんな役に立つのでしょうか。

　sin や cos というのは、単位円（半径 1 の円）の円周上をぐるぐる回る点の動きだと考えられます。

　円に近い状態を考えると、たとえば人工衛星や惑星の軌道（惑星は正確には楕円）が考えられます。ここで、人工衛星の現在位置から速度を求めるには、「**ある位置での微分 = 接線の傾きが速度**」となるわけです。上の図のように、人工衛星の位置は sin や cos で表わされますので、三角関数の微分が利用されることになります。

　人工衛星は地球を中心とした円軌道をぐるぐる回っています。もちろん、スパイ衛星のように、とても円軌道といえないものもありますが、静止衛星などは円運動と考えることができます。

　人工衛星の速度を実際に微分で計算してみるのは後の章（第 9 章）に任せるとして、sin や cos の微分は回転運動を理解するのに使える、ということを理解すると、とたんに三角関数の微分にも、やる気が出てくるから不思議です。

2 $(\sin)' = \cos$ となる証明

■「sinの微分→cos」を証明する

　微分の理解には、「グラフを見て、イメージをつかむ」のが一番大事だと思いますが、それだけではナットクしない人々もいるはずです。「前項のグラフはだいたい了解したが、本当に『sinの微分→cos』となるのかは、疑問が残る」という人も多いでしょう。

　三角関数の微分は x^n の微分と同様、微分の中ではとても大事な部分なので、これも確認しておきます。確認するには、やはり微分の定義式に戻ることです。

　$f(x) = \sin x$ のとき、その微分 $f'(x) = (\sin x)'$ は、

$$\lim_{h \to 0} \frac{f(x+h) - f(x)}{h} = \lim_{h \to 0} \frac{\sin(x+h) - \sin(x)}{h} \quad \cdots\cdots \quad ①$$

で考えればいいのでした。ここで、$x+h = A$、$x = B$ と考えると、分子は次の形になり、三角関数の公式にあてはめることができます。

$$\sin A - \sin B = 2 \cos \frac{A+B}{2} \sin \frac{A-B}{2} \quad \cdots\cdots\cdots \quad ②$$

　②は sin の「差を積に変換する」公式です。この②を①に代入すると、①の式は（ここでは分子だけ計算）、

$$\sin(x+h) - \sin x = \sin A - \sin B$$
$$= 2 \cos \frac{A+B}{2} \sin \frac{A-B}{2} = 2 \cos \frac{x+h+x}{2} \sin \frac{x+h-x}{2}$$
$$= 2 \cos \frac{2x+h}{2} \sin \frac{h}{2} \quad \cdots\cdots \quad ③$$

となります。公式を知っていると、こういうときに威力を発揮します。

　③を、もとの微分の定義（①式）に戻しましょう。

$$\lim_{h \to 0} \frac{f(x+h) - f(x)}{h} = \lim_{h \to 0} \frac{\sin(x+h) - \sin(x)}{h}$$

$$= \lim_{h \to 0} \frac{2\cos\dfrac{2x+h}{2}\sin\dfrac{h}{2}}{h} = \lim_{h \to 0} \frac{\cos\dfrac{2x+h}{2}\sin\dfrac{h}{2}}{\dfrac{h}{2}}$$

$$= \lim_{h \to 0} \cos\frac{2x+h}{2} \left(\frac{\sin\dfrac{h}{2}}{\dfrac{h}{2}} \right) \quad \cdots\cdots\cdots \quad ④$$

となります。最後に、わざとカッコでくくった部分に注目してください。

ここで、$\dfrac{h}{2} = x$ とおくと、

$$\frac{\sin\dfrac{h}{2}}{\dfrac{h}{2}} = \frac{\sin x}{x}$$

となります。これは次ページの図で、$y = x$ と $y = \sin x$ の 2 つのグラフを表わし、「$x \to 0$」というのは、原点付近での $y = x$ と $y = \sin x$ のグラフが $x=0$ のまわりで一致しています。ですから、

$$\frac{\sin x}{x} = 1 \quad \Longrightarrow \quad \frac{\sin\dfrac{h}{2}}{\dfrac{h}{2}} = 1$$

がいえます。よって、④式は、

$$= \lim_{h \to 0} \cos\frac{2x+h}{2} \left(\frac{\sin\dfrac{h}{2}}{\dfrac{h}{2}} \right) = \lim_{h \to 0} \cos\frac{2x+\cancel{h}^{h \to 0}}{\cancel{2}} = \cos x$$

こうして、$(\sin x)' = \cos x$ がいえました。

このように、数式で証明するにはいろいろな操作を駆使する必要がありますが、関連して他の知識（$\dfrac{\sin x}{x}$ など）も身に付けられるメリットもあります。

●原点付近で $y=x$ と $y=\sin x$ のグラフは一致する！

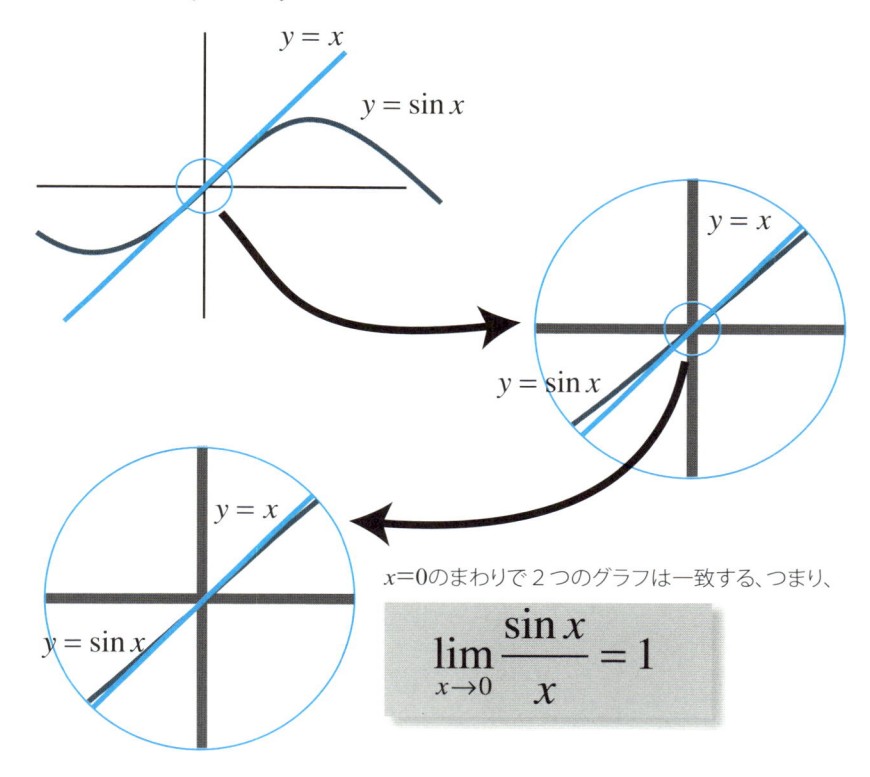

$x=0$ のまわりで 2 つのグラフは一致する、つまり、

$$\lim_{x \to 0} \frac{\sin x}{x} = 1$$

大事な式なので、再度、まとめておきましょう。

$$(\sin x)' = \cos x$$

なお、ここで使った、

$$\lim_{x \to 0} \frac{\sin x}{x} = 1 \qquad \text{あるいは} \qquad \lim_{\theta \to 0} \frac{\sin \theta}{\theta} = 1$$

の形は非常によく使われるものですので、この際、一緒に覚えておくと、よいでしょう。実際、次の「cos → −sin」の証明でも利用します。

■「cos の微分→－sin」を証明する

cos を微分してみましょう。「sin の微分→cos」で使った証明方法と、ほぼ同じです。

$$(\cos x)' = \lim_{h \to 0} \frac{\cos(x+h) - \cos x}{h}$$

ここで、次の三角関数の公式を使います。

$$\cos A - \cos B = -2\sin\frac{A+B}{2}\sin\frac{A-B}{2}$$

よって、

$$= \lim_{h \to 0} \frac{-2\sin\dfrac{x+h+x}{2}\sin\dfrac{x+h-x}{2}}{h} = \lim_{h \to 0} \frac{-\sin\dfrac{2x+h}{2}\sin\dfrac{h}{2}}{\dfrac{h}{2}}$$

$$= -\lim_{h \to 0} \sin\frac{2x+h}{2} \left(\frac{\sin\dfrac{h}{2}}{\dfrac{h}{2}} \right) \quad \text{— } h \to 0 \text{ で「1」}$$

$$= -\lim_{h \to 0} \sin\frac{2x+h}{2} \quad \text{— } h \to 0$$

$$= -\sin x$$

やはり、先ほどの「sin の微分→cos」とほぼ同じプロセスでしたね。三角関数の公式はたくさんあり、複雑に見えますが、よく使う公式の「使い方」を知っておくと、解法にはきわめて強力なツールとなります。

3 指数を微分すると、どうなる？

■ネイピア数 e と自然対数

　$\sin, \cos$ の微分を考えた以上、次は指数・対数（log）の微分までやっておきたい……のですが、$\sin$ や $\cos$ のようには一筋縄ではいきません（接線と x 軸との交点から探し出す手法はありますが）。

　たとえば、指数 a^x で、$a = 2$ とした場合、$f(x) = 2^x$ のグラフを下のように描き、2^x に接線を引いていったとしても、「微分すると、x が大きくなるにつれ、接線の傾きも急増加していく」ぐらいしかわかりません。

　そこで、先に結果（公式）を見ておくことにします（公式の証明は次項で）。指数関数の a^x を微分すると、次のようになります。

●グラフから「微分後の形」を予想しにくい…

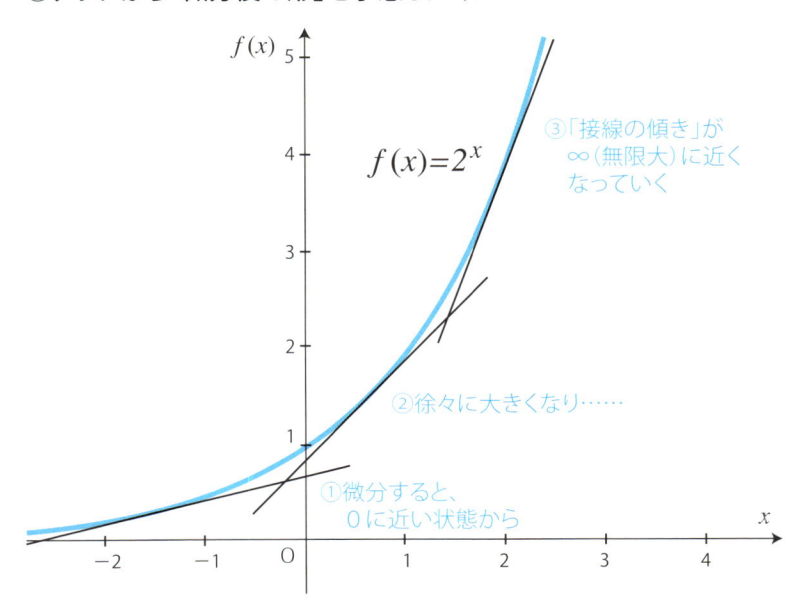

$f(x) = 2^x$

③「接線の傾き」が ∞（無限大）に近くなっていく

②徐々に大きくなり……

①微分すると、0 に近い状態から

指数関数の微分公式

$(a^x)'$ $\rightarrow$ $a^x \log_e a$

$(e^x)'$ $\rightarrow$ e^x

ただし、$\log_e a = \ln a$、また、$e = 2.71828\cdots$

ここには a^x、e^x の2つの指数の微分公式があります。a^x、e^x のどちらを微分しても、微分した結果には「e（イー）」という文字が入ってきます。この気になる e は「**ネイピアの数**」と呼ばれ、

$$e = 2.718281828459045\cdots$$

と永遠に続く無理数で、無理数の中でも π と並んで「**超越数**(ちょうえつすう)」と呼ばれる特別な存在です。

要するに上記の微分公式の中にある、$\log_e a$ というのは底(てい)が「e」の対数ということになります。一般に、10を底とする対数（たとえば $\log_{10} 2$ など）を「**常用対数**」と呼んでいるのに対して、「e」を底とする対数のことを「**自然対数**」と呼んでいます。

ここで表記について述べておくと、常用対数の場合、底の10を省略して $\log_{10} 2$ を log 2 と書くことがあるように、自然対数でも底の e を省略して $\log_e 2$ を log 2 と書くことがあります。

ただ、これですと、単に「log 2」と書かれた場合、それが常用対数の $\log_{10} 2$ を指すのか、自然対数の $\log_e 2$ を指すのかの区別がつきません。そもそも底が異なるので、同じ log2 でも、$\log_{10} 2$ と $\log_e 2$ とでは、値も大きく違います。

$\log 2 = \log_{10} 2 = 0.3010\cdots$

$\log 2 = \log_e 2 = 0.6931\cdots$

そこで、自然対数のほうは log 2 ではなく、ln 2 のように「**ln**」(natural

logarithm）と略して区別することが多くなっています。

　10を底とするのは、人が10進法を扱い慣れているという面からも妥当に見えますが、なぜ「e」という無理数をわざわざ底に使うのでしょうか。最大の理由は、eを使うことで、指数・対数の微分（さらには後で勉強する積分）が非常にラクになることです。実際、前ページの「指数関数の微分公式」を見ても、a^xの微分より、e^xの微分のほうが、はるかにすっきりしていますね。

■指数を微分すると、どんなグラフになるのか？

　さて、公式を頼りにして、$f(x) = 2^x$の微分前と、微分後のグラフを下に描いてみました。いわば「微分のビフォー・アフター」を比較してみたのですが、微分した後の関数$2^x \ln 2$（つまり、$2^x \log_e 2$）を見ると、微分する前のもとの関数2^xとそっくりで、少し位置が下にあるだけです。y軸との切片で見比べると、微分前は$(0,1)$にあったのが、微分後では$y = 0.6931 \cdots$

●指数 $f(x)=2^x$ の微分前と微分後（ビフォー・アフター）

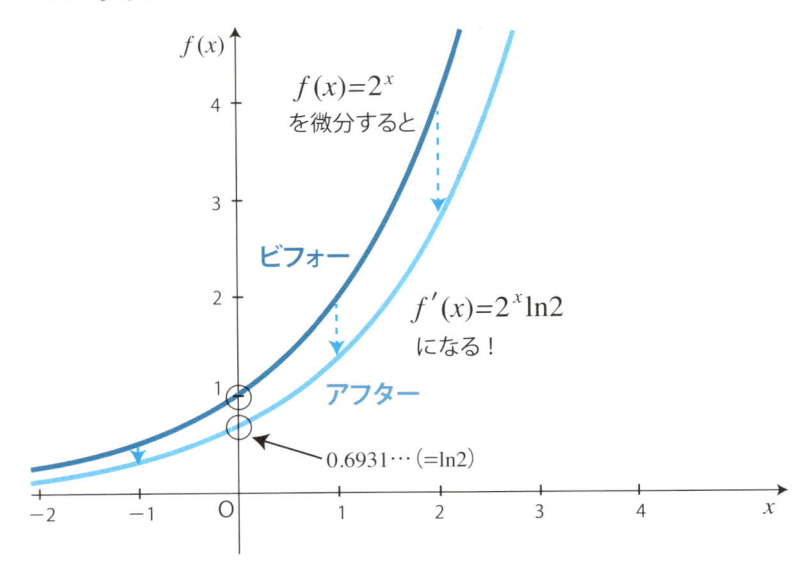

$f(x)=2^x$ を微分すると

ビフォー

$f'(x)=2^x \ln 2$ になる！

アフター

$0.6931 \cdots (=\ln 2)$

●指数 $f(x) = 3^x$ の微分前と微分後（ビフォー・アフター）

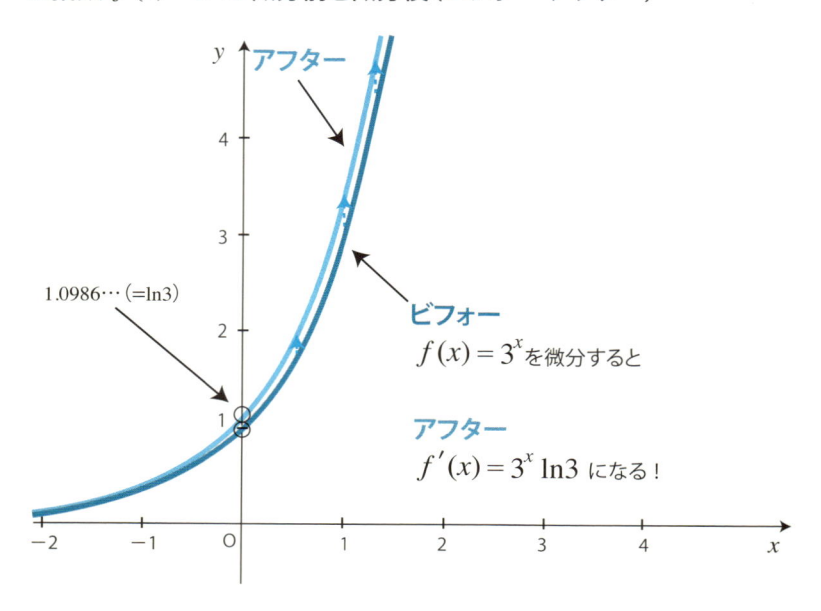

グラフ中のラベル:
- アフター
- 1.0986…（=ln3）
- ビフォー $f(x) = 3^x$ を微分すると
- アフター $f'(x) = 3^x \ln 3$ になる！

の位置にあります。

　ところが、今度は、$f(x) = 3^x$ を微分してみると、微分後（アフター）の関数 $3^x \ln 3$ はもとの関数より、少し上の位置になっています。y 軸との切片も、$y = 1.0986\cdots$ です。

　ということは、2^x と 3^x の間で「逆転」したわけで、その間のどこかに、**微分前の関数と、微分後の関数とが一致するものがある**のではないか……と予想できます。もしそうであれば、

　　　「もとの関数を微分　→　もとの関数」

という関数が存在することになり、「いくら微分し続けても変わらない」という、画期的な関数を見つけだせそうです。当然、一致する以上、その関数は（0,1）を通るはずです。これは大きな手がかりですね。

　グラフでそのような類推まではできましたが、式を振り返ってみると、該

当する関数はいとも簡単に、「e^x」であることがわかります。なぜなら、

$$(a^x)' = a^x \ln a$$

でしたから、$a^x \ln a$ の式で（0,1）を通るには、

$$a^x = a^0 = 1$$

なので、結局、

$$\ln a = 1$$

$\ln a = \log_e a$ のことでしたから、$\log_e a = 1$ より、$e^1 = e$ で、$a = e$ となります。よって、

$$a^x \ln a = e^x \times 1 = e^x$$

一般に、「$(e^x)' = e^x$ と覚える」だけのことが多いのですが、「グラフでは e^x の微分とはこんな関係になっているんだ」とイメージ化して覚えておくと、理解もしやすくなります。

◉ e^x の微分のビフォー・アフターは変わらない！

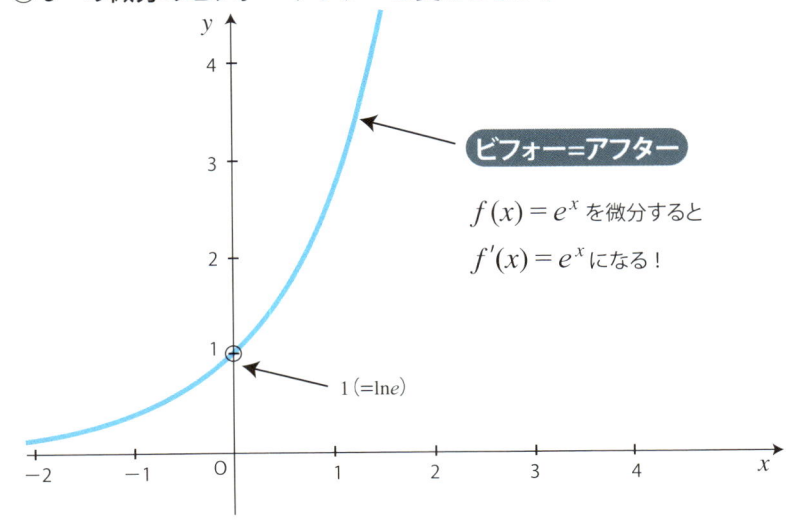

ビフォー＝アフター

$f(x) = e^x$ を微分すると
$f'(x) = e^x$ になる！

$1 (= \ln e)$

第 2 章
4 不思議の国の「e」

■ e の定義

それにしても「e」とは不思議な数です。e についてはいくつか定義があり、その中でも次の定義が最もよく知られ、使われています。

$$e \text{ の定義} \quad e = \lim_{n \to \infty}\left(1 + \frac{1}{n}\right)^n$$

この定義を使って、e がどんな数になるのか、確かめてみましょう。

$n = 1$ のとき $\quad e_1 = \left(1 + \frac{1}{1}\right)^1 = 2$

$n = 2$ のとき $\quad e_2 = \left(1 + \frac{1}{2}\right)^2 = 2.25$

$n = 3$ のとき $\quad e_3 = \left(1 + \frac{1}{3}\right)^3 = 2.37037$

$n = 10$ のとき $\quad e_{10} = \left(1 + \frac{1}{10}\right)^{10} = 2.59374246$

$n = 100$ のとき $\quad e_{100} = \left(1 + \frac{1}{100}\right)^{100} = 2.704813829$

$n = 1000$ のとき $\quad e_{1000} = \left(1 + \frac{1}{1000}\right)^{1000} = 2.716923932$

$n = 10000$ のとき $\quad e_{10000} = \left(1 + \frac{1}{10000}\right)^{10000} = 2.718145927$

で、最終的に 72 ページで示したように、

$e = 2.718281828459045\cdots\cdots$

となります。すでに述べたように、e は永遠に続く無理数で、π と同様に超越数と呼ばれています。

ところで、π は直径と円周との比率でしたが、この e はどこかに顔を出してくる数なのでしょうか。それとも無味乾燥な、数学上の産物にすぎないのでしょうか。

■シャイロックの末裔の秘策とは？

『ベニスの商人』といえば、シェークスピアの名作で、悪徳商人シャイロックの物語です。彼の末裔が現代において、超高金利システムを考えついたとします。それは次のようなアイデア（企み）です。

いま、元金 = 1、年利率 = r（%）とすると、1 年後に元金の何倍になって戻ってくるかというと、$\left(1+\dfrac{r}{100}\right)$ 倍ですね。

ここでシャイロックの末裔は次のように考えたのです。

> 年利 100%、つまり 1 年後に倍になる金利を設定するだけでは工夫が無い。それに金利の高さがミエミエだ。「見た目の金利」を低くして、もっと大儲けをしたいもんだ……。そうだ、金利を半分にして、その代わりに半年複利で運用すればどうだろう。いや、金利を 1/12 にして、1 か月複利で運用するのは……。どれだけ儲かるか、こりゃぁ楽しみだわい。

せっかくですので、彼の考えをさらに徹底し、究極の 1 時間複利、1 秒複利まで考えてみましょう。彼の思惑どおり、この超高金利システムであれば、際限のない儲けを手に入れられるかどうか、確かめてみるのです。

（以下の数字はすべて 1 年後の複利計算です）。

$$1\,\text{年複利} \qquad (1+1)^1 = 2$$

$$\text{半年複利} \qquad \left(1+\dfrac{1}{2}\right)^2 = 2.25$$

$$3\,\text{か月複利} \qquad \left(1+\dfrac{1}{4}\right)^4 = 2.44140625$$

1か月複利　　$\left(1+\dfrac{1}{12}\right)^{12}=2.61303529$

確実に元利合計が増えてきましたが、意外にも、まだ3倍にさえなりません。どうも、何らかの数値に収束する可能性が濃厚です。

1日複利　　$\left(1+\dfrac{1}{365}\right)^{365}=2.714567482$

1時間複利　　$\left(1+\dfrac{1}{8760}\right)^{8760}=2.718126692$

1分複利　　$\left(1+\dfrac{1}{525600}\right)^{525600}=2.718279243$

1秒複利　　$\left(1+\dfrac{1}{31536000}\right)^{31536000}=2.718281781$

....

	A	B	C	D
2	複利の期間	n	r=1／n	何倍になるか
3	1年	1	1	2
4	半年	2	0.5	2.25
5	3か月	4	0.25	2.44140625
6	1か月	12	0.083333333	2.61303529
7	1日	365	0.002739726	2.714567482
8	1時間	8760	0.000114155	2.718126692
9	1分	525600	1.90259E-06	2.718279243
10	1秒	31536000	3.17098E-08	2.718281781

こうして、青天井かと思われたベニスの商人の末裔のもくろみも、
　　　2.718281828459045……
に収束していくことになります。これが e なのです。ただ、1秒（究極？）でも、まだの本来の e の値と比べると、有効数字7桁までしか収束していません。先はまだまだ長そうです。

5 対数 log を微分するには

■対数は指数の逆バージョン

指数は $y = a^x$ という形です。このとき、「y の値はわかっているけれど、x の値がわからない……」という場合に、x を求める形に変えたのが**対数**で、$x = \log_a y$ と表示します。ただ、数学では入力を x、出力を y とするのが一般的ですので、$x = \log_a y$ の x と y とを入れ替えて、

$$y = \log_a x$$

が対数ということになります。**対数は指数の逆バージョン**といえますので、常に指数との関係を見ることが必要です。まず、

$$y = 2^x \quad \longleftrightarrow \quad y = \log_2 x$$

の 2 つのグラフを比較したのが次の図です。逆バージョンの指数グラフと

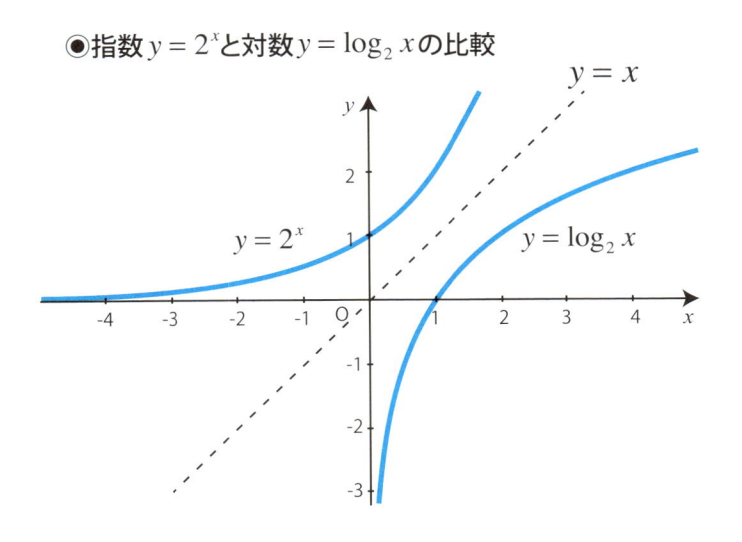

●指数 $y = 2^x$ と対数 $y = \log_2 x$ の比較

対数グラフを見ると、$y = x$ で対象になっていることが一目瞭然です。指数のほうの微分公式は2つ覚えましたが、実際には、$(a^x)' = a^x \ln a$ において「$a = e$」とおけば、$(e^x)' = e^x \ln e = e^x$ となって (e^x) の微分は導かれますので、$(a^x)' = a^x \ln a$ だけ覚えておけばいい、ともいえます。

では、対数 $y = \log_2 x$ を微分すると、どんな形になるのでしょうか。結論を先にいえば、次のようになります。

対数関数の微分公式

$$(\log_a x)' \rightarrow \frac{1}{x} \log_a e$$

$$(\log_e x)' \rightarrow \frac{1}{x}$$

$$(\log_e f(x))' \rightarrow \frac{f'(x)}{f(x)}$$

ただし、$\log_e a = \ln a$、また、$e = 2.71828\cdots\cdots$

対数の微分でも、$\log_e x$、つまり $\ln x$ の微分公式をよく見ると、指数での微分同様、「$a = e$」とおけば、次のように $\ln x$ の微分公式が導けます。

$$\begin{aligned}
\left(\log_a x\right)' &= \frac{1}{x} \log_a e \\
&= \frac{1}{x} \log_e e \quad (a = e \text{ とおいた}) \\
&= \frac{1}{x} \quad (\text{なぜなら、} \log_e e = \ln e = 1)
\end{aligned}$$

ですから、$\log_e x$、つまり $\ln x$ の微分は、

$$\left(\log_e x\right)' = \frac{1}{x}$$

となり、それは

$$(\log_a x)' = \frac{1}{x}\log_a e$$

の特殊な形なのです。形もシンプルになるので、覚えやすいでしょう。

■対数の微分公式の証明

少し長くなりますが、対数の復習も兼ねて、$(\log_a x)' = \frac{1}{x}\log_a e$ を証明しておきます。まず、いつもどおりに微分の定義式からスタートすると、

$$(\log_a x)' = \lim_{h \to 0} \frac{\log_a(x+h) - \log_a x}{h}$$

$$= \lim_{h \to 0} \frac{1}{h}\{\log_a(x+h) - \log_a x\}$$

ここで、$\log_a A - \log_a B = \log_a \dfrac{A}{B}$ でしたから、

$$= \lim_{h \to 0} \frac{1}{h}\log_a \frac{x+h}{x}$$

$$= \lim_{h \to 0} \frac{1}{h}\log_a\left(1 + \frac{h}{x}\right) \quad \cdots\cdots\cdots\cdots \;①$$

となります。ここで、

$$t = \frac{h}{x} \quad \cdots\cdots\cdots\cdots \;②$$

とおいて②を①に代入すると（この辺の操作は先人の苦労の賜です）、「$h \to 0$」なら「$t \to 0$」なので、

$$= \lim_{t \to 0} \frac{1}{tx}\log_a(1+t)$$

ここで、$A\log_a B = \log_a B^A$ でしたから、

$$= \frac{1}{x}\lim_{t \to 0}\log_a(1+t)^{\frac{1}{t}} \quad \cdots\cdots\cdots\cdots \;③$$

となります。

さて、ここで、③式の中の $(1+t)^{\frac{1}{t}}$ を④とし、そこにいくつか数値を代入

してみます。「$t \to 0$」なので、小さな数値を入れていくと、

$t = 1$ のとき　　　　　　　④ $= 2$

$t = 0.1$ のとき　　　　　　④ $= 2.593742460\cdots\cdots$

$t = 0.01$ のとき　　　　　　④ $= 2.704813829\cdots\cdots$

$t = 0.001$ のとき　　　　　④ $= 2.716923932\cdots\cdots$

$t = 0.00000001$ のとき　　 ④ $= 2.718281798\cdots\cdots$

となり、どうやら、④は収束しそうです。

ここで、t の逆数を n とすると、

$$t = \frac{1}{n} \quad \cdots\cdots\cdots \quad ⑤$$

なので、④を⑤に代入してみます。すると、

$$\lim_{t \to 0}(1+t)^{\frac{1}{t}} = \lim_{n \to \infty}\left(1 + \frac{1}{n}\right)^n$$

となります。この形は、前に定義した e の形、

$$e = \lim_{n \to \infty}\left(1 + \frac{1}{n}\right)^n$$

と同じです。つまり、

$$\left(\log_a x\right)' = \frac{1}{x} \lim_{n \to \infty} \log_a \underbrace{\left(1 + \frac{1}{n}\right)^n}_{e になる} = \frac{1}{x} \log_a e$$

よって、次のことが証明されました。

$$\boxed{\left(\log_a x\right)' = \frac{1}{x} \log_a e}$$

ここで、$a = e$ の場合、$\left(\log_e x\right)' = \frac{1}{x}$ となるのはすでに示したとおりです。

最後に、$\left(\log_e x\right)' = \frac{1}{x}$ の関係をグラフ化してみました。$\log_e x$、つまり $\ln x$ が $x = 2.7\cdots\cdots$ 付近で $y = 1$ となっているのは、

$$x = 2.718281828459045\cdots\cdots$$

だからですね。

　この $\ln x$ のグラフで、x の値がまだ小さな範囲、とくに $0<x<1$ では、$\ln x$ を微分するときわめて大きな傾き（ほとんど∞）を示しつつ、急激にその接線の傾きを弱めていきます。$\ln x$ のグラフからも、その微分（接線の傾き）が $\frac{1}{x}$ のような逆数になることは十分に実感できます。

● $(\log_e x)' = \dfrac{1}{x}$ のグラフを見ると

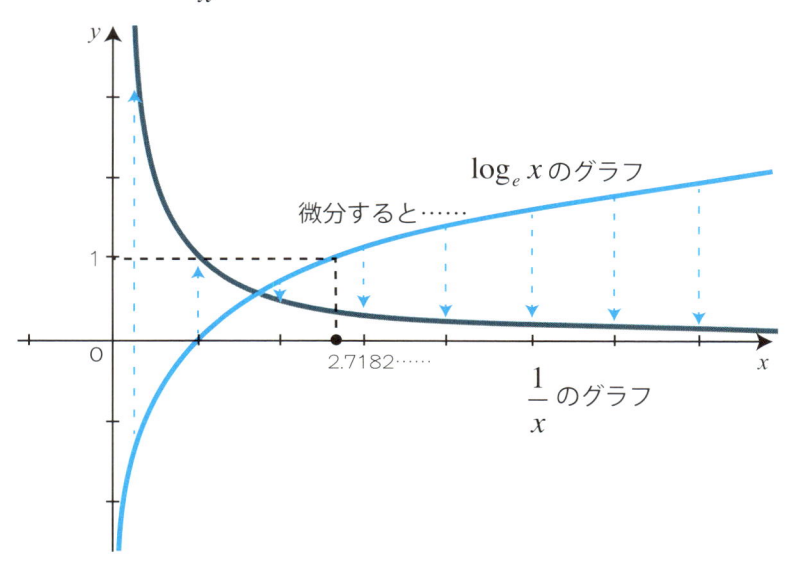

$\log_e x$ のグラフ

微分すると……

$\dfrac{1}{x}$ のグラフ

6 指数・対数の微分は何の役に立つ？

指数関数、対数関数の微分公式を見ると、

底がaの場合の微分
$$\left(a^x\right)' = a^x \log_e a$$
$$\left(\log_a x\right)' = \frac{1}{x} \log_a e$$

底がeの場合の微分
$$\left(e^x\right)' = e^x$$
$$\left(\log_e x\right)' = \frac{1}{x}$$

となっていました。明らかに、(a^x) や $\log_a x$ のときの微分に比べ、(e^x) あるいは $(\log_e x)$ の微分のほうがすっきりしています。

底が 10 の常用対数も $\log_a x$ で $a = 10$ の場合にすぎません。たしかに、指数・対数を習い始めたときには 10 進数のほうが何かとわかりやすかったし、指数・対数の計算ではとくに不都合もありませんでしたが、いざ「微分の世界」に入ると、e を使う場合に比べ、取扱いが一気にめんどうになってしまいます。

そういう理由もあって、**「指数や対数の微分」といえば、自然対数 e を使うことが多くなる**のです。e = 2.7182……でめんどうに思うかも知れませんが、π = 3.141592……と同じで、π という文字を使っている分には何ら不都合はありません。e も同様です。

■指数・対数を微分して化石の年代測定？

さて、三角関数の微分でさえ「sin、cos の微分？　それは何に使うのか」という疑問があり、三角関数の微分は「人工衛星など回転運動の場合に有効」

◉指数・対数グラフとその微分が活躍する分野

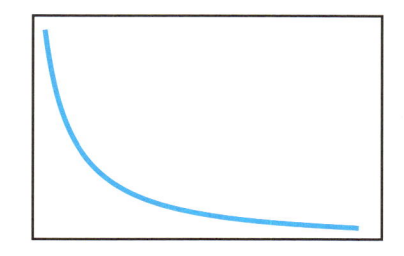

●逓減・崩壊のモデル──
化石などに含まれる放射性元素の崩壊（半減期）をもとに微分方程式を考える際の曲線モデル。

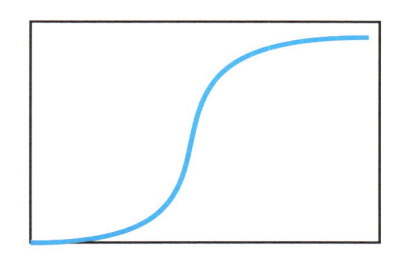

●ロジスティック曲線──
家電の普及の進展、大腸菌の増加と限界などは、このロジスティック曲線で考えると適合しやすい。

という話をしました。

しかし、指数・対数の微分ともなると、ますます応用をイメージしにくくなるのは事実です。実は、指数や対数の微分の応用では、右肩上がり、右肩下がりのグラフになるものに使うと有効なのです。

たとえば、放射性元素の半減期をグラフ表示すると右肩下がりになります。このため土器、恐竜の骨などの「年代測定」をするときには、対数の微分は欠かせない道具となっています。

逆に右肩上がりの曲線、たとえば**ロジスティック曲線**と呼ばれる曲線の例としては、家電の普及率カーブ、大腸菌の増加曲線などがあります。

これらについては、第9章で少し扱うことにしましょう。

この章の最後として、これまでに出てきた x^n の微分、sin や cos の微分、そして指数・対数の基本的な微分公式を次ページにまとめておきましたので、グラフの形を思い出しながらイメージし、いつでも使えるように練習しておきましょう。

● さまざまな関数の微分の形

	もとの関数 $f(x)$	→	微分した関数（導関数） $f'(x)$

x^nの関数

c'　定数$=x^0$	→	0	
x'	→	1	$(=1x^0)$
$(x^2)'$	→	$2x$	$(=2x^1)$
$(x^3)'$	→	$3x^2$	
$(x^n)'$	→	nx^{n-1}	

三角関数

$(\sin x)'$	→	$\cos x$
$(\cos x)'$	→	$-\sin x$

指数関数

$(a^x)'$	→	$a^x \log_e a$
$(e^x)'$	→	e^x

対数関数

$(\log_a x)'$	→	$\dfrac{1}{x}\log_a e$
$(\log_e x)'$	→	$\dfrac{1}{x}$
$(\log_e f(x))'$	→	$\dfrac{f'(x)}{f(x)}$

計算法則

$(ax^3+bx^2+cx+d)'$	→	$3ax^2+2bx+c$
$(f(x)+g(x))'$	→	$f'(x)+g'(x)$

第3章

「極値」を究めよう！

1 グラフは増加・減少の連続だ

■「区間」によってグラフの傾向が変わる

「**微分は接線の傾きだ**」——ということを理解し、さらに三角関数や指数・対数の微分まで見てきましたので、そろそろ「傾きを知って、何に使うのか」を考える番です。この第 3 章では、傾きを知ることでどんなことを分析できるのかを調べていくことにしましょう。

下の図は、$f(x) = x^2$ のグラフです。このグラフを見ていると、次のことに気づくでしょう。

◉$f(x)=x^2$ ではグラフは「減少→ 0 →増加」

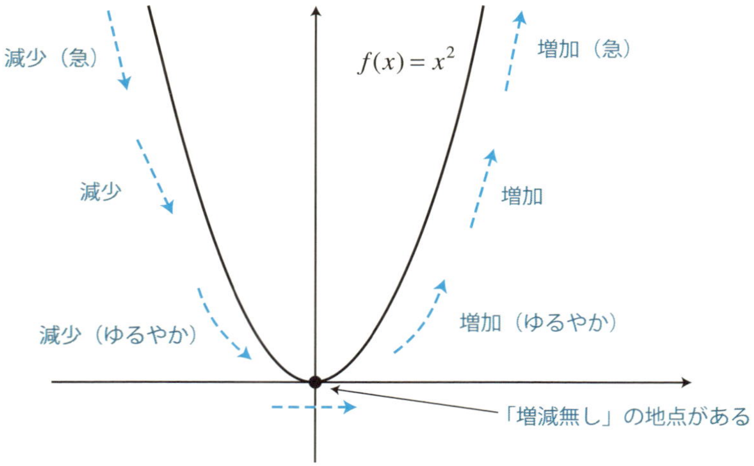
減少（急）
減少
減少（ゆるやか）
$f(x) = x^2$
増加（急）
増加
増加（ゆるやか）
「増減無し」の地点がある

x の値を「マイナス側→原点→プラス側」の順に見ていくと、

①初めは大きな「**減少**」、

②徐々にゆるやかな「**減少**」となり、

③原点では「**増減無し**」状態に、
④プラス側に入ると、ゆるやかな「**増加**」に転じ、
⑤プラスが大きくなるにつれ、「**増加**」が大きくなっていく
ということです。

このように、同じグラフ上であっても、「区間」によってグラフは「増加・減少」をしています。

■「増減無し」の地点を探せ

同様に、次の3次関数 $f(x) = x^3$ のグラフで、x の値を「マイナス側→原点→プラス側」の順に見ていくと、

①初めは大きな「**増加**」、
②徐々にゆるやかな「**増加**」となり、
③原点では「**増減無し**」となり、
④プラス側に入ると、ゆるやかな「**増加**」に戻り、
⑤プラスが大きくなるにつれ、「**増加**」が大きくなっていく

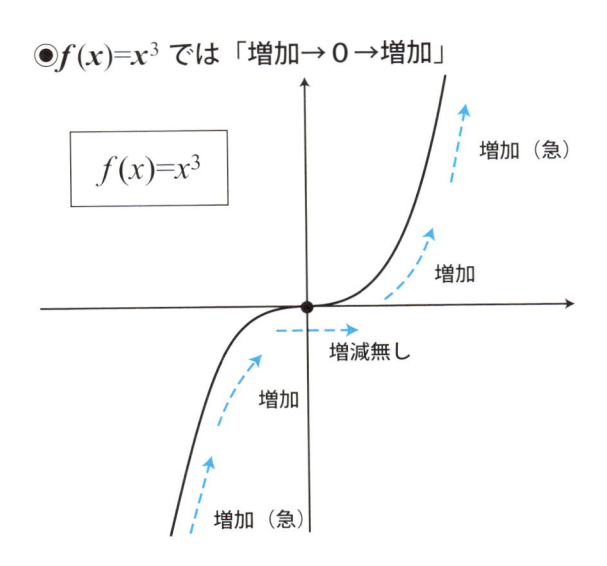

◉ $f(x)=x^3$ では「増加→ 0 →増加」

$f(x)=x^3$

増加（急）
増加
増減無し
増加
増加（急）

状態です。

つまり、$f(x) = x^3$ のグラフでは、原点で「増減無し」の地点があり、しかも増加の傾きが「ゆるやか←→急」といった変化はあっても、「減少」の区間がない、という特徴があります。これは $f(x) = x^3$ の大きな特徴です。

グラフを見ていくと、このように「増加・減少」をしています。

たとえば、2次関数 $f(x) = x^2$ のグラフの場合、

　　　$x<0$ の区間……「**単調に減少**」

　　　$x>0$ の区間……「**単調に増加**」

をしています。「減少から増加に転ずる場所」は、この場合はちょうど原点にあたっていて（いつも原点とは限らない）、そこではグラフは「増減無し」です。

考えてみれば、これは当然のことで、グラフが「減少→増加」あるいは「増加→減少」のように方向を転ずるためには、必ずその間の**どこかの地点で**「**増減無し」の場所がある**はずだからです。

しかし、逆は必ずしも真とはいえません。つまり、「増減無し」の地点があったとしても、その前後で「減少→増加」あるいは「増加→減少」になっているとは限らないのです。

先ほど述べたように、3次関数 $f(x) = x^3$ のグラフを見ると、2次関数 $f(x) = x^2$ と同様、原点で「増減無し」となっていますが、その前後では、

　　　$x<0$ で「単調に増加」

　　　$x>0$ でも「単調に増加」

しています。

つまり、グラフ上で「増減無し」となる地点があったとしても、必ずしも、その地点を分岐点としてグラフの方向が転ずるとは限らない、ということなのです。

2 増減表とはどういうもの？

■グラフの増減は「接線の傾き」と一致

前項では、グラフの増減について見てきましたが、この「グラフの増減は、『接線の傾き』と一致している」と考えてよいでしょう。つまり、次の表のように書くことができます。

グラフの状態		接線の傾き	（微分）
①単調に増加	→	プラス	$f'(x) > 0$
②増減無し	→	0	$f'(x) = 0$
③単調に減少	→	マイナス	$f'(x) < 0$

グラフにおける「接線の傾き＝微分」でしたから、グラフ上のいくつかの重要な点を微分し、接線の傾きを見ることで、**グラフの大まかな形を想像できる**、と考えられます。

たとえば、$f(x) = x^2$ のグラフであれば、$f'(x) = 0$ となる x の値を見つければ、$f(x) = x^2$ はその前後で「増加・減少」あるいは「減少・増加」となっている、と気づきます。

◉「増減表」はグラフの特徴を表わす

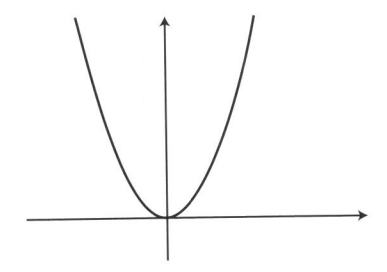

増減表

x	……	0	……
$f'(x)$	−	0	+
$f(x)$	↘	0	↗

$f(x) = 0$ となるのは $x = 0$ のときですから、以下のような表をつくってみました。これを「**増減表**」と呼んでいます。

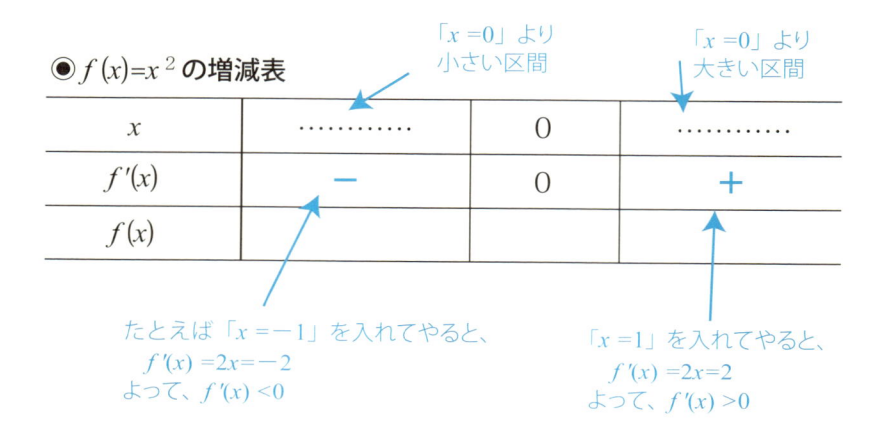

● $f(x)=x^2$ の増減表

x	……	0	……
$f'(x)$	−	0	+
$f(x)$			

「$x=0$」より小さい区間

「$x=0$」より大きい区間

たとえば「$x=-1$」を入れてやると、
　$f'(x)=2x=-2$
よって、$f'(x)<0$

「$x=1$」を入れてやると、
　$f'(x)=2x=2$
よって、$f'(x)>0$

■増減表は「コブの位置」を見つける道具

　いま、私たちはある関数 $f(x)$ がどのような形のグラフになるかを知らないとしましょう。そんなときでも、導関数 $f'(x)$ をもとに**「増減表」をつくることで、大まかなグラフの形を知ることができる**わけです。

　まず、増減表を見てみると、タテに x , $f'(x)$, $f(x)$ の順に並んでいます。先ほども述べたように、$f(x) = x^2$ のグラフであれば、$f'(x) = 0$ となる x の値を最初に見つける必要があります。この x を見つければ、その前後でグラフは、

　　「増加→減少」しているのか

　　「減少→増加」しているのか

を判断できるからです。なお、上の増減表で x の前後に書かれている「……」は「x よりも小さい区間」「x よりも大きい区間」を表わしています。

　次に、「$f'(x) = 0$」となる x を考えます。

　　　$x^2 = 0$ だから、 $x = 0$

　よって、$x = 0$ の前後の区間で「単調に増加」「単調に減少」している

● x^2 とその接線の関係

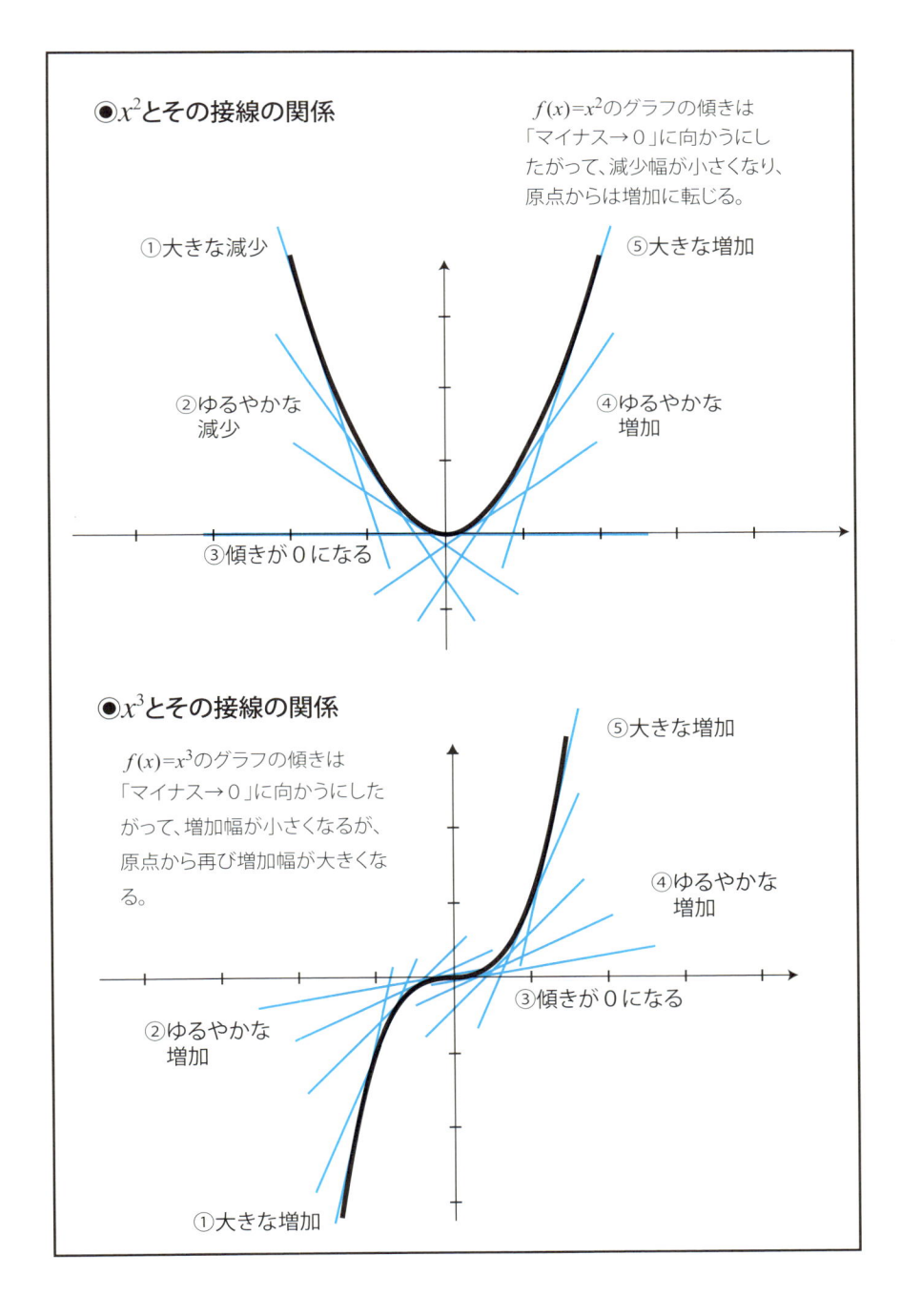

$f(x)=x^2$ のグラフの傾きは「マイナス→0」に向かうにしたがって、減少幅が小さくなり、原点からは増加に転じる。

①大きな減少
⑤大きな増加
②ゆるやかな減少
④ゆるやかな増加
③傾きが0になる

● x^3 とその接線の関係

$f(x)=x^3$ のグラフの傾きは「マイナス→0」に向かうにしたがって、増加幅が小さくなるが、原点から再び増加幅が大きくなる。

⑤大きな増加
④ゆるやかな増加
③傾きが0になる
②ゆるやかな増加
①大きな増加

可能性が高いと判断できます（$f(x) = x^3$ のような例外もあるので）。

問題は、

　　　「$f'(x)<0$」なのか

　　　「$f'(x)>0$」なのか

を知ることです。これが次に大事なことです。そのためには、具体的な数値を入れてやれば、すぐにわかります。

$f(x) = x^2$ のグラフであれば、$f'(x) = 2x$ となりますから、x に適当な数、たとえば、-1 と 1 を入れてみましょう。

　　　$f'(-1) = 2 \times (-1) = -2$

「傾きがマイナス」ということは、この区間でのグラフ $f(x)$ そのものが「単調に減少」しているということです。また、

　　　$f'(1) = 2 \times 1 = 2$

から、「傾きがプラス」ということは、この区間でのグラフ $f(x)$ そのものが「単調に増加」していることになります。

このことから、グラフは下のような形であることがわかります。

●グラフを描く①「減少・増加」でデッサン

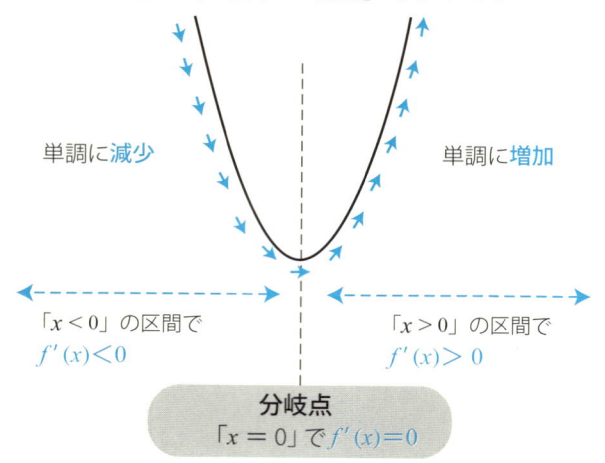

単調に減少　　　　　　　　　単調に増加

「$x<0$」の区間で
$f'(x)<0$

「$x>0$」の区間で
$f'(x)>0$

分岐点
「$x=0$」で $f'(x)=0$

最後に、この分岐点 $x = 0$ での $f(x)$ の値を求めると、$f(0) = 0$ ですから、

分岐点の座標は (0,0)。これで大まかなグラフを描くことができます。

このようにして、式からだけではわかりにくいグラフの形も、大事なポイント（分岐点と呼んだ場所なども含め）を押さえれば描くことができます。

◉グラフを描く②分岐点が決まれば「完成」！

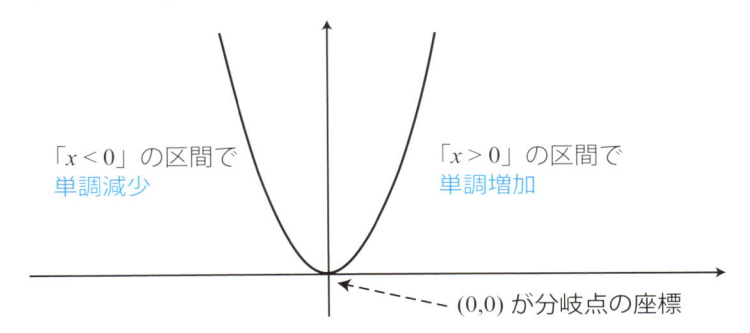

「$x < 0$」の区間で
単調減少

「$x > 0$」の区間で
単調増加

(0,0) が分岐点の座標

最後に、増減表をまとめておきましょう。

◉$f(x) = x^2$の増減表

x	…………	0	…………
$f'(x)$	−	0	+
$f(x)$	↘	0	↗

なお、増減表の $f(x)$ の欄にある、「↘」と「↗」のマークは、

　　　「↘」　…………　その区間で「単調に減少」

を表わし、

　　　「↗」　…………　その区間で「単調に増加」

を表わしています。

3 増減表でグラフの形を調べる

■「増減無し」の点を探すことから始める

増減表はむずかしいものではありませんし、グラフを描いたり、考えるヒントになる強力な武器ですから、トレーニングして身につけておきましょう。いくつか例題をやってみます。

> 例題1　次の関数のグラフを、増減表を使って描いてください。
> $$f(x) = x^3 - 3x + 4$$

最初にやることは？　そうです、「増減無し」の点を探すことですね。仮に $x = a$ で y が「増減無し」とわかれば、それを分岐点として、$x = a$ の前後で「単調に増加」「単調に減少」している可能性が高い、ということでした。

まず、$f(x) = x^3 - 3x + 4$ の導関数を求めます（微分します）。微分することで「接線の傾き」がわかりますから、それを「 $= 0$ 」とすれば、「増減無し」の分岐点を求めることができるはずです。

$$\begin{aligned} f'(x) &= (x^3 - 3x + 4)' \\ &= 3x^2 - 3 \\ &= 3(x^2 - 1) \\ &= 3(x+1)(x-1) \end{aligned}$$

このことから、$x = \pm 1$ のとき、接線の傾きが0、つまり「増減無し」となることがわかりました。$f(x) = x^2$ のような2次式では、**分岐点のコブ**は1つですが、一般に、3次式では分岐点は2つ、4次式では3つ、5次式では4つ……となります。

さっそく、わかった部分（$x = -1$、$x = 1$ で $f'(x) = 0$）を増減表に書

き込んでおきましょう。

● $f(x) = x^3 - 3x + 4$ の増減表（1）

x	……	-1	……	1	……
$f'(x)$	区間ア	0	区間イ	0	区間ウ
$f(x)$					

　　　はこの時点までにわかった部分。「区間ア〜ウ」の名前は「説明上の名前」

　次に知りたいのは、上の増減表の3か所の「……」がどのような形なのか、ということです。3か所の「……」を、仮に「区間ア」「区間イ」「区間ウ」と名付けておきます。

　そこで、$f'(x) = 3(x+1)(x-1)$ に
　①「区間ア」に、$x = -1$ より小さい数値
　②「区間イ」に、$-1 < x < 1$ の数値
　③「区間ウ」に、$x = 1$ より大きい数値
を実際に入れてみて、その値が「プラス」であれば、その区間で「単純に増加」、もしマイナスであればその区間で「単純に減少」といえます。

$$f'(x) > 0 \quad \cdots\cdots \quad 単純に増加$$
$$f'(x) < 0 \quad \cdots\cdots \quad 単純に減少$$

　では、$-2, 0, 2$ を入れてみます。
　①「区間ア」……$f'(-2) = 3(-2+1)(-2-1) = 9$　　> 0
　②「区間イ」……$f'(0) = 3(0+1)(0-1) = -3$　　< 0
　③「区間ウ」……$f'(2) = 3(2+1)(2-1) = 9$　　> 0
さっそく、この事実を増減表に書き入れます。

◉ $f(x)=x^3-3x+4$ の増減表（2）

x	……	-1	……	1	……
$f'(x)$	$+$	0	$-$	0	$+$
$f(x)$					

　　　　　a　　　エ　　　b　　　オ　　　c

　増減表で抜けている欄は、一番下の $f(x)$ だけとなりましたが、「エ」「オ」の欄には、$f(x) = x^3-3x+4$ の式に $x = 1$ と $x = -1$ を入れて計算すればいいですね。

　また、a〜c の欄には、その上の $f'(x)$ の欄の「＋」「－」を見て判断できます。つまり、$f'(x)$ が「＋」であれば $f(x)$ も「単調に増加（↗）」となり、$f'(x)$ が「－」であれば $f(x)$ も「単調に減少（↘）」となります。

　では、「エ」「オ」を計算して増減表を完成させましょう。

　　「エ」　　$f(x) = (-1)^3-3(-1)+4 = 6$
　　「オ」　　$f(x) = (1)^3-3(1)+4 = 2$

こうして、増減表は次のように完成します。

◉ $f(x)=x^3-3x+4$ の増減表（完成版）

x	……	-1	……	1	……
$f'(x)$	$+$	0	$-$	0	$+$
$f(x)$	↗	6	↘	2	↗

　増減表はこれで完成ですが、まだ「おしまい……」ではありません。問題は、「$f(x) = x^3-3x+4$ のグラフの形を描きなさい」で、増減表はあくまでもグラフづくりのための道具、手段にすぎないからです。

　しかし、増減表さえできてしまえば、あとはかんたん。$x = -1$ のとき $f(x) = 6$ となり、$x = 1$ のとき、$f(x) = 2$ となりますから、このグラフは次の2点を通るとわかります。

●増減表から「グラフを作成」する

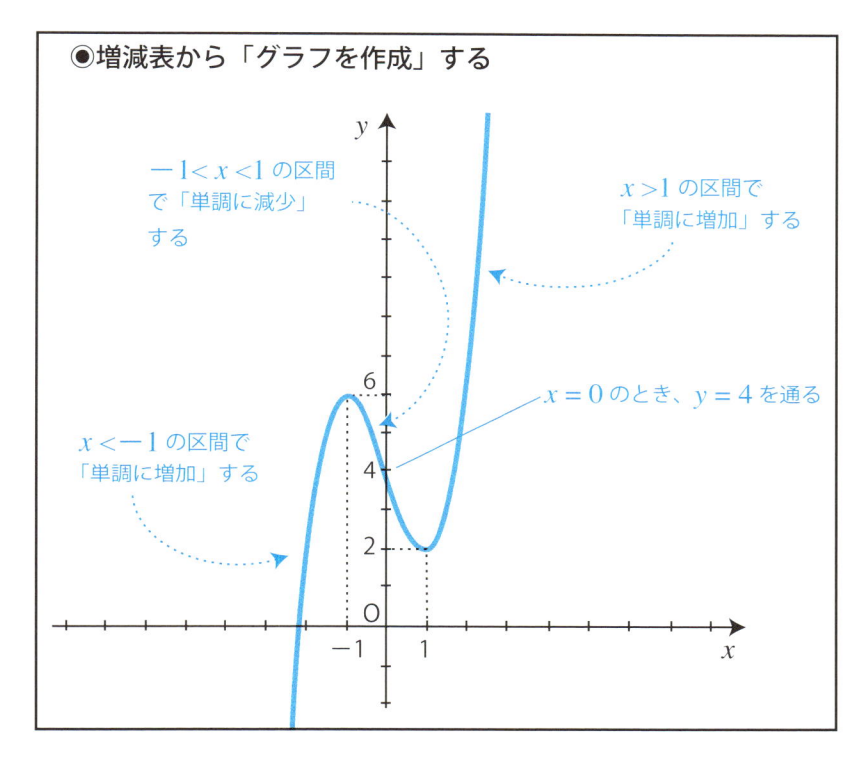

図中のラベル:
- −1 < x < 1 の区間で「単調に減少」する
- x > 1 の区間で「単調に増加」する
- x < −1 の区間で「単調に増加」する
- x = 0 のとき、y = 4 を通る

　　　（−1 , 6）　　と　　（1 , 2）
この分岐点の前後で、グラフは増減しています。

　　　$x < -1$ のとき　　　　単純に増加
　　　$-1 < x < 1$ のとき　　単純に減少
　　　$x > 1$ のとき　　　　　単純に増加

なお、グラフをつくる場合には、y 軸との切片（$x = 0$）なども計算し、グラフに反映させておくと便利です。

$f(x) = x^3 - 3x + 4$ で $x = 0$ のとき、
　　　$f(x) = 0^3 - 3 \times 0 + 4 = 4$
よって、グラフは上図のようになります。

もう一つ、例題でトレーニングをしておきましょう。

> **例題2** 次の関数のグラフを、増減表を使って描きましょう。
> $$f(x) = -2x^3 - 3x^2 + 2$$

手順は追いながらも、もう少しサクサクといきます。

グラフの形を知るには、「増減無し」の点を見つけることから始めるのでした。そのためには導関数を求め（微分する）、$f'(x) = 0$ となる x の値を求める（接線の傾きが 0 となる）、という手順です。

$$f'(x) = -6x^2 - 6x = -6x(x+1)$$

ここで $f'(x) = 0$ となる x は、$x = 0$、$x = -1$

よって、増減表としては、下の状態までは書けます。

◉ $f(x) = -2x^3 - 3x^2 + 2$ の増減表（1）

x	……	-1	……	0	……
$f'(x)$	区間ア	0	区間イ	0	区間ウ
$f(x)$					

　　■ はこの時点までにわかった部分。「区間ア〜ウ」の名前は「説明上の名前」

増減表を埋めていくと、次にやるべきことがはっきり見えます。次は、区間ア〜ウの $f'(x)$ の値を求めることですね。

そのために、

区間アには、$x < -1$ となる適当な数

区間イには、$-1 < x < 0$ となる適当な数

区間ウには、$x > 1$ となる適当な数

をそれぞれ代入して $f'(x)$ を求め、その数が、

　　　$f'(x) > 0$　なら　その区間で「単純に増加」

　　　$f'(x) < 0$　なら　その区間で「単純に減少」

となるはずです。

では、やってみましょう。$f'(x) = -6x^2 - 6x = -6x(x+1)$ に代入します。

① 「区間ア」……$f'(-2) = -6 \times (-2)(-2+1)$
   　　　　　　　　　$= -12$　　　　　　<0　　…単純に減少
② 「区間イ」……$f'(-0.1) = -6(-0.1) \times (-0.1+1)$
   　　　　　　　　　$= 0.54$　　　　　　>0　　…単純に増加
③ 「区間ウ」……$f'(2) = -6 \times 2 \times (2+1)$
   　　　　　　　　　$= -36$　　　　　　<0　　…単純に減少

よって、増減表は次のようになります。

● $f(x) = -2x^3 - 3x^2 + 2$ の増減表（2）

x	……	-1	……	0	……
$f'(x)$	$-$	0	$+$	0	$-$
$f(x)$					

　　　　　　 a　　 エ　　 b　　 オ　　 c

　先ほどの例題1では、$f'(x)$ の符号が「＋、－、＋」の順でしたが、この例題2では「－、＋、－」に変わっています。これは3次関数 x^3 の符号が「＋か、－か」、つまり「$+x^3$」か「$-x^3$」かで見分けられます。

　あとは、かんたん。例題1と同様、「エ」と「オ」は、$x = -1$、$x = 0$ のときの $f(x)$ の値を計算すればよいからです。

　「エ」　$f(-1) = -2(-1)^3 - 3(-1)^2 + 2 = 1$
　「オ」　$f(0) = -2(0)^3 - 3(0)^2 + 2 = 2$

　グラフを描くには、x 軸との交点も知っておきたいところですが、そのためには、$f(x) = -2x^3 - 3x^2 + 2 = 0$ として、x の3次式を解かねばなりません。必ずしも厳密なグラフを描くわけではないので、大まかに描いておけばよいでしょう。増減表を完成させておきます。

● $f(x) = -2x^3 - 3x^2 + 2$ の増減表（完成版）

x	……	-1	……	0	……
$f'(x)$	$-$	0	$+$	0	$-$
$f(x)$	↘	1	↗	2	↘

あとは、グラフを完成させておきましょう。

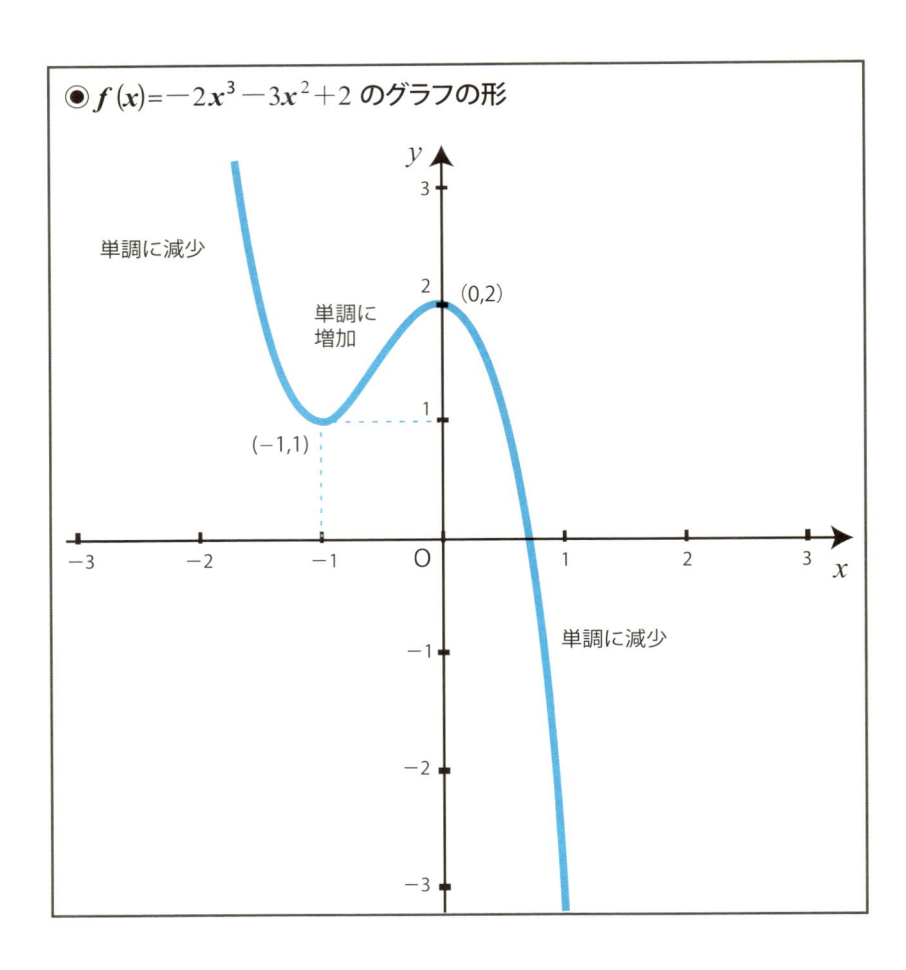

● $f(x) = -2x^3 - 3x^2 + 2$ のグラフの形

単調に減少

単調に増加

$(0,2)$

$(-1,1)$

単調に減少

4 極大値・極小値を求める

「もとの関数→微分→増減表」によってグラフの大まかな形を描けるようになりました。前項の例題1で示した、$f(x) = x^3-3x+4$ のグラフを再度、見てみましょう。

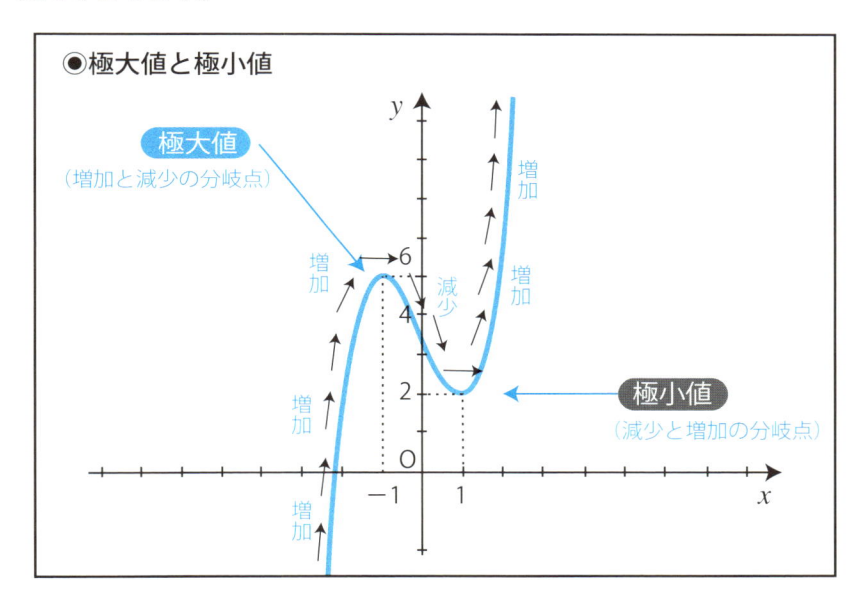

●極大値と極小値

極大値
（増加と減少の分岐点）

極小値
（減少と増加の分岐点）

ここで $x = -1$ に向かって増加の一途をたどっていた関数 $y = x^3-3x+4$ は、$x = -1$ を過ぎると、減少の一途をたどっています。つまり、$x = -1$ において、この関数は「増減無し」の状態になっているわけです。このような頂点（増加→減少の分岐点）を「**極大値**」と呼んでいます。

また、$x = 1$ のように、それまで減少の一途をたどっていた関数が $x = 1$ を過ぎたとたん、増加の一途をたどることもあります。このように、底となる点（減少→増加の分岐点）のことを「**極小値**」と呼んでいます。

そして、極大値、極小値をあわせて「**極値**」と呼びます。

● 増減表と「極大値、極小値」

x	……	-1	……	1	……
$f'(x)$	$+$	0	$-$	0	$+$
$f(x)$	↗	6	↘	2	↗

極大値
$x=-1$ のとき、
極大値 6 をとる

極小値
$x=1$ のとき、
極小値 1 をとる

なお、$f(x) = x^3$ のように、$f'(x) = 0$ の前後で「増加→減少」「減少→増加」のような分岐点をとらない場合は、「極値をとる」とはいえません。

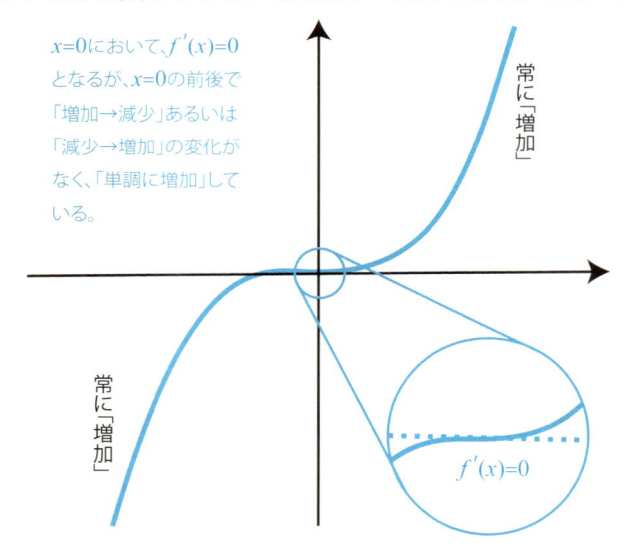

$x=0$ において、$f'(x)=0$ となるが、$x=0$ の前後で「増加→減少」あるいは「減少→増加」の変化がなく、「単調に増加」している。

常に「増加」

常に「増加」

$f'(x)=0$

例題　次の関数の極値を求め、グラフを描きましょう。
$$f(x) = 2x^3 - 3x^2 + 3$$

極値とは、もとのグラフ上で「増減無し」の点でした。つまり、もとの関

数 $f(x)$ を微分したら、$f'(x) = 0$ となる x を求め（たとえば $x = a$, $x = b$）、それから極値 $f(a)$, $f(b)$ を求めます。

$$f'(x) = 6x^2 - 6x = 6x(x-1)$$
$$\therefore x = 0 , x = 1$$

$x = 0$, $x = 1$ が極値となるので、$f(0)$, $f(1)$ を求めてみると、

$f(0) = 2 \cdot 0^3 - 3 \cdot 0^2 + 3 = 3$ ………… 極大値
$f(1) = 2 \cdot 1^3 - 3 \cdot 1^2 + 3 = 2$ ………… 極小値

また、3つの区間での増減を、$-1, \frac{1}{2} , 2$ で調べてみると、

$f'(-1) = 12 > 0$
$f'(\frac{1}{2}) = -1.5 < 0$
$f'(2) = 12 > 0$

より、$f(x) = 2x^3 - 3x^2 + 3$ は、「増加→減少→増加」を描く曲線となります。

◉ 増減表

x	……	0	……	1	……
$f'(x)$	＋	0	－	0	＋
$f(x)$	↗	3	↘	2	↗

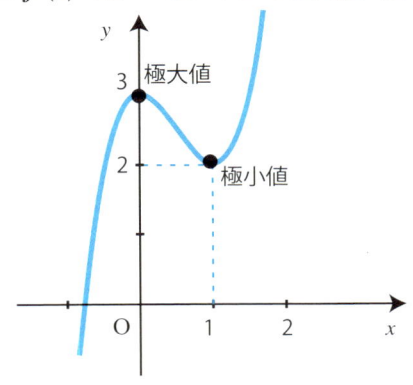

◉ $f(x) = 2x^3 - 3x^2 + 3$ の極大値・極小値

第3章 「極値」を究めよう！

5 最大値・最小値では、端点に注意

■「極値」とはどう違うのか？

極大値・極小値の問題で混同しやすいのが、

「極大値・極小値」 → 「最大値・最小値」

の違いです。極大値・極小値はグラフの「コブ」部分にあたり、関数によっては4つも5つもあります。しかし、**最大値・最小値**は「一定区間」の中での最大・最小を探すもので、必ずしも極値とは限りません。

下のグラフを見てください。2次関数ではコブが1つ、3次関数ではコブ

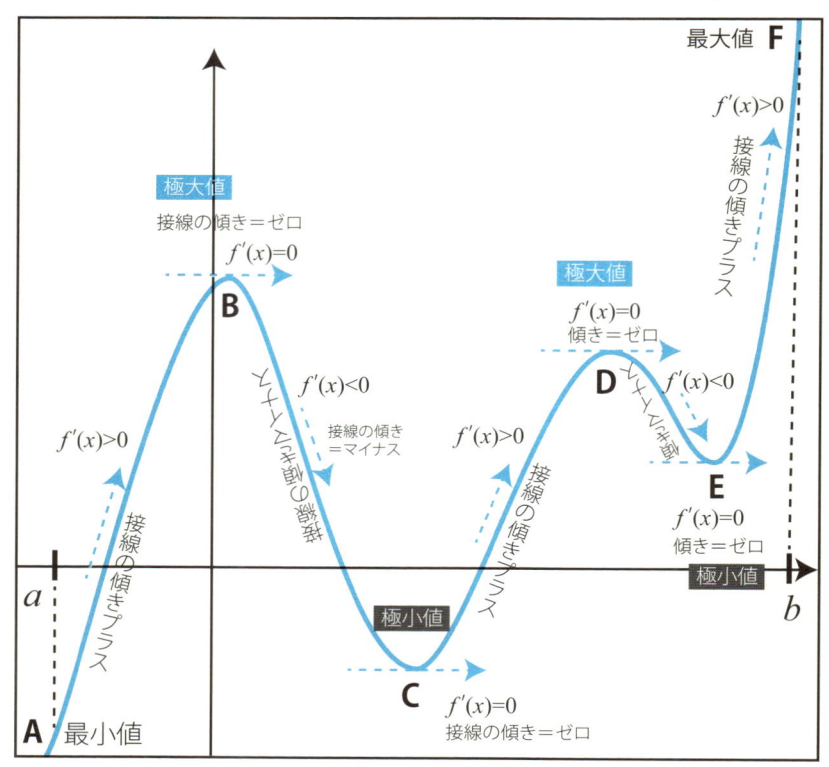

料金受取人払郵便

牛込局承認
7792

差出有効期限
平成30年2月
11日まで

（切手不要）

郵 便 は が き

1 6 2 - 8 7 9 0

東京都新宿区
岩戸町12レベッカビル
ベレ出版

　　読者カード係　行

お名前		年齢
ご住所　〒		
電話番号	性別	ご職業
メールアドレス		

個人情報は小社の読者サービス向上のために活用させていただきます。

ご購読ありがとうございました。ご意見、ご感想をお聞かせください。

● **ご購入された書籍**

● **ご意見、ご感想**

● **図書目録の送付を** ☐ 希望する ☐ 希望しない

ご協力ありがとうございました。
小社の新刊などの情報が届くメールマガジンをご希望される方は、
小社ホームページ (https://www.beret.co.jp/) からご登録くださいませ。

が2つありました。このグラフではコブが4つあるので、5次関数と推測できます。

この関数を微分してみると、$f'(x) = 0$ となる点がB、C、D、Eの4つでき、それぞれが極値を表わします。そして、区間 (a, b) では、

AB間　　　$f'(x) > 0$……単調に増加
BC間　　　$f'(x) < 0$……単調に減少
CD間　　　$f'(x) > 0$……単調に増加
DE間　　　$f'(x) < 0$……単調に減少
EF間　　　$f'(x) > 0$……単調に増加

となっています。

いま、極値はB、C、D、Eの4つありますので、「最大値、最小値」といえば、B～Dのどれかが該当しそうです。しかし、実際には最大値はF、最小値はAとなります。

このように、**最大値・最小値を考える場合には、極値だけでなく、区間の端点の値もチェックする**必要があります。

> 例題　xの範囲が $-4 \leqq x \leqq 4$ のとき、次の関数の最大値、最小値を求めてください。
> $$f(x) = x^3 + 3x^2 - 9x - 12$$

$f(x) = x^3 + 3x^2 - 9x - 12$ とは、どのようなグラフなのか、大まかな形を知るには、増減表をつくることでした。この問題を解くには、次のような見通しを立てます。

①増減表をつくり、グラフの大まかな形を描く
②極大値、区間の端点（xの値）を特定する
③$f(x)$に上記の「xの値」を代入して、最大値、最小値を判断する

という手順です。最初に①の増減表をつくって、グラフの概形を知ることにしましょう。$f(x) = x^3 + 3x^2 - 9x - 12$ を微分して、$f'(x) = 0$ となる x の値を求めます。

$$f(x) = x^3 + 3x^2 - 9x - 12 \quad より、\quad f'(x) = 3x^2 + 6x - 9$$

$f'(x) = 0$ のとき、「増減無し」となるので、
$f'(x) = 3x^2 + 6x - 9 = 3(x+3)(x-1)$ 　　∴ $x = -3$、$x = 1$

　これまでは、$x < -3$ の区間、$-3 < x < 1$ の区間、$x > 1$ の区間の適当な数値を代入して、それぞれの区間での接線の傾きが「プラスかマイナスか」を調べていました。けれども、すでにお気づきのように、2次関数、3次関数の場合には、次のようにかんたんに判断することができます。

　まず、2次関数では次のようになります。

●x^2 の正負でグラフの形を判断（2次関数の場合）

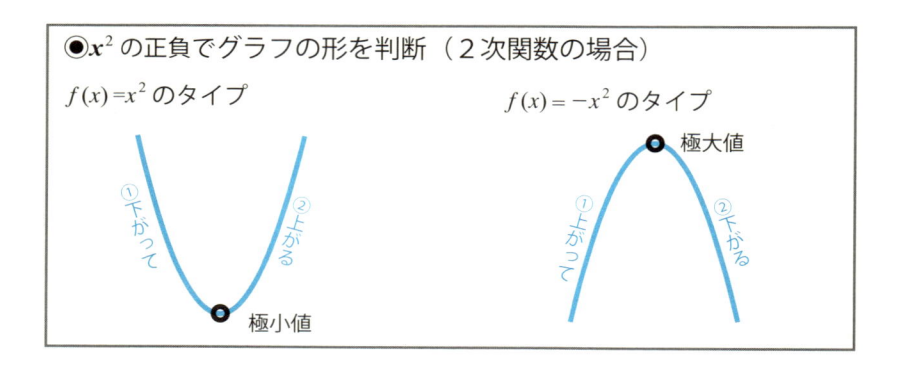

$f(x) = x^2$ のタイプ　　　　　　　$f(x) = -x^2$ のタイプ

①下がって　②上がる　極小値　　　①上がって　②下がる　極大値

　また、3次関数では次のようになります。

●x^3 の正負でグラフの形を判断（3次関数の場合）

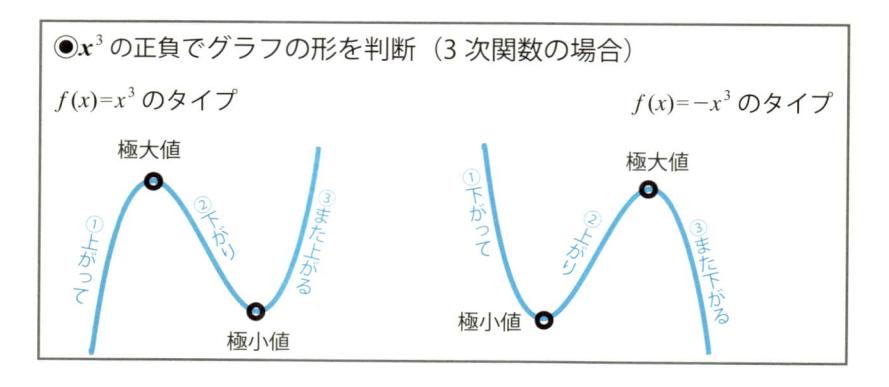

$f(x) = x^3$ のタイプ　　　　　　　$f(x) = -x^3$ のタイプ

極大値　①上がって　②下がり　③また上がる　極小値

極大値　①下がって　②上がり　③また下がる　極小値

　つまり、3次関数 $f(x) = x^3 + 3x^2 - 9x - 12$ は、x^3 の前の符号が「＋」なので、「①上がって、②下がり、③また上がる」というパターンなので、各区間ご

とに適当な数値を代入して計算する必要もありません。

$f'(x)=0$ となる「$x=-3$、$x=1$」をもとの $f(x)$ に代入すれば、すぐに増減表がつくれるのです。手間をひとつでも省くほうが、計算ミスを減らすことにもつながります。

$$f(-3) = (-3)^3 + 3 \times (-3)^2 - 9 \times (-3) - 12 = 15$$
$$f(1) = 1^3 + 3 \times 1^2 - 9 \times 1 - 12 = -17$$

よって、増減表は次のように完成します。

◉ $f(x)=x^3+3x^2-9x-12$ の増減表

x	……	-3	……	1	……
$f'(x)$	$+$	0	$-$	0	$+$
$f(x)$	↗	15	↘	-17	↗

-3 のところが極大値、1 のところが極小値。

■いよいよ最大値・最小値を求めてみる

さて、問題は「最大値、最小値を求めよ」で、範囲は $-4 \leqq x \leqq 4$ です。そこで、端点となる $f(-4)$ と $f(4)$ を計算し、増減表を $-4 \leqq x \leqq 4$ の範囲でつくり直してみます(左端、右端に欄を1つずつ増やす)。

$$f(-4) = (-4)^3 + 3 \times (-4)^2 - 9 \times (-4) - 12 = 8$$
$$f(4) = 4^3 + 3 \times 4^2 - 9 \times (4) - 12 = 64$$

◉ $f(x)=x^3+3x^2-9x-12$ の増減表

x	-4	……	-3	……	1	……	4
$f'(x)$		$+$	0	$-$	0	$+$	
$f(x)$	8	↗	15	↘	-17	↗	64

(端点) 最小値 最大値

この端点の2つの値8（$x=-4$）と64（$x=4$）、そして極大値15、極小値-17の4つを比較し、この中で「最大値」「最小値」を探します。こうして、正解は、

　　　$x=4$ のとき、最大値64

　　　$x=1$ のとき、最小値-17

です。

　なお、グラフは以下のようになります。グラフの形をある程度予想できるようになると、「極値、最大・最小の問題」を解くのはスムーズになります。

◉x の範囲を考えて最大値・最小値を選ぶ

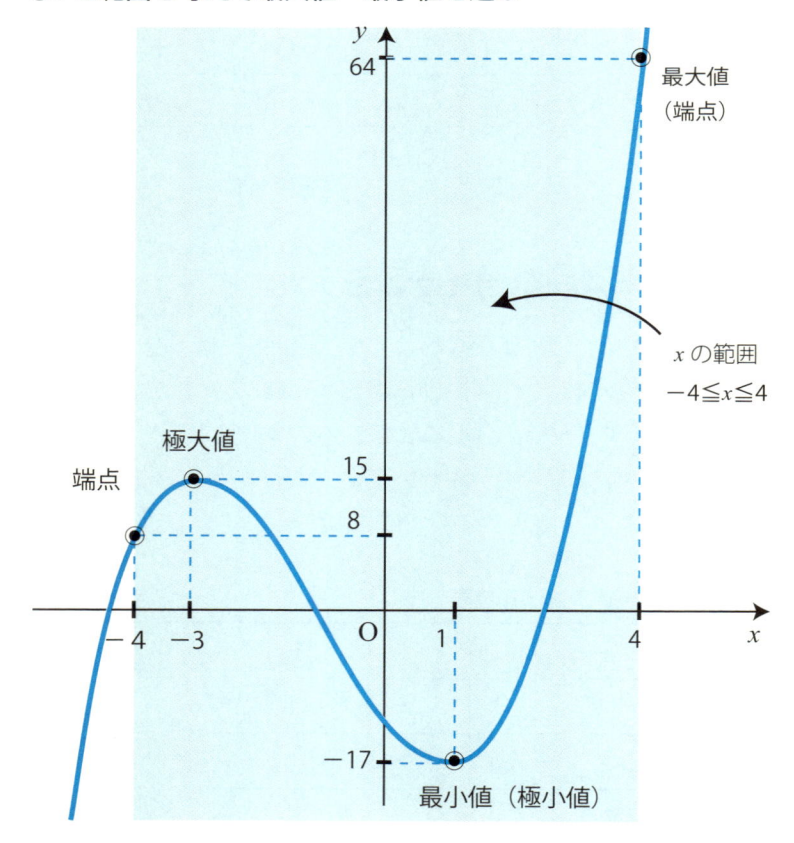

6 最大値・最小値 トレーニング

「極値」を究めよう！

■最大値・最小値は「習うより慣れよ」

覚えたものはトレーニングで身につけましょう。とくに、「最大値、最小値」の問題は微分の具体的なイメージにつながりますので、ここで自信をつけると、その後の微分を勉強していく上で、大きな自信につながります。

> 例題　次の関数の最大値、最小値を求めてください。
> ただし、x の範囲は $-1 \leqq x \leqq 2$ とします。
> $f(x) = 2x^3 - 3x^2 + 3$

この関数 $f(x)$ は、第4項の104ページと同じです。ただし、今回は極値ではなく、最大値・最小値を求める問題になっています。

極値とは、もとのグラフ上で「増減無し」の点の $f(x)$ の値のことでしたから、極値を求めるには、

①もとの関数 $f(x)$ を微分して、$f'(x) = 0$ となる x の値を求め（たとえば $x = a$, $x = b$）、

②その後、もとの関数に $x = a$, $x = b$ をあてはめて、極値 $f(a)$, $f(b)$ を求める

という操作をします。104ページのやり方と、途中までは同じですので、復習を兼ねてやってみます。

$$f'(x) = 6x^2 - 6x = 6x(x-1) \qquad \therefore x = 0, x = 1$$

$x = 0$, $x = 1$ が極値となるので、$f(0)$, $f(1)$ を求めてみると、

$f(0) = 2 \cdot 0^3 - 3 \cdot 0^2 + 3 = 3$ ……　極大値

$f(1) = 2 \cdot 1^3 - 3 \cdot 1^2 + 3 = 2$ ……　極小値

さて、ここで「$f(x) = 2x^3$……」は x^3 の前が「＋型」ですから、グラフは「増加→減少→増加」タイプです。

111

● 増減表　($-1 \leq x \leq 2$)

x	-1	……	0	……	1	……	2
$f'(x)$		$+$	0	$-$	0	$+$	
$f(x)$	-2	↗	3	↘	2	↗	7

　　　　最小値　　　　（極大値）　　　　（極小値）　　　　**最大値**
　　　　（端点）　　　　　　　　　　　　　　　　　　　　　　　　（端点）

●正確なグラフでも、わかりやすいとは限らない

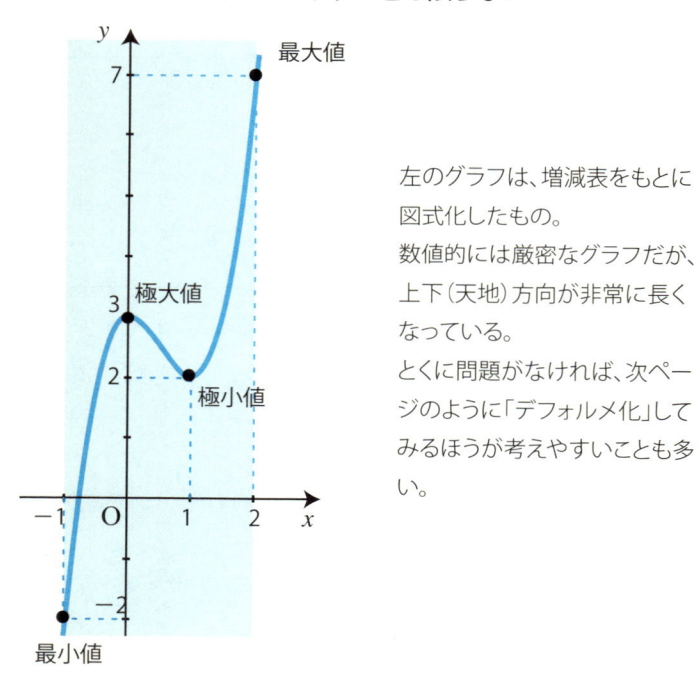

左のグラフは、増減表をもとに図式化したもの。
数値的には厳密なグラフだが、上下（天地）方向が非常に長くなっている。
とくに問題がなければ、次ページのように「デフォルメ化」してみるほうが考えやすいことも多い。

　これで増減表の大半は完成しました。あとは最大値・最小値のみで、x の範囲は $-1 \leq x \leq 2$ なので、両端の x の値を $f(x)$ に代入し、極大値（3）、極小値（2）と比較すればよいでしょう。

$$f(-1) = 2(-1)^3 - 3(-1)^2 + 3 = -2$$

$f(2) = 2・2^3 - 3・2^2 + 3 = 7$

■デフォルメ・グラフでわかりやすく

　グラフは前ページのようになります。ただ、グラフを正確に描こうとしたためか、ずいぶんタテ長のグラフになってしまいました。

　そこで、下のようにタテヨコ比を適当に変えていくほうが見やすく、描きやすいこともあります。実は、すでに110ページのグラフでも、タテヨコ比率のデフォルメはしていたのですが、今後は、必ずしもタテヨコが「1：1」にはこだわらずにグラフ表示をしていきます。

◉タテヨコ比をデフォルメ化したグラフ

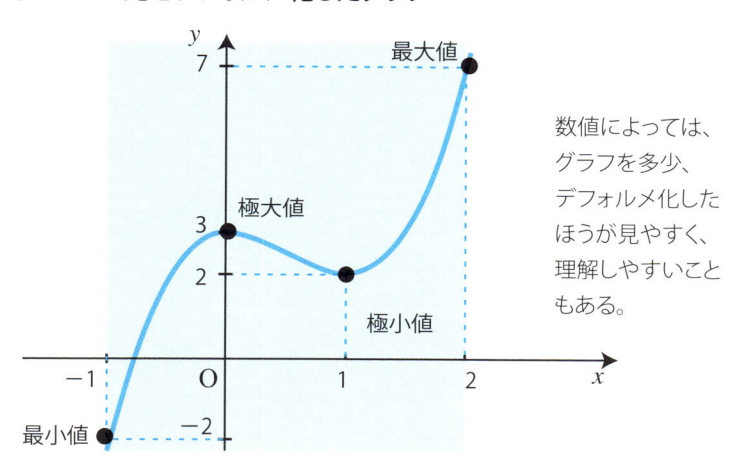

数値によっては、グラフを多少、デフォルメ化したほうが見やすく、理解しやすいこともある。

第4章

微分の応用問題にチャレンジ！

第 4 章

微分の応用問題にチャレンジ！

1 落下の法則をグラフにする

■ガリレオの実験と微分

かつてガリレオ（1564 〜 1642）がピサの斜塔から 2 つの鉄球を落とした……というエピソードは有名ですね。いま、鉄球を高い場所から落とすと、重力加速度によって速度を徐々に上げながら鉄球は落下していきます（空気抵抗はここでは考えません）。右の図でいえば、

　　1 秒後 ………… 4.9(m)
　　2 秒後 ………… 19.6(m)
　　3 秒後 ………… 44.1(m)
　　4 秒後 ………… 78.4(m)
　　………　　　…………

この落下後の時間（秒）と落下距離(m)との関係は、

$$f(x) = 4.9\, x^2$$

として知られています。この落下距離の各点での「接線の傾き」こそ、「速度」ですね。これまで、微分するときはいつも x と $f(x)$ を使ってきましたので、ここでは時間を t として、

$$f(t) = 4.9\, t^2$$

としてグラフ（次ページの右下）に描いてみると、点 A、点 B を結んだ線分の傾きはその区間での「平均速度」を表わし、

$$\frac{f(t+h) - f(t)}{h}$$

で示せます。そこで、B を A にどんどん近づけていくと $(h \to 0)$、

$$f'(t) = \lim_{h \to 0} \frac{f(t+h) - f(t)}{h} = \lim_{h \to 0} \frac{4.9(t+h)^2 - 4.9t^2}{h}$$

◉落下の法則をグラフにしてみると

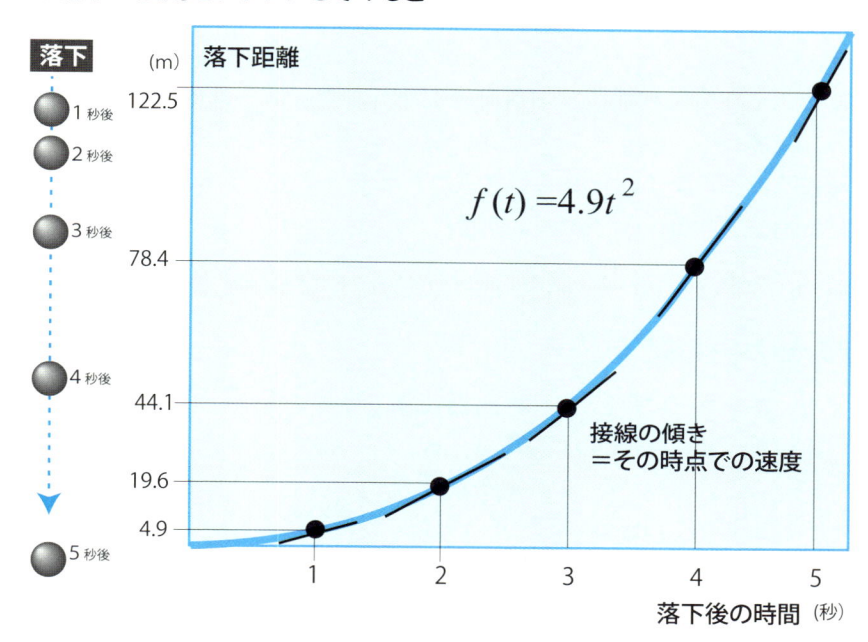

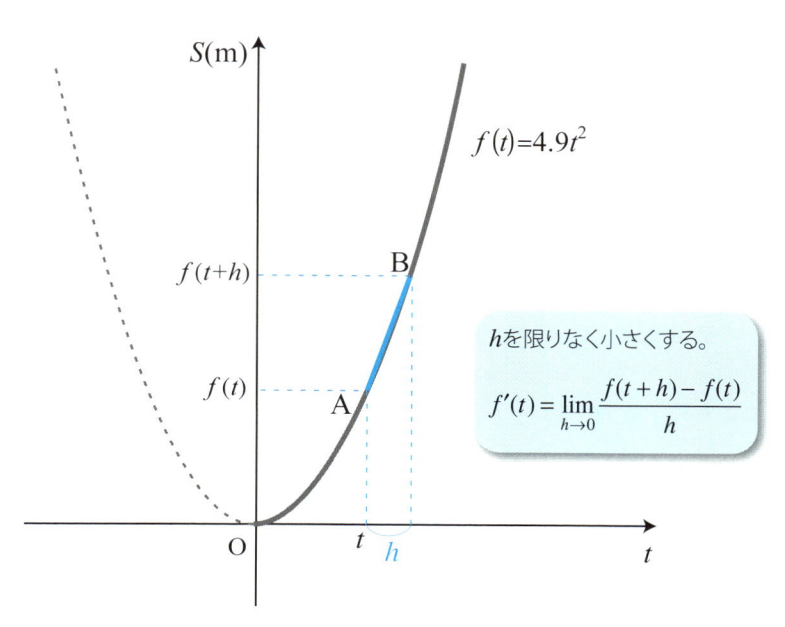

落下

- 1秒後
- 2秒後
- 3秒後
- 4秒後
- 5秒後

落下距離 (m)

- 122.5
- 78.4
- 44.1
- 19.6
- 4.9

$f(t) = 4.9t^2$

接線の傾き
＝その時点での速度

落下後の時間 (秒)

S(m)

$f(t) = 4.9t^2$

$f(t+h)$ … B
$f(t)$ … A

hを限りなく小さくする。

$$f'(t) = \lim_{h \to 0} \frac{f(t+h) - f(t)}{h}$$

第4章 微分の応用問題にチャレンジ！

$$= \lim_{h \to 0} \frac{9.8th + 4.9h^2}{h} = \lim_{h \to 0} \frac{(9.8t + 4.9h)h}{h} = 9.8t \quad (\text{m}/\text{秒})$$

となり、それぞれの時点での落下速度が導かれます。音速は15℃のとき340 mですから、340 ÷ 9.8 = 34.69（秒）。つまり、35秒もすると音速を超えることになって、おかしいと気づきますが、これは空気抵抗などもあって最終速度以上にならないからです。

■真上に投げると……

さて、物を真下に落とした場合には上記の通りですが、逆に、物を真上に投げ上げたときにはどうなるでしょうか。この場合、投げ上げた後の時間を t、地上からの高さを $f(t)$、初速を v_0 とすると、

$$f(t) = v_0 t - 4.9 t^2$$

となることが知られています。ここで4.9を少し丸めて5とすると、次のようになります。

$$f(t) = v_0 t - 5t^2$$

いま、ある観測ロケットを初速100 m/秒で真上に投げ上げ、いちばん高くなった時点で地上を写真撮影するとします。すると、

$$f(t) = 100t - 5t^2$$

と表わすことができます。

この観測ロケットは、何秒後に、何メートルの高さで写真撮影をするでしょうか。まず、観測ロケットが何秒飛んでいるか（範囲に相当する）は、もとの関数 $f(t) = 100t - 5t^2$ が0（地上から0 m）のときを調べればいいので、

$$f(t) = 100t - 5t^2 = 5t(20-t) \qquad \therefore t = 0, \ t = 20$$

このことから、観測ロケットは20秒後に地上に落下する（調べるべき範囲は、$0 \leqq t \leqq 20$）ことがわかります。また、観測ロケットはいちばん高い地点＝「接線の傾きが0となる地点」で写真撮影をしますから、

$$f'(t) = 100 - 10t$$
$$\qquad = 10(10-t) \qquad\qquad t = 10 \ （秒後）$$

●観測ロケットの写真撮影は？

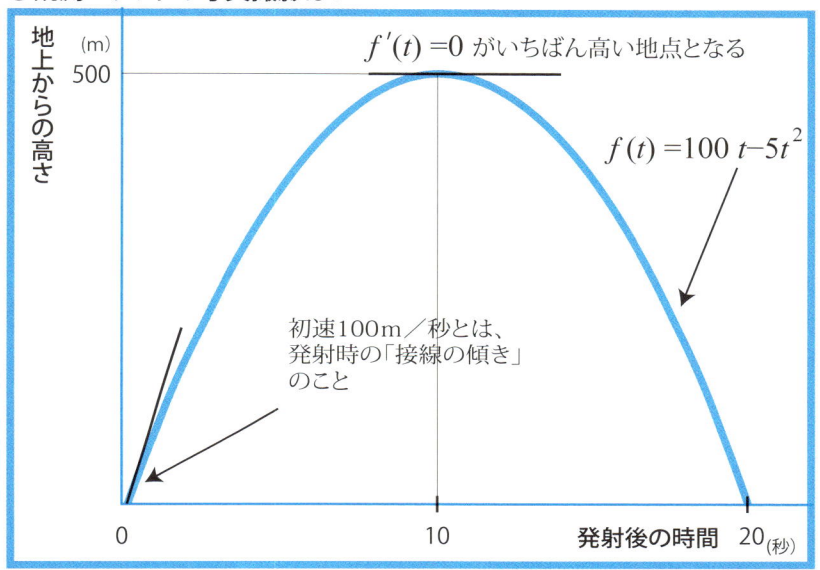

グラフ中の注釈：
- $f'(t)=0$ がいちばん高い地点となる
- $f(t)=100t-5t^2$
- 初速100m／秒とは、発射時の「接線の傾き」のこと
- 縦軸：地上からの高さ (m)、500
- 横軸：発射後の時間 (秒)、0、10、20

10秒後の観測ロケットの高さは、もとの関数 $f(t) = 100t - 5t^2$ に $t = 10$ を代入すればいいので、

$$f(10) = 100 \cdot 10 - 5 \cdot 10^2$$
$$= 1000 - 500 = 500 \text{(m)}$$

こうして増減表をつくると、以下のようになります。最大値・最小値の問題は、このような事例を解決するときにも利用することができるのです。

● 増減表　($0 \leqq t \leqq 20$)

t	0	……	10	……	20
$f'(x)$		＋	0	－	
$f(x)$	0	↗	500	↘	0

　　　　　　　　　　　　　　最大値

（端点）　　　　　　　（極大値）　　　　　　（端点）

第4章 2 ブリキの板で最大の箱をつくる

微分の応用問題にチャレンジ！

■少ない材料で最大のものを

「ブリキの箱の問題」は、微分では古典的なテーマです。ブリキは鋼板をスズでメッキしたもので、昔はおもちゃの材料といえばブリキでしたが、最近ではブリキのおもちゃをめっきり見かけなくなりました（缶詰に使われている）。ちなみに、鋼板を亜鉛メッキしたものが屋根に使われているトタンです。

さて、ブリキの箱の最大・最小問題というのは「少ない材料で、いかに大きな容積をもつ箱をつくれるか」といった経済的な要求に通ずる発想といえるものです。

●ブリキ板で最大の容積の箱をつくる

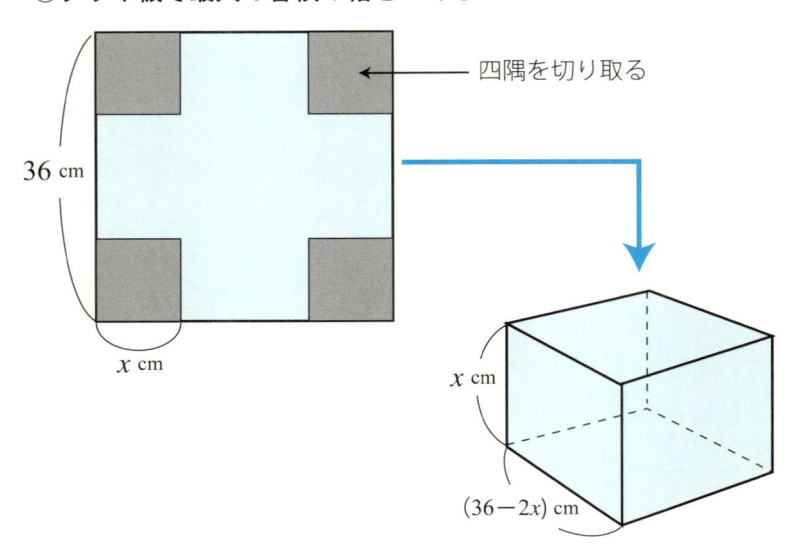

36 cm
x cm
四隅を切り取る
x cm
$(36 - 2x)$ cm

前ページの図で、1辺36cmの正方形のブリキ板からいちばん大きな容積の箱をつくるには、四隅をそれぞれ何cmずつ切り取ればよいか、を考えます。最大・最小問題ですから「範囲」が必要ですが、範囲を自分で考えるのも、この問題の特徴です。

　さて、切り取る長さを$x$cmとすると、

　　　　箱の底辺の長さ＝ $36-2x$

となります。容積は、

　　　　（底面積）×（高さ）

ですから、

　　　　$(36-2x)^2 \times x$
　　　　　　　$= 4x^3 - 144x^2 + 1296x$

これまでの$f(x) = x^3 - 3x^2$のようなきれいな式ではなく、端数の大きな式になってきました。このようなグラフでは、「タテヨコの比率が同じグラフ」では、とても紙に書き切れないことになりますので、目盛のほうは調整して描くことにしましょう。

　この式$(4x^3 - 144x^2 + 1296x)$を$f(x)$とおいてxで微分すると、

　　　　$f'(x) = (4x^3 - 144x^2 + 1296x)'$

●ブリキ板の箱のグラフをデッサンする

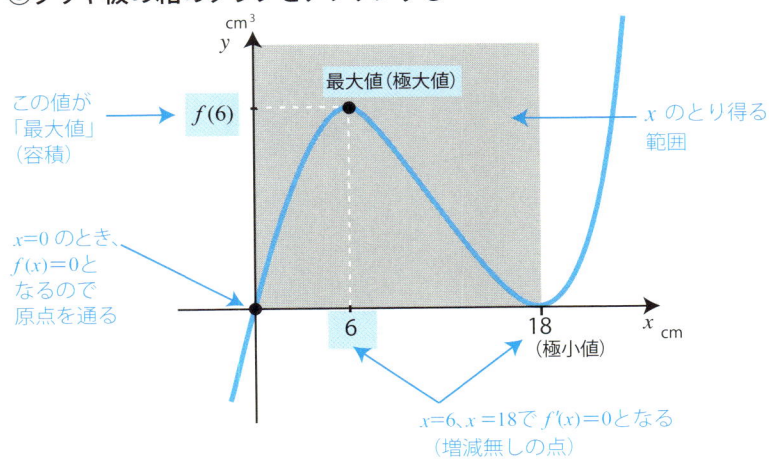

この値が「最大値」（容積）→ $f(6)$

最大値（極大値）

xのとり得る範囲

$x=0$のとき、$f(x)=0$となるので原点を通る

6（極小値は）18

$x=6$、$x=18$で$f'(x)=0$となる（増減無しの点）

$$= 12x^2 - 288x + 1296$$
$$= 12(x-6)(x-18)$$

よって、$x = 6$，$x = 18$ で「増減無し」の極値をとることがわかりました。また、もとの3次関数の x^3 の符号は「プラス型」ですから、

　　　「増加→減少→増加」タイプ

となり、以下のようなグラフをデッサンすることができます。

ここで、範囲はどこからどこまででしょうか。もともと1辺は36cmで、1辺から2か所だけ「$x$cm」を切り取るので、

　　　$0 \leqq 2x \leqq 36$ 　→　 $0 \leqq x \leqq 18$(cm)

となります。このように現実的な問題では、物理的にとり得る値が x のとり得る範囲となるのです。大まかなグラフからも、$x = 6$ のとき極大値（そ

● 増減表　($0 \leqq x \leqq 18$)

x	0	……	6	……	18
$f'(x)$		＋	0	－	0
$f(x)$	0	↗	3456	↘	0

（端点）　　　　　　　　最大値　　　　　（端点）
　　　　　　　　　　　（極大値）

● ブリキ板の箱の「最大容積」

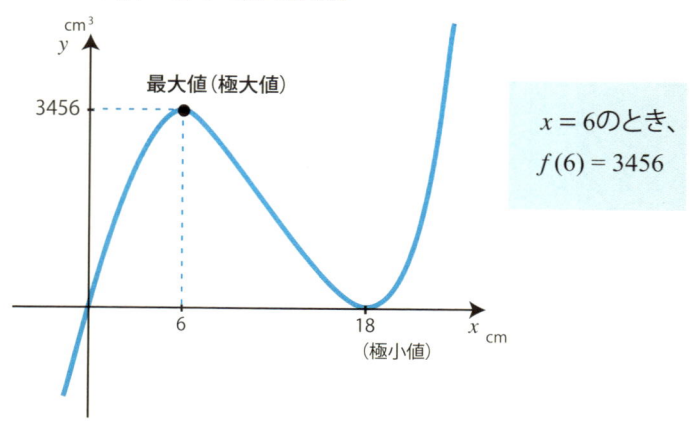

$x = 6$ のとき、
$f(6) = 3456$

して最大値) をとることがわかります。

$$f(6) = 4 \cdot 6^3 - 144 \cdot 6^2 + 1296 \cdot 6 = 3456$$

増減表をつくります。

ヨコ軸が 6 で、タテ軸が 3456 と、タテヨコ比が圧倒的に異なるグラフになりますので、デフォルメしてグラフを表示してみました。

■切り取る部分を変えると

このブリキの問題では、「切り取る長さを x」としましたが、もし、切り取った残りの部分を x とすると、何がどう変わるでしょうか。

容積を $f(x)$ とすると、

$$f(x) = \frac{(36-x)x^2}{2} = \frac{-x^3 + 36x^2}{2}$$

より、

$$f'(x) = \frac{-3x^2 + 72x}{2} = \frac{-3x(x-24)}{2}$$

$f'(x) = 0$ となるのは、$x = 0$, $x = 24$。

これより、極小値は $f(0) = 0$、極大値は、$f(24) = 3456$ となります。

◉切り取る部分 (x) を変えてみると……

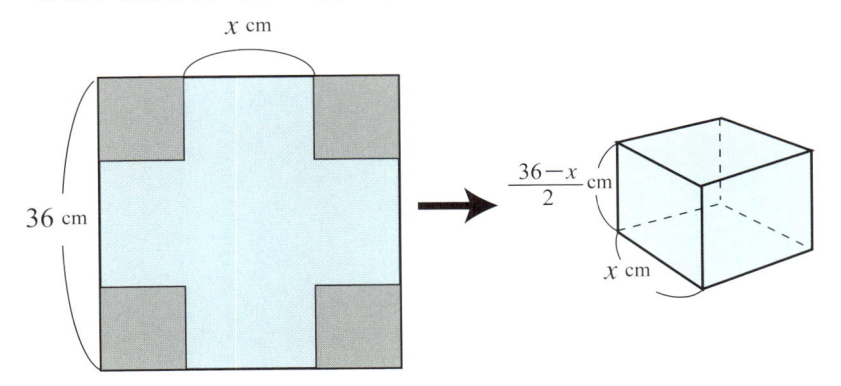

範囲は、
$$0 \leq x \leq 36 (\text{cm})$$
なので、次の増減表ができます。

● 増減表　($0 \leq x \leq 36$)

x	0	……	24	……	36
$f'(x)$		+	0	−	0
$f(x)$	0	↗	3456	↘	0

（端点）　　　　　最大値　　　　（端点）
　　　　　　　　（極大値）

このときの $f(x)$ のグラフは、同じ容積を求める問題なのに、「切り取る長さを x」としたグラフと比べると、ちょうど逆向きとなっています。もちろん、最大値に変わりはありません。

● グラフの形が逆向きに……

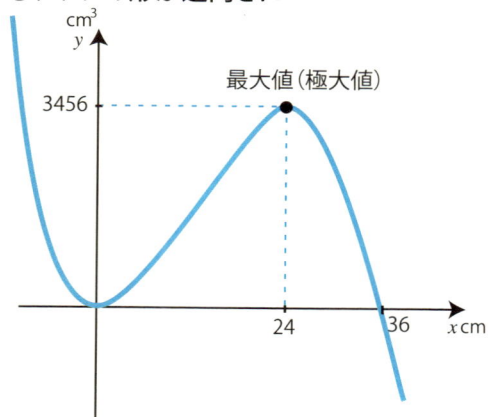

最大値（極大値）
3456
24　36　x cm

3 三角の箱の最大容量は？

> **例題** 1辺60cmの正三角形の各頂点から図のように四辺形を切り取り、点線で折り曲げて箱をつくるとき、最大の容積となる x を求めましょう。

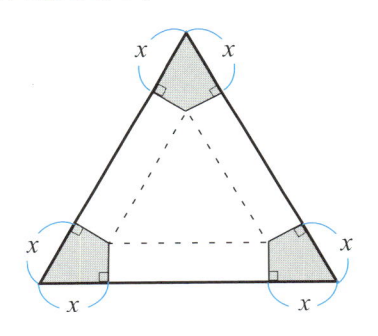

 ブリキの正方形の板を使った問題は、教科書には必ずといってよいほど出てくる古典的な問題ですが、大学入試では三角形や六角形の問題がよく出てきます。ただ、正方形の問題が解けたのですから、どんどん挑戦していきましょう。微分・積分にも自信をつけることができます。

 まず、三角柱の底面積から考えましょう。1辺は、$(60-2x)$ ですが、そのまま使うと計算がたいへんなので、$(60-2x) = a$ とおいて計算するのが

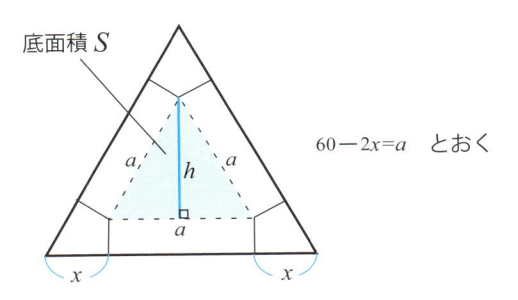

$60 - 2x = a$ とおく

125

ミスをしない方法です。

$$h = \sqrt{a^2 - \left(\frac{a}{2}\right)^2} = \sqrt{\frac{3}{4}a^2} = \frac{\sqrt{3}}{2}a$$

よって、三角柱の底面積 S は、

$$S = a \times \frac{\sqrt{3}}{2}a \times \frac{1}{2} = \frac{\sqrt{3}}{4}a^2$$

また、三角柱の高さを H とすると、$H:x = 1:\sqrt{3}$ の関係（下の右図参照）より、

$$H = \frac{x}{\sqrt{3}}$$

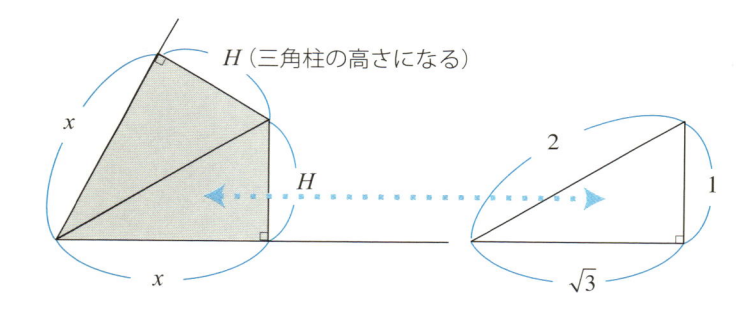

よって、容積 V は、

$$V = SH = \frac{\sqrt{3}}{4}a^2 \times \frac{x}{\sqrt{3}} = \frac{a^2}{4}x$$

ですが、$a = (60 - 2x)$ とおいていたので、これをもとに戻すと、

$$V = \frac{a^2}{4}x = \frac{(60 - 2x)^2}{4}x = (x - 30)^2 x \quad \cdots\cdots \text{①}$$

こうして、①が求める容積 V ですが、この①を微分して最大値を求めてみましょう。

$$V' = \left\{(x - 30)^2 x\right\}'$$

$$=(x^3-60x^2+30^2x)'$$
$$=(3x^2-120x+30^2)$$
$$=3(x^2-40x+30\cdot10)$$
$$=3(x-10)(x-30) \quad \cdots\cdots \text{②}$$

②を見ると、$x=10$,$x=30$ で $V'(x)=0$ となって極大値、極小値をとることがわかります。なお、範囲は、

$$0 \leq 60-2x \quad \text{より、} \quad 0 \leq x \leq 30$$

です。

増減表をつくると、$x=10$ のとき最大値 4000 をとることがわかります。グラフを描いて確認しておきましょう。

◉ 増減表 （0≦ x ≦30）

x	0	……	10	……	30
$f'(x)$		＋	0	−	0
$f(x)$	0	↗	**4000**	↘	0

◉三角形の箱の容積

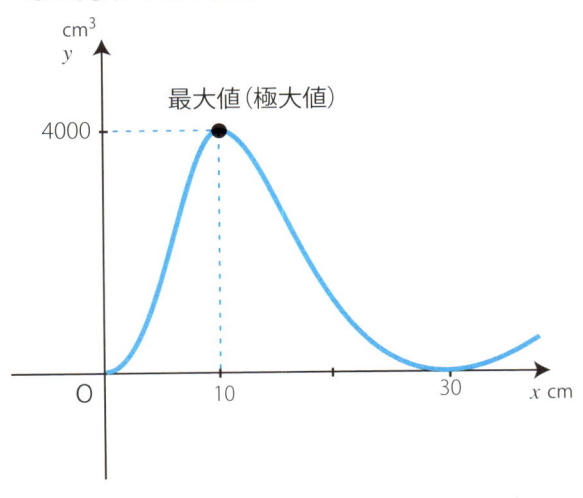

最大値（極大値）
4000

4 球の中の円錐を最大にする

最大値・最小値の問題では、「どのような関数で表わせるのか」さえわかれば、あとは微分の計算をするだけです。

いま、「半径3cmの球に内接する最大の円錐」を考えるとします。

$$円錐の体積 = (底面積 \times 高さ) \times \frac{1}{3}$$

で、円錐の底面積は下の図から、$\pi(3^2-x^2)$、高さは$(3+x)$。

ここで、円錐の体積 = $f(x)$ とすると、

$$f(x) = \frac{\pi(3^2-x^2)(3+x)}{3} = \frac{\pi}{3}(-x^3-3x^2+9x+27)$$

関数 $f(x)$ が求められました。あとは $f(x)$ 微分して「増減無し」、つまり $f'(x) = 0$ となる極値(極大値)を見つければよいわけです。

$$f'(x) = \frac{\pi}{3}(-3x^2-6x+9) = -\pi(x+3)(x-1)$$

これより、$x = 1$, $x = -3$ で「増減無し」となります。この3次関数の

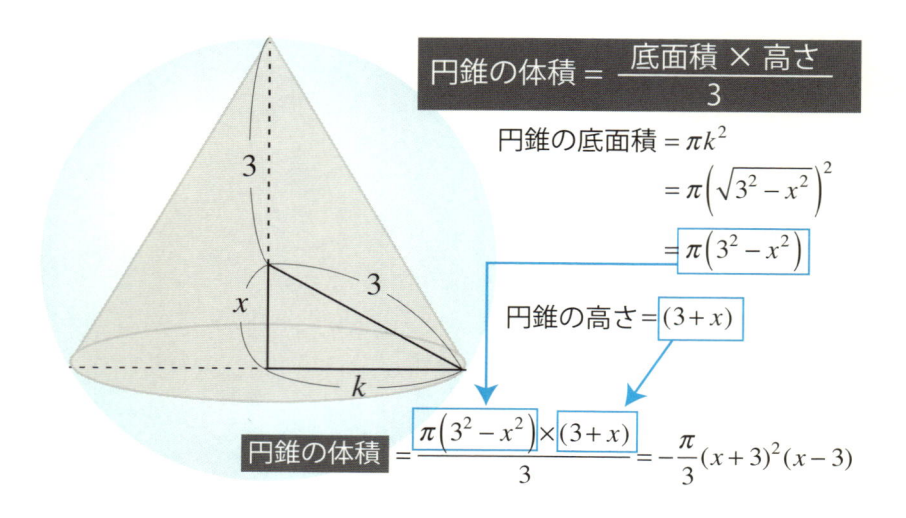

円錐の体積 = $\dfrac{底面積 \times 高さ}{3}$

円錐の底面積 = πk^2
$= \pi\left(\sqrt{3^2-x^2}\right)^2$
$= \pi(3^2-x^2)$

円錐の高さ = $(3+x)$

円錐の体積 = $\dfrac{\pi(3^2-x^2) \times (3+x)}{3} = -\dfrac{\pi}{3}(x+3)^2(x-3)$

グラフは、「x^3」の前に「−」が付く形をしているので、「減少→増加→減少」のグラフとなり、$x = -3$ で極小値、$x = 1$ で極大値をとることが予想できます。また、範囲は $0 \leq x \leq 3$ ですから、$x=1$、$x=0$ の $f(x)$ の値を調べればよいでしょう。

$$x=1 \text{ のとき} \quad f(1) = \frac{\pi}{3}\left(-1^3 - 3\cdot 1^2 + 9\cdot 1 + 27\right) = \frac{32}{3}\pi$$

$$x=0 \text{ のとき} \quad f(0) = \frac{\pi}{3}\left(-0^3 - 3\cdot 0^2 + 9\cdot 0 + 27\right) = 9\pi$$

よって、増減表と $y=f(x)$ のグラフは次のようなものとなり、極大値 = 最大値です。「球の中にできる最大の円錐」も、$f(x)$ さえわかれば意外にかんたんでした。

● 増減表　$(0 \leq x \leq 3)$

x	0	……	1	……	3
$f'(x)$		+	0	−	
$f(x)$	9π	↗	$\frac{32}{3}\pi$	↘	0

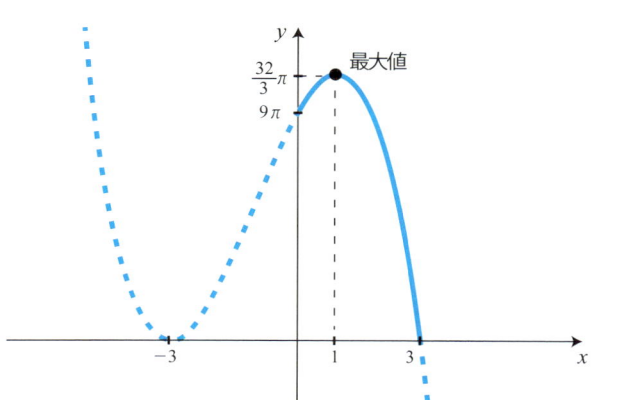

　　　　　　　　　　　最大値
（端点）　　　　　（極大値）　　　　（端点）

■第 4 章■　　　　　　　　　　　　　　　微分の応用問題にチャレンジ！

5　3次関数が3実根をもつ問題

　2次方程式がどのような解（昔は「根」と呼んでいました）をもつかは、**その判別式**を調べてみればすぐにわかりました。忘れた方もいるかもしれませんので復習しておくと、いま、2次方程式 $y = ax^2 + bx + c$ があるとき、その解（根）は、

$$2\text{次方程式の解}\quad x = \frac{-b \pm \sqrt{b^2 - 4ac}}{2a}$$

で表わせます。ここで、ルートの中が正の値か、負の値かが重要です。そこで、ルートの中の式を D とおくと、

$$\text{判別式}\quad D = b^2 - 4ac$$

となります。D の値によって、

　　　① $D > 0$ なら、2実根
　　　② $D = 0$ なら、1実根（重根＝重解）
　　　③ $D < 0$ なら、2虚根（つまり i）

と判別されます。

　●判別式 D とグラフとの関係

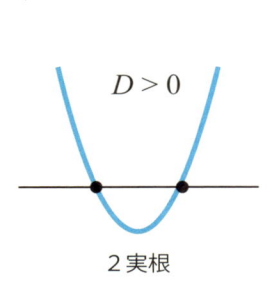

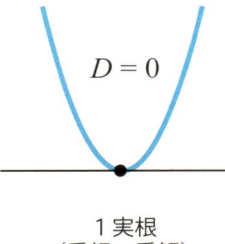

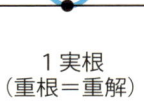

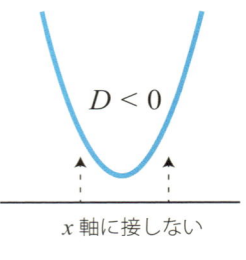

$D > 0$　　　　　　　$D = 0$　　　　　　　$D < 0$

　　　　　　　　　　　　　　　　　　　　x 軸に接しない

2実根　　　　　1実根　　　　　虚根
　　　　　　（重根＝重解）

このことは、グラフの形と対応させたほうが理解しやすく、①〜③をグラフにすると、前ページのような図となります。

判別式だけで考えると抽象的ですが、実際のグラフとあわせることで、判別式の理解も進みます。

ただ、2次方程式以外、つまり3次方程式、4次方程式、…、n次方程式となってくると、このように判別式を使って……というのはむずかしくなります。やはり微分でグラフを描き、どのような解があるかを手早くつかむのが一番よい方法でしょう。

例題　次の3次関数が3実根をもつためには、a の値はどのような範囲になるかを求めてください。
$$f(x) = ax^3 - 3ax + 6$$

微分してグラフを描いてみます。

$$\begin{aligned} f'(x) &= 3ax^2 - 3a \\ &= 3a(x^2 - 1) \\ &= 3a(x+1)(x-1) \end{aligned}$$

よって、$f'(x) = 0$ として、$x = \pm 1$ で極値をもつことがわかります。「3

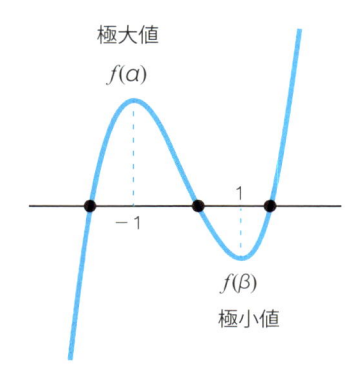

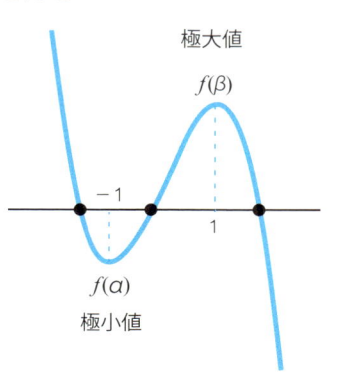

◉$f(α) \times f(β) < 0$ によって3実根を得る

実根をもつ」とは、極大値はプラス、極小値はマイナスでなければいけませんから、2つの極値 $f(\alpha), f(\beta)$ の間で、
$$f(\alpha) \times f(\beta) < 0$$
という関係が成り立ちます。よって、
$$f(-1) \times f(1) < 0$$

そこで、$f(-1)$、$f(1)$ を計算すると、
$$\begin{aligned}f(-1) &= (-1)^3 a - 3 \times (-1) a + 6 \\ &= -a + 3a + 6 \\ &= 2a + 6\end{aligned}$$
$$\begin{aligned}f(1) &= 1^3 a - 3 \times 1 \times a + 6 \\ &= a - 3a + 6 \\ &= -2a + 6\end{aligned}$$
よって、
$$\begin{aligned}f(-1) &\times f(1) \\ &= (2a+6)(-2a+6) \\ &= -4a^2 + 36 \\ &= -4(a^2 - 9) \\ &= -4(a+3)(a-3) < 0\end{aligned}$$
これより、a の範囲は、
$$a < -3, \ a > 3$$
であることがわかりました。

なお、「3実根をもつ」のではなく、「2実根をもつ」という問題だったら、どうでしょうか。その場合には、$f'(x) = 0$ の極値の一つが重根となればいいわけですね。ですから、
$$f(-1) \times f(1) = 0$$
となるので、a は、
$$a = -3 \ \text{または、} \ a = 3$$
となります。

グラフを描くと、次のようになります。

◉ $a=3$、$a=-3$ のとき、2 実根（重根）となる

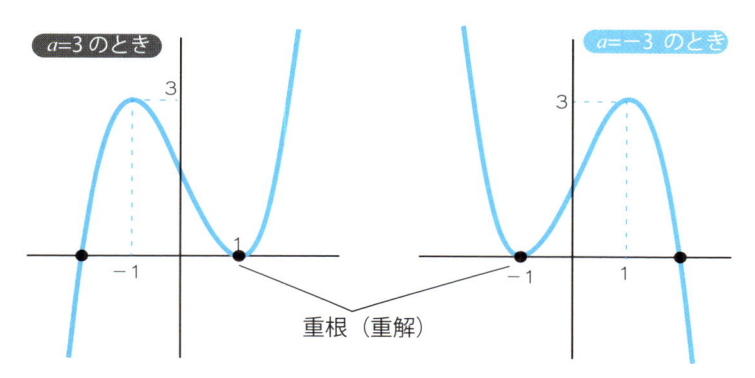

a=3 のとき   *a*=−3 のとき

重根（重解）

第5章

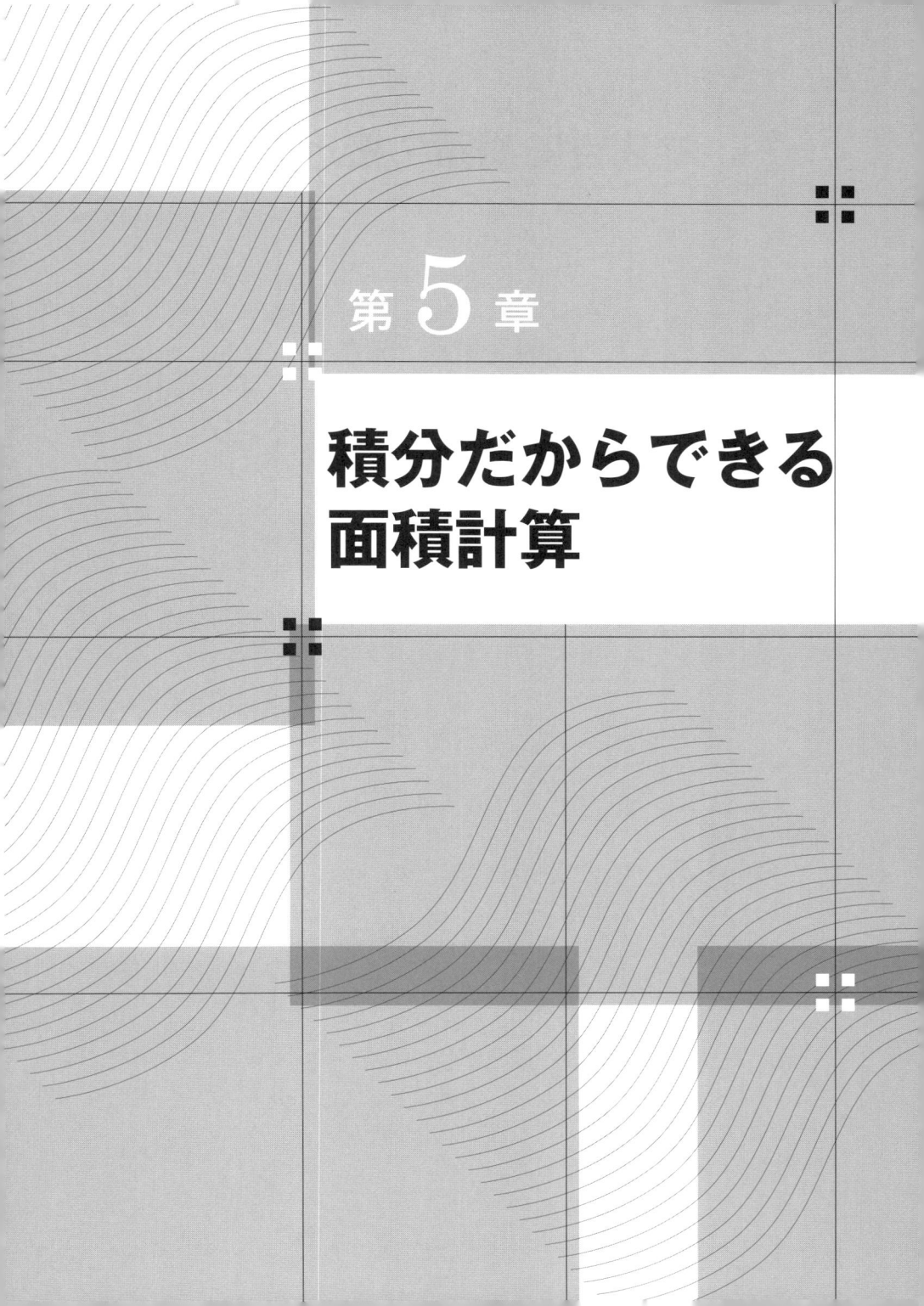

積分だからできる面積計算

■ 第 5 章 ■　　　　　　　　　　　　　　　　積分だからできる面積計算

1 マス目で面積に接近してみる

　次の問題を見てください。ある県庁所在地（A市）の面積を概算で求める問題です。実際に、私立中学入試でも同様の問題が出ています。腕試しと思って、どう解くかを考えてみてください。

例題
　右はある県庁所在地A市の概略地図です。
　1辺＝5kmの縮尺から考えて、おおよその面積を求めてください。

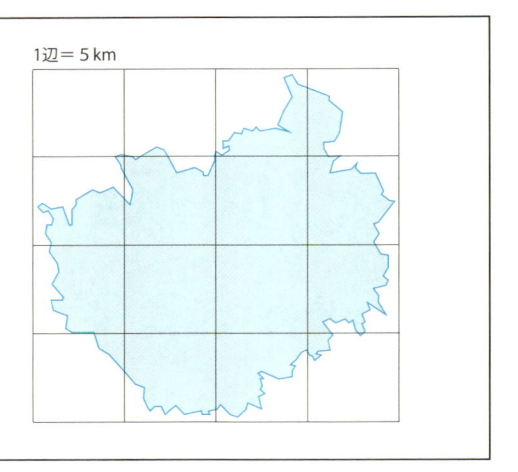

1辺＝5km

　この問題でわかっているのは「1辺＝5km」ということだけですから、
[方針❶]
　・全部の面積がマス目に入っているもの＝1
　・少しでも入っているもの＝0.5
として計算する——という方針が合理的と考えられます。すると、
　・全部の個数……3個＝1×3＝3
　・一部の個数……13個＝0.5×13＝6.5
となり、1辺＝5kmですから、1マスは25km^2。このことから、
　　　A市の面積＝（3＋6.5）×25km^2＝237.5km^2
となります。

この面積の出し方は、たしかにこの問題に対しては有効だとは思いますが、この方法の弱点は何でしょうか。

たとえば、右の①～③の図を見ると、例題に出されたマス目よりも、ずっとずっと小さくなっています。面倒ですがこれらを子細にカウントし、先ほどの**方針❶**に沿って解き直すと、

① $= 220 \mathrm{km}^2$
② $= 218.5 \mathrm{km}^2$
③ $= 205.75 \mathrm{km}^2$

となります。

やはり、A市の「真の値」に近づいているようで、**方針❶**はよいと考えてしまいます。

しかし、①～③を一生懸命にカウントし、そこから計算しても、共通しているのは百の位の「2」だけです。もしかすると、さらにマス目を小さくしていくと、百の位も「199.99…」のように変わるかも知れません。

となると、**方針❶**の場合、いったいどこの数値までが信用できるのか、大きな「?」が付いてしまいますね。少なくとも、マス目を小さくしていくことで「有効数字3桁までは正しい」のような調べ方はでき

①1辺＝2km

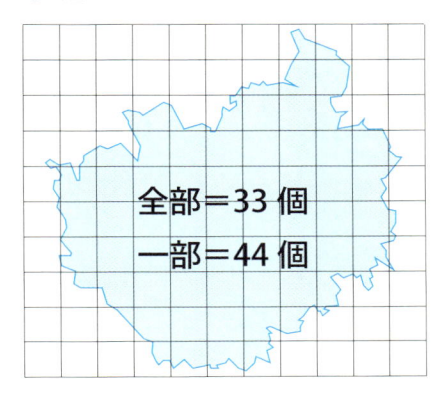

全部＝33個
一部＝44個

②1辺＝1km

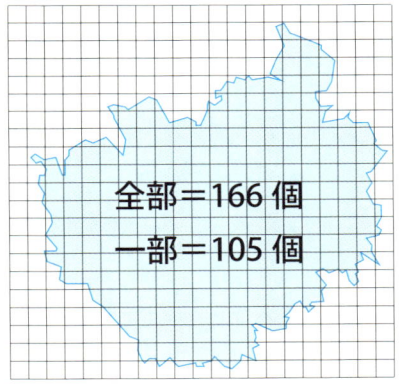

全部＝166個
一部＝105個

③1辺＝0.5km

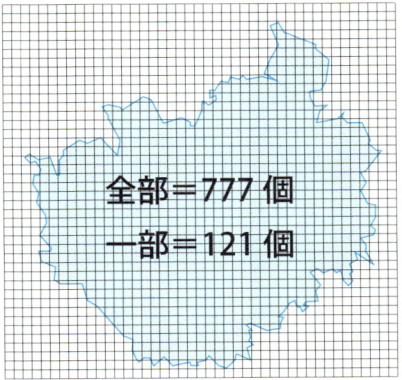

全部＝777個
一部＝121個

ないものでしょうか。

■両側から接近するアルキメデスのアイデア

そのような調べ方はあります。それは両側から接近していく方法です。**アルキメデス**（BC287〜BC212）が$\pi = 3.14$まで求めたのが、その方法です。

右の④は、「全部、含まれたマス目」だけをカウントする方法です。いわば最小値です。

いちばん下の⑥は、少しでも入ったマス目」をカウントします（先ほどのような0.5ではなく、1として）。いわば最大値です。

すると、本当の面積⑤は確実に、

　　④　＜　本当の面積　＜　⑥

の間にあります。これを**方針❷**とすると、あとはマス目を小さくしていくだけなのですが、実は「収束がきわめて遅い」という大きな欠点があります。たとえば、前ページの③の場合、

　　　「内側＜真の値＜外側」

と考えてマス目を数えると、

　　$191.25 \text{km}^2 \leq \text{A市} \leq 249.25 \text{km}^2$

となり、これだけマス目を小さくしても、最初の百の桁でさえ、決まりません。

面積を知る方法として、「もっと速くて確実な方法」は他にないものでしょうか。それが本章のテーマ「積分」です。

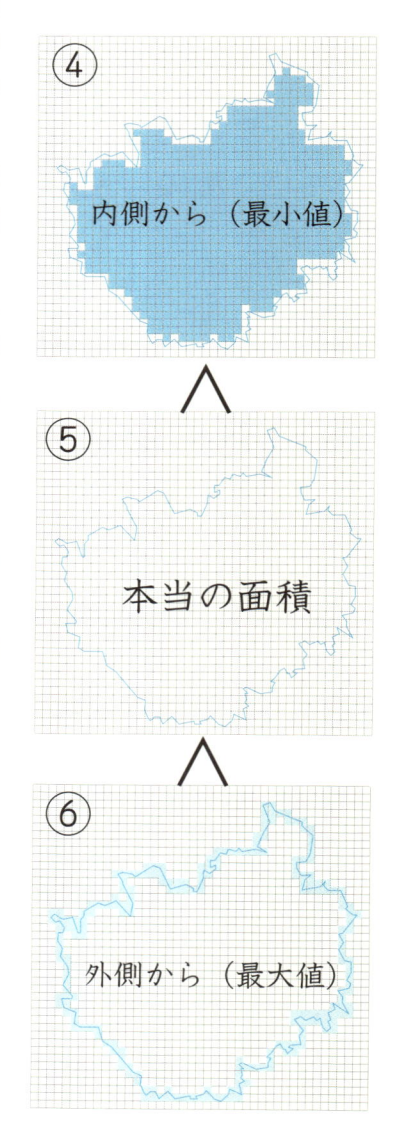

2 積分とは「微分の逆操作」

さて、微分と並んで、本書のもう一つの柱が「**積分**」です。積分は一言でいうと、「**微分の逆操作**」といえます。まだ、「何のことか？」と思うでしょうが、それをここで、「なるほど！」とナットクしていただこうと思います。

まず、「微分の逆だ」というのですから、微分のおさらいです。微分とは、何度も述べてきたとおり、「（グラフの）接線の傾き」を求めるものでした。「接線の傾き」を求めることで、そのグラフの大まかな性質がわかります。3次関数なら、上に凸、下に凸を1つずつもつことが多く、そこで「極大値・極小値」をもちました。

●「接線の傾き」から「グラフの形」が大まかにわかる

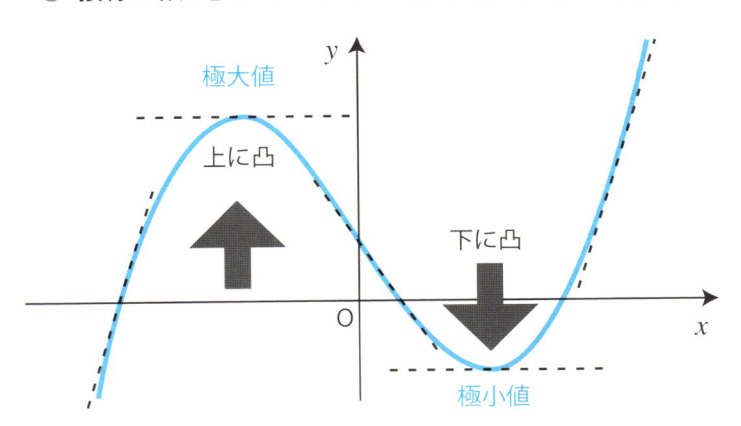

ところで、接線の傾きを求めるには、

$$f'(x) = \lim_{h \to 0} \frac{f(x+h) - f(x)}{h}$$

を使いました。

これは分母が増えた分、つまり x 軸のほうで増えた分（$= h$）に対して、分子がどれだけ増えたか、つまり

◉微分の公式の意味は何だった？

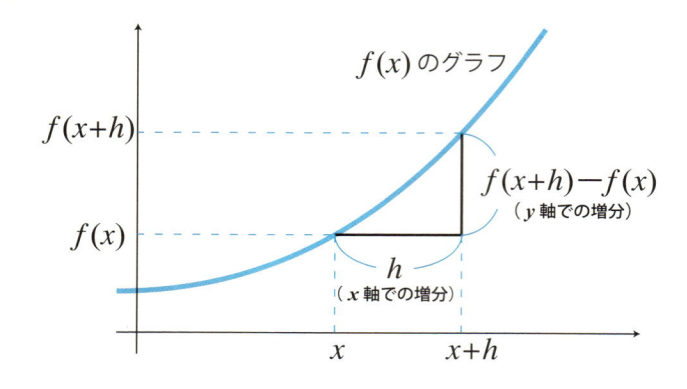

$$f'(x) = \lim_{h \to 0} \frac{f(x+h) - f(x)}{h} \quad \Rightarrow \quad \frac{y 軸方面での増えた分}{x 軸方面での増えた分}$$

y 軸での増分 $= f(x+h) - f(x)$

を示していますから、たしかに「傾き」です。

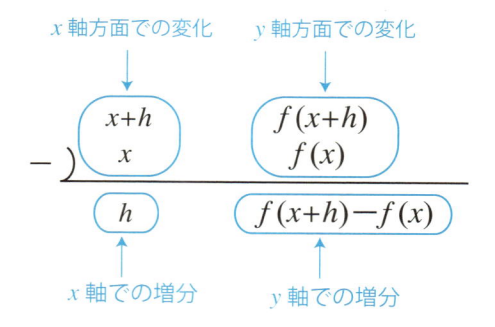

さて、正方形を使ってA市の面積や円の面積を求めてきましたが、近似する方法としては正方形である必要はありません。三角形でもいいし、台形でも、長方形でもかまいません。

結局、求めやすい形を使えばいいのです。

まず、次の図のような面積 $S(x)$ を考えてみましょう。この $S(x)$ を微

●S(x)の面積を考えると

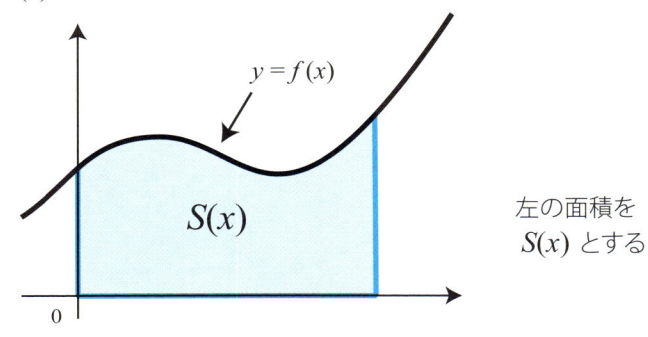

左の面積を
$S(x)$ とする

分してみます。

「面積を微分すると、何になるのか？」は興味をそそられます。まず、微分の基本から考えると、

$$S'(x) = \lim_{h \to 0} \frac{S(x+h) - S(x)}{h}$$

ですね。これは図形的に考えて、どんな意味をもっているのでしょうか。次ページのように、x と $x+h$ の間に長方形をとります。底辺はともに h なので、2つの長方形は、

　　x のとき　………　$h \times f(x)$

　　$x+h$ のとき　……　$h \times f(x+h)$

となります。ここで次ページの上の面積は、

　　$S(x+h) - S(x)$

となり、それは次ページの下の2つの図のように、2つの長方形の間に入っていますから、

$$h \times f(x) < S(x+h) - S(x) < h \times f(x+h)$$

となりますね。ここで、3つを h で割ると、

$$f(x) < \frac{S(x+h) - S(x)}{h} < f(x+h)$$

となります。見慣れた形に近づいてきました。

この h をどんどん小さくしていき、h を0に近づけると、当然ながら、

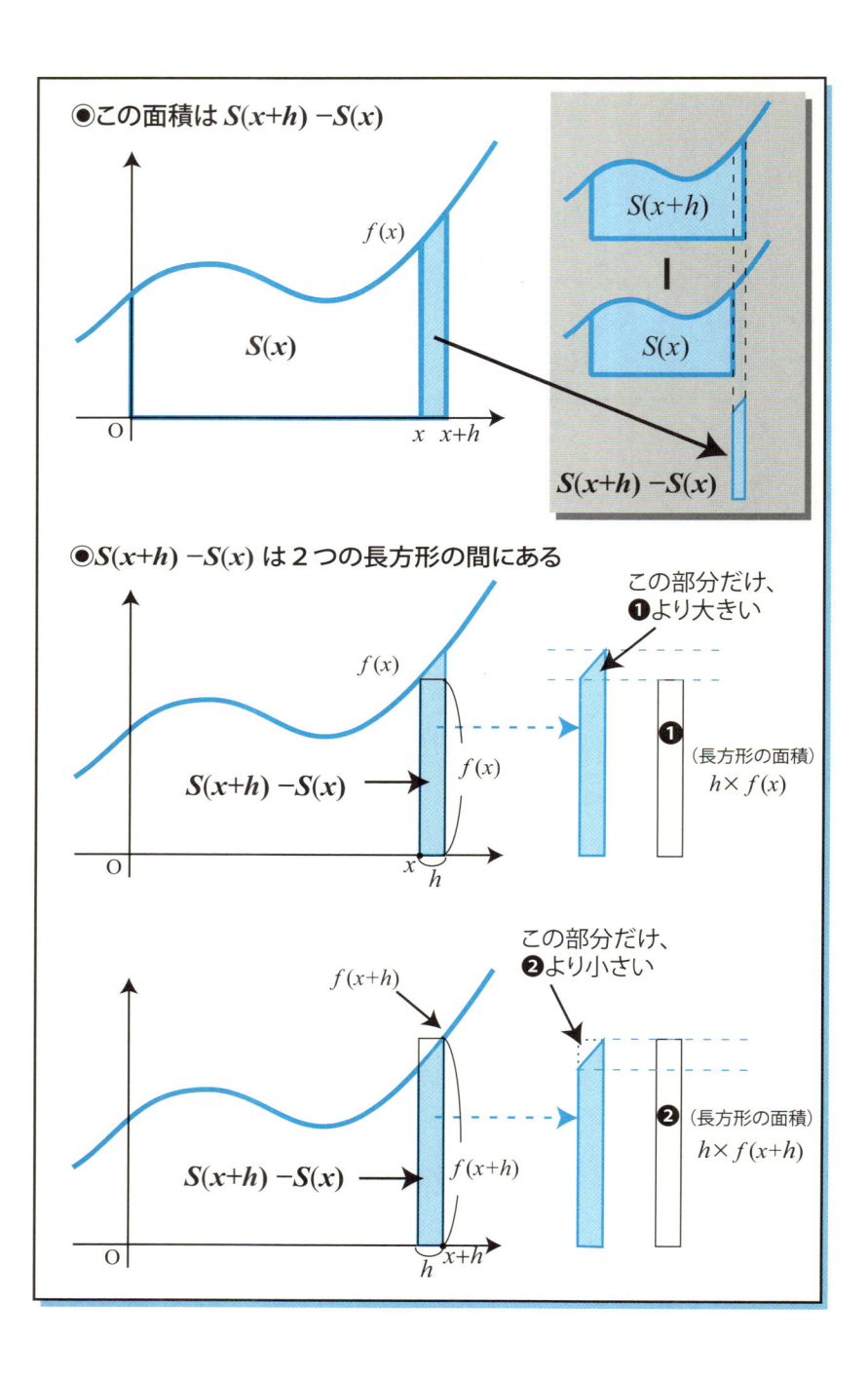

◉この面積は $S(x+h) - S(x)$

◉$S(x+h) - S(x)$ は2つの長方形の間にある

この部分だけ、❶より大きい

❶ (長方形の面積) $h \times f(x)$

この部分だけ、❷より小さい

❷ (長方形の面積) $h \times f(x+h)$

$f(x+h)$ は $f(x)$ に近づき、結局、色で塗られた部分＝「面積」を「微分」したことになります。ですから、

$$S'(x) = \lim_{h \to 0} \frac{S(x+h) - S(x)}{h} = f(x)$$

よって、$S(x)$ を微分した $S'(x)$ は上の式でわかるように、$f(x)$ になりました。

面積 $S(x)$ を微分すると、$f(x)$ になったということは、「**微分の逆操作をすれば面積を求められる**」ということになります。これが「**積分**」です。「積分とは、微分の逆操作」とは、このような意味なのです。

なお、「$S(x)$ を微分すると、$f(x)$ になった」といいましたが、「$f(x)$ を微分すると、$f'(x)$」ですね。「接線の傾き」でしたが、ここで「微分作業は終了」というわけではなく、いくらでも、

$$f(x) \to f'(x) \to f''(x) \to f'''(x) \to f''''(x) \to \cdots\cdots$$

と微分し続けることはできます。その場合、$f(x) = x^n$ ならば、

●積分とは、微分の逆の操作のこと

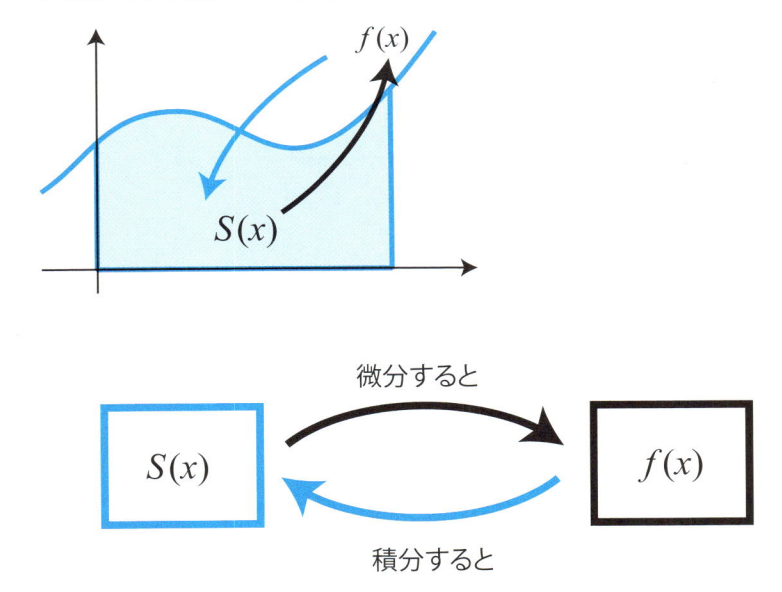

$$x^n \quad \to \quad nx^{n-1} \quad \to \quad n(n\text{-}1)x^{n-2} \quad \to \quad n(n\text{-}1)(n\text{-}2)x^{n-3} \quad \to \quad \cdots\cdots$$

となるだけです。「距離」を微分すると「速度」を、そして「速度」を微分すると「加速度」を算出できましたね。これは「距離」を2度にわたって微分してきたことになるので、「加速度は距離を2階微分したもの」という場合もあります。計算上は、3階微分、4階微分など、いくらでも微分を重ねることはできます。

このことは積分も同様で、$f(x)$ を積分して $S(x)$ となりますが、さらに積分を続けることも可能です。

ただ、それが何らかの意味をもたないと、微分や積分を続けていっても意味がありません。

● 「微分⟷積分」はどこまでも続くけれど

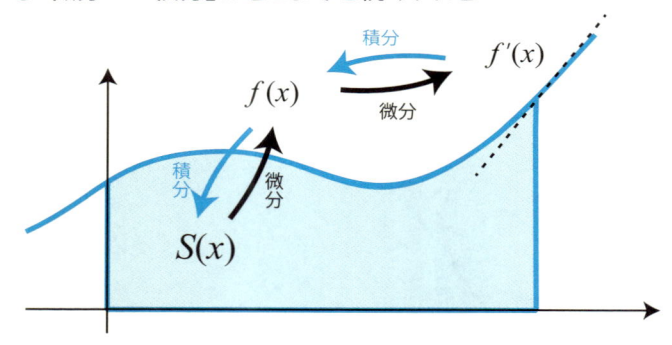

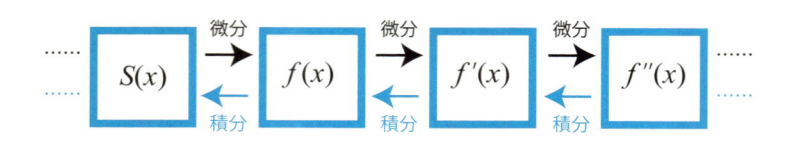

3 インテグラルの意味と不定積分

「積分とは、微分の逆操作」だとわかれば、すでに知っている微分の計算方法から積分の計算方法を類推できそうです。そこで、微分の計算を振り返ってみると……。

微分とは、曲線（とは限らないが）の「接線の傾き」のことで、

$f(x) = x$ 　　（微分すると）→ 　　$f'(x) = 1$
$f(x) = x^2$ 　　（微分すると）→ 　　$f'(x) = 2x$
$f(x) = x^3$ 　　（微分すると）→ 　　$f'(x) = 3x^2$
　…………　　　　　　　　　　→　　　　…………

という形で表わせました。そして、一般的な式では、

$f(x) = x^n$ 　　（微分すると）→ 　　$f'(x) = nx^{n-1}$

でした。さて、「積分とは、微分の逆操作」というのであれば、

$f'(x) = nx^{n-1}$ 　　（積分すると）→ 　　$f(x) = x^n$

となる、と考えていいはずです。ただ、もとの形が$f'(x)$では微分の形になっていないので、これを$f(x) = x^n$に戻し、積分したものを$F(x)$として微分と区別すると、次のようにまとめられます。

$$f(x) = x^n \text{ を積分すると、} F(x) = \frac{x^{n+1}}{n+1} \quad \cdots\cdots \; ❶$$

そして、この積分を記号

$$\int f(x)dx$$

で表わします。$\int$は「**インテグラル**」と読み、ドイツのライプニッツが考えた記号です。最後に付いている「dx」とは「xについて積分する」という

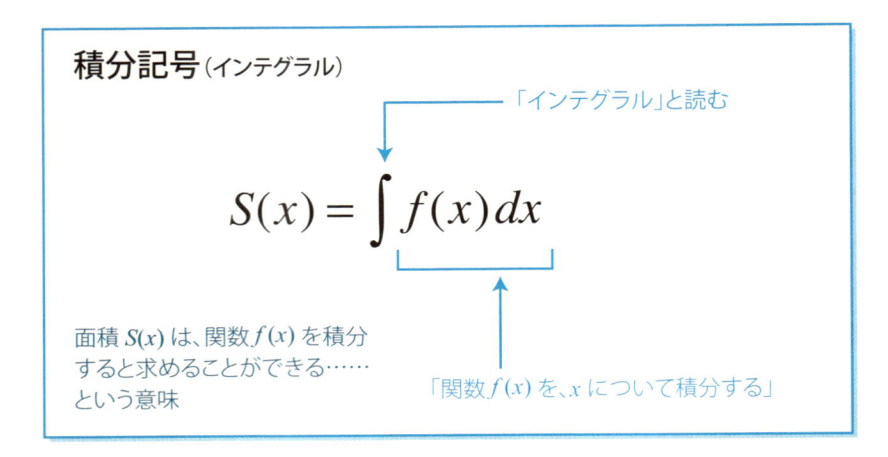

> **積分記号**(インテグラル)
>
> $$S(x) = \int f(x)dx$$
>
> 「インテグラル」と読む
>
> 面積 $S(x)$ は、関数 $f(x)$ を積分すると求めることができる……という意味
>
> 「関数 $f(x)$ を、x について積分する」

意味です。

「これで積分の計算はわかった……」と思うかも知れませんが、まだ、どこかヘンではないでしょうか。

というのは、次の微分はどのようになったでしょうか。

$f(x) = x^2$ 　（微分すると）→ 　$f'(x) = 2x$
$f(x) = x^2+3$ 　（微分すると）→ 　$f'(x) = 2x$
$f(x) = x^2-5$ 　（微分すると）→ 　$f'(x) = 2x$
…… 　（微分すると）→ 　……

これらは、もとの関数がすべて違っているのに（定数部分の 0, 3, −5）、微分すると、すべて定数が消えて「0」になり、同じになります。

微分するときはすべて消えるのでいいのですが、積分するときは、それら定数部分をどう復活させればいいのでしょうか。

たとえば $f(x) = 2x$ を積分した場合、その結果は、$F(x) = x^2$ まではわかりますが、その後の定数については定まりません。不定です。

$f(x) = 2x$ を積分すると、
　　$F(x) = x^2$ 　　（?）
　　$F(x) = x^2 + 3$ 　　（?）
　　$F(x) = x^2 - 5$ 　　（?）

そこで、とりあえず、次のように表わすことにしておきましょう。

$$\int f(x)dx = F(x) + C \qquad (Cは定数) \quad \cdots\cdots \text{❷}$$

このように $f(x)$ を積分して $F(x)$ となることを「**不定積分**」と呼んでいます。なお、最後に付いている「C」を**積分定数**（あるいは**任意定数**）と呼んでいます。

なお、❶と❷の式から、次のようにまとめることができます。

不定積分の公式　　$\int x^n dx = \dfrac{x^{n+1}}{n+1} + C$

それでは、この不定積分の公式を使って、トレーニングをしてみましょう。

例題1　次の関数を積分しましょう。
　　　　（1）5　　　　（2）x^2　　　（3）$6x^5$

（1）は公式を使わなくても、$5x$ や $5x+3$、$5x-2$ などを微分すると、すべて5になりますから、逆に、5を積分すると、$5x+C$ とわかります。

なお、不定積分の公式 $F(x) = \dfrac{x^{n+1}}{n+1} + C$ にあてはめると、$5 = 5\times 1 = 5x^0$ と考えられるので、$n = 0$。よって、

$$F(x) = \frac{5x^{0+1}}{0+1} + C = 5x^1 + C = 5x + C$$

（2）になると、「微分して x^2」になるものはすぐに思いつかないかもしれません。そこで、不定積分の公式を利用してみます。もとの関数は「x^2」なので、$n = 2$。よって、

$$F(x) = \frac{x^{2+1}}{2+1} + C = \frac{x^3}{3} + C$$

微分の場合には、累乗が n なら x の前に係数として下ろし、さらに（累乗－1）とすればいいので、

$$(x^n)' = nx^{n-1}$$

でした。しかし、積分ではその逆をしないといけないので、最初は公式に沿って解いていくほうがよいでしょう。

（3）の $6x^5$ もめんどうなので、$n = 5$ を公式にあてはめて考えます。

$$F(x) = \frac{6x^{5+1}}{5+1} + C = \frac{6x^6}{6} + C = x^6 + C$$

はじめはスピードより、確実性。そのうちに、公式にあてはめなくても慣れることで、アタマの中で形が思い浮かぶようになります。

不定積分の計算法則としては、以下のようなものがあります。

$$\int a \cdot f(x)\,dx = a\int f(x)\,dx \qquad (a \text{ は定数})$$

$$\int \{f(x) + g(x)\}\,dx = \int f(x)\,dx + \int g(x)\,dx$$

$$\int \{af(x) + bg(x)\}\,dx = a\int f(x)\,dx + b\int g(x)\,dx$$

もちろん、「＋」が「－」になっても成り立ちます。この計算法則はとくに理解困難というものはないと思うので、どんどん利用してみてください。

> 例題2　次の不定積分を求めてください。
> $$\int (x+3)(3x-1)\,dx$$

さっそく解いてみましょう。

$$\int (x+3)(3x-1)\,dx$$
$$= \int (3x^2 + 8x - 3)\,dx \quad \text{……………… まず、展開した}$$
$$= \int 3x^2\,dx + \int 8x\,dx - \int 3\,dx \quad \text{……………… 項ごとに分解した}$$
$$= \frac{3}{2+1}x^{2+1} + \frac{8}{1+1}x^{1+1} - \frac{3}{0+1}x^{0+1} + \boxed{C} \quad \text{…… 項ごとに積分計算}$$
$$= x^3 + 4x^2 - 3x + \boxed{C} \quad \longrightarrow \text{積分定数の } C$$

なお、下から2つめの展開で、積分定数の C が一つしか書かれていませんね（最後の行も同じ）。ここで次のような疑問をもったかもしれません。

「各項ごとに不定積分したのだから、すべての項に C が必要なはずではないのか。たとえば、C_1, C_2, C_3……のように」
と。しかし、それは不要です。

あくまでも、「いくつになるか不定の数」を C で代表させているにすぎないのですから、一つあれば十分なのです。

4 範囲が定まっている定積分

不定積分で顔を出す「C」の不可解さ——最も困るのは、C が出てくる間は、決して面積を確定できない点です。

もともと、積分を使って「曲線で囲まれた面積」を求めようとしていたはずなのに、不定積分のままだと、最後に不確定な C が付くことで、最終的な面積を求められません。

そこで、再度、本来の目的に立ち戻りましょう。次ページの図のいちばん下にある❸を見てください。色で塗られた面積 $S(x)$ の部分だけを求めたいとすると、どうすればいいでしょうか。

この図❸のように、$a \leq x \leq b$ の範囲を求めたい場合には、図❶の $S(b)$ から図❷の $S(a)$ を引いてあげればいいはずです。引くことで、$S(x)$ は不定積分の「C」という軛（くびき）から逃れることができるのです。

まず、関数 $f(x)$ を積分すると、

$$\int f(x)dx = F(x) + C$$

となるので、図❶の $S(b)$ の面積から図❷の $S(a)$ の面積を引くと、

$$S(b) - S(a) = \{F(b) + \cancel{C}\} - \{F(a) + \cancel{C}\}$$

$$= F(b) - F(a) \quad \blacktriangleleft\text{-------- } C\text{ が消えた！}$$

このように、グラフの中で「積分する範囲」を決めてやることで「面積を求める区間」も特定され、不定積分の C も消えることがわかります。このように、範囲のある積分のことを「**定積分**（ていせきぶん）」と呼んでいます。

定積分では、$a \leq x \leq b$ の範囲を求める場合、$S(b) - S(a)$ となる理屈ですが、実際の計算では次のようになります。

●区間で囲まれた面積を求める

❶

いちばん下の $S(x)$ を求めるには、

$$S(b) - S(a)$$

を求めればいい。
まず、$S(b)$ の面積は $0 \leqq x \leqq b$ の範囲

$$S(b) = F(b) + C$$

❷

$S(a)$ は、範囲が $0 \leqq x \leqq a$

$$S(a) = F(a) + C$$

❸

$S(x)$ の範囲は、$a \leqq x \leqq b$

$$S(b) - S(a)$$
$$= \{F(b)+C\} - \{F(a)+C\}$$
$$= F(b) - F(a)$$

第5章 積分だからできる面積計算

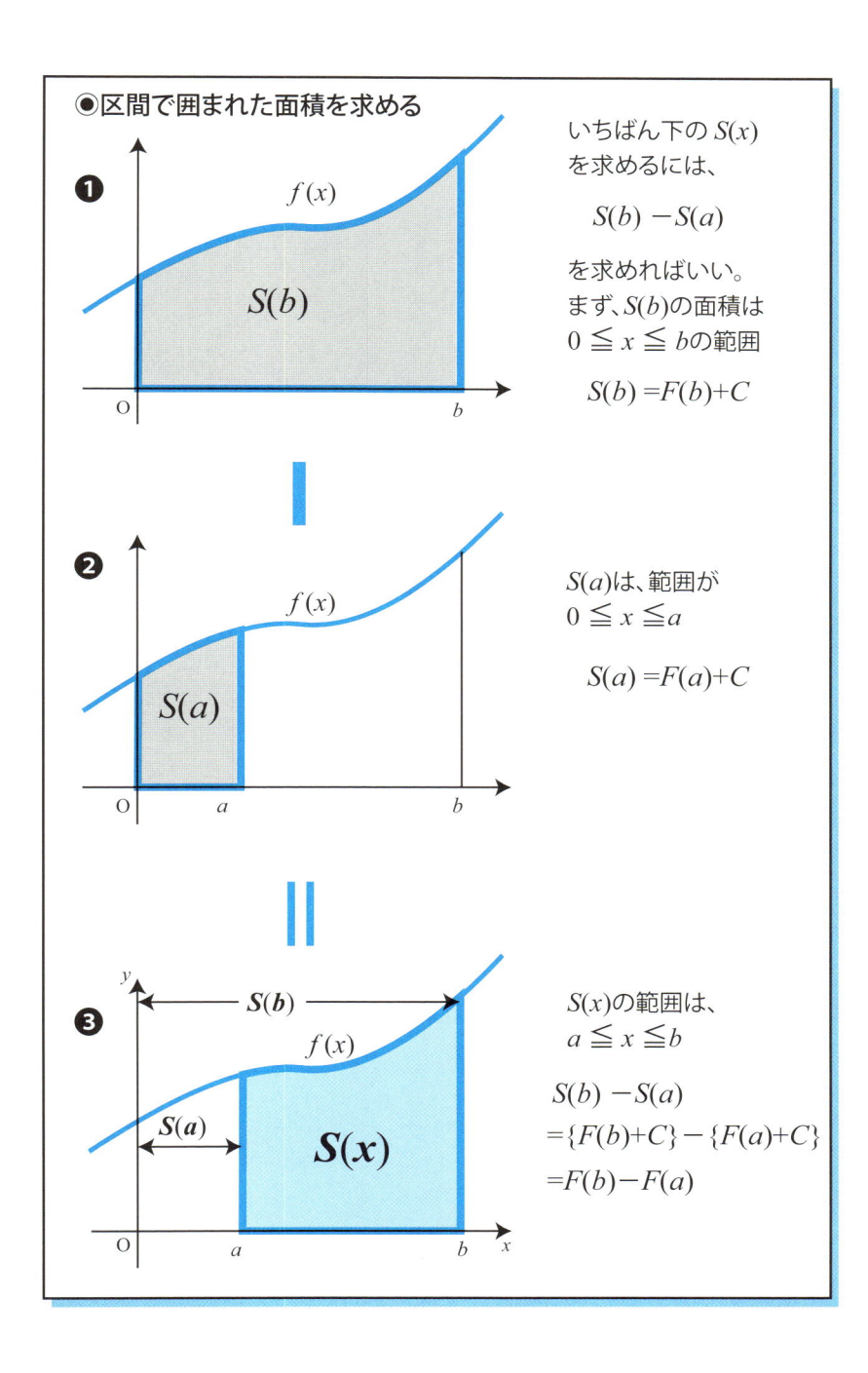

定積分の記号

$$S(x) = \int_a^b f(x)dx$$

「インテグラル a〜b まで」

「関数 $f(x)$ を積分する」……の意味

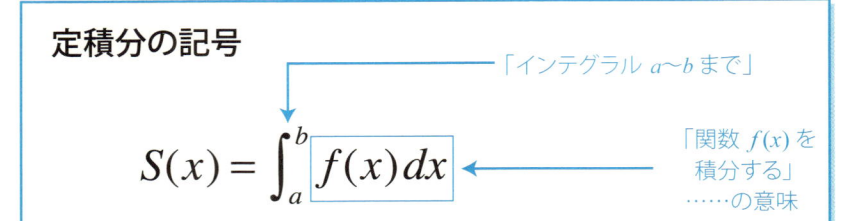

関数 $f(x)$ を、a〜b まで積分する場合は、以下のような計算をする。

$$\int_a^b f(x)dx = \bigl[F(x)\bigr]_a^b = F(b) - F(a)$$

積分しおえたものに、b を代入したものから、a を代入したものを引く……という操作

例題1　$f(x) = x^2$ で、$1 \leqq x \leqq 2$ の範囲の面積を求めてみましょう。ただし、積分定数 C を考慮し、計算途中に相殺されることを示してください。

次ページの図を見れば一目瞭然。$f(x) = x^2$ のグラフで、

　$1 \leqq x \leqq 2$ の範囲　……　$S(x)$
　$0 \leqq x \leqq 2$ の範囲　……　$S(2)$
　$0 \leqq x \leqq 1$ の範囲　……　$S(1)$

よって、$S(x) = S(2) - S(1)$ で計算します。いままで通り、C を入れた形で計算しておきましょう。

$$\int_1^2 x^2\,dx = \left[\frac{x^3}{3} + C\right]_1^2 = \left(\frac{2^3}{3} + C\right) - \left(\frac{1^3}{3} + C\right) = \frac{8}{3} - \frac{1}{3} = \frac{7}{3}$$

C を入れて計算するのは、もうムダです。当然、C を最初から外して計算しても同じ結果となります。

●実際の定積分の計算方法　（$f(x)=x^2$ の場合）

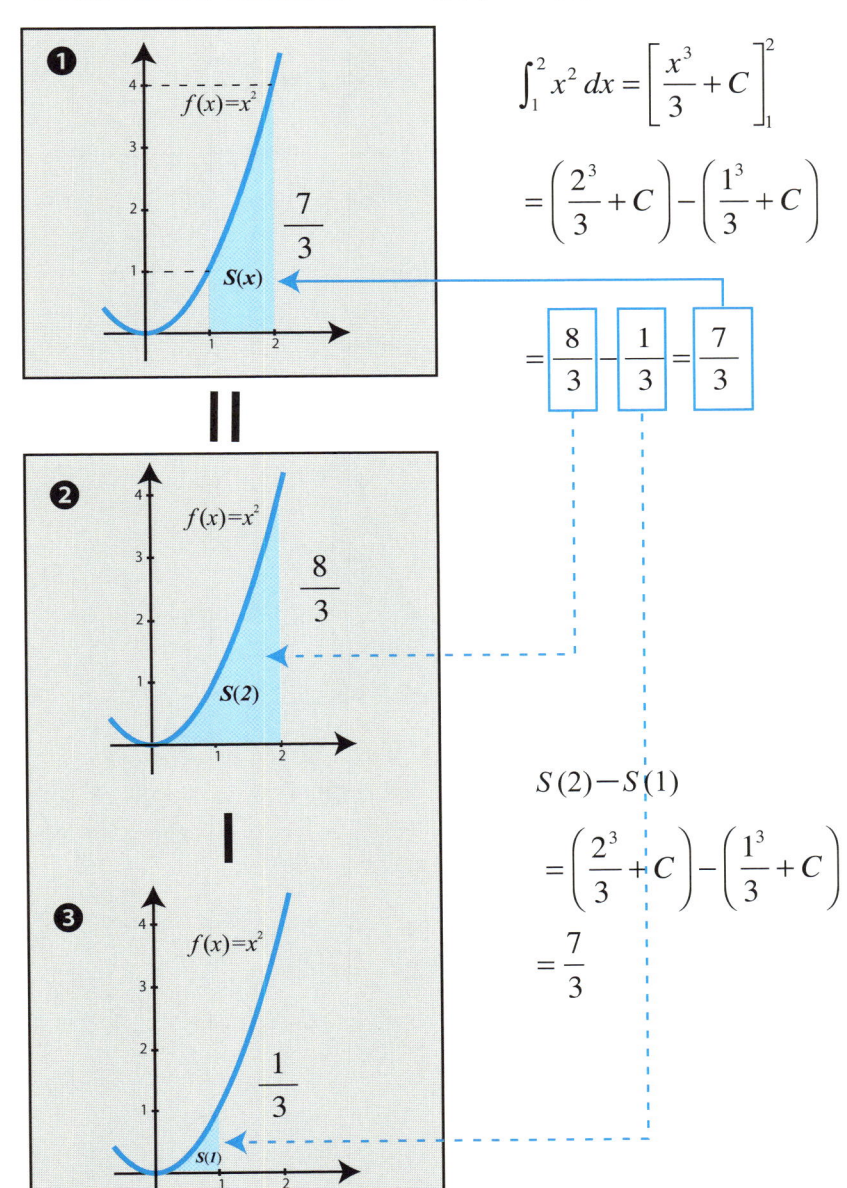

❶ $f(x)=x^2$, $S(x)$, $\dfrac{7}{3}$

$$\int_1^2 x^2\,dx = \left[\dfrac{x^3}{3}+C\right]_1^2$$

$$= \left(\dfrac{2^3}{3}+C\right) - \left(\dfrac{1^3}{3}+C\right)$$

$$= \boxed{\dfrac{8}{3}} - \boxed{\dfrac{1}{3}} = \boxed{\dfrac{7}{3}}$$

❷ $f(x)=x^2$, $S(2)$, $\dfrac{8}{3}$

❸ $f(x)=x^2$, $S(1)$, $\dfrac{1}{3}$

$$S(2)-S(1)$$
$$= \left(\dfrac{2^3}{3}+C\right) - \left(\dfrac{1^3}{3}+C\right)$$
$$= \dfrac{7}{3}$$

第5章　積分だからできる面積計算

$$\int_1^2 x^2\,dx = \left[\frac{x^3}{3}\right]_1^2 = \frac{2^3}{3} - \frac{1^3}{3} = \frac{8}{3} - \frac{1}{3} = \frac{7}{3}$$

これでもう、積分定数 C の煩わしさから解放されたのです。

例題 2 $f(x) = x^3$ のグラフと x 軸とで囲まれる、$1 \leqq x \leqq 3$ の面積を求めてください。

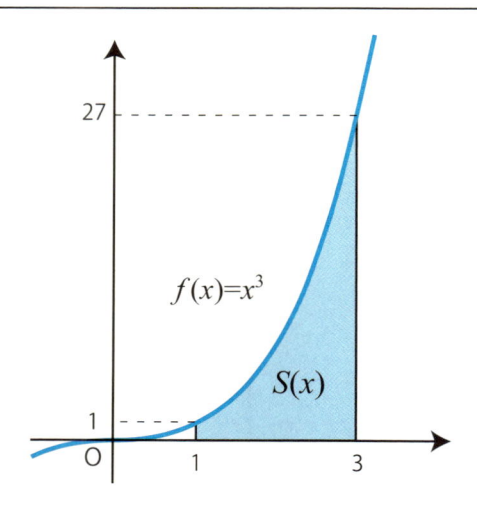

$S(x)$ は、$f(x) = x^3$ と x 軸とで囲まれる面積ですから、$f(x) = x^3$ を積分して求めればいいと考えます。範囲のある定積分なので、積分定数の C を考えないで計算できます。

$$\int_1^3 x^3\,dx = \left[\frac{x^4}{4}\right]_1^3 = \frac{3^4}{4} - \frac{1^4}{4} = \frac{81}{4} - \frac{1}{4} = 20$$

これで、積分で面積を求めることについて、少し自信をもてるようになりました。

5 x 軸より下にある面積の計算法は？

ここでは、「x 軸より下にグラフがある」ときの面積を考えてみましょう。たとえば、次のようなケースです。

$S(x)_1$ や $S(x)_3$ は x 軸より下にあり、これをふつうに計算すると「マイナス」になります。「面積がマイナスになる」というのはありえない話です。そこで、「マイナスの区間」については下の図のように折り返して「プラス」扱いにします。

計算の際は、その区間だけアタマに「−」を付けてやることで、

●x軸より下にある面積はどう求める？

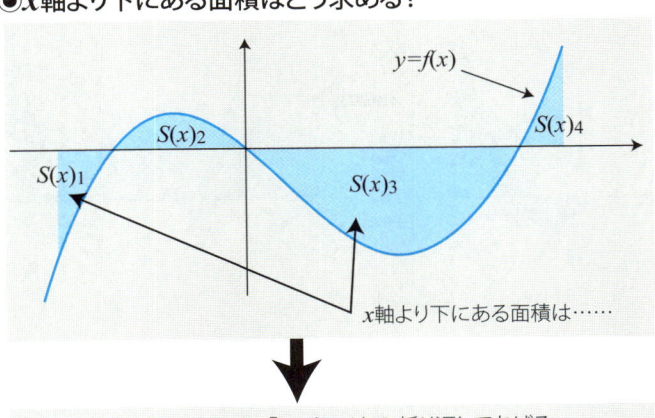

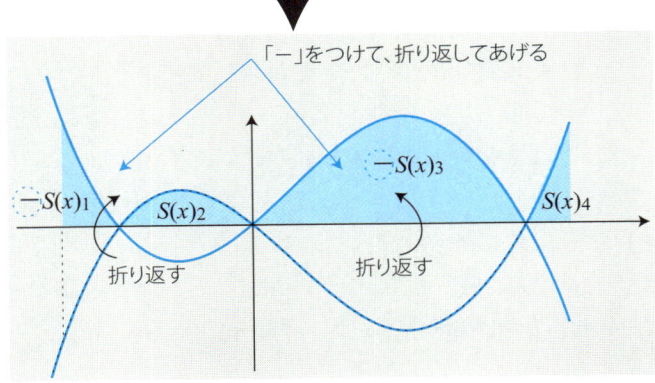

$-(-)=+$

で、「プラス」になります。

> 例題　$f(x) = x^2 - 1$ のグラフと x 軸とで囲まれる面積（ただし、$-2 \leqq x \leqq 2$ ）を求めてください。

$f(x) = x^2 - 1$ のグラフは、$f(x) = x^2$ のグラフを y 軸に沿って 1 だけマイナス側に移動したものですから、下（左）のようなグラフになります。

◉ x軸より下の部分は、x 軸に沿って折り返す

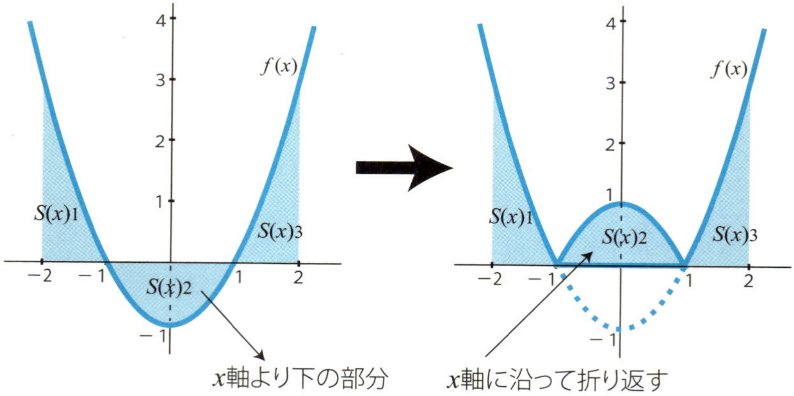

この場合に最も大事なことは、「グラフと x 軸との交点」です。

これは $x^2 - 1 = 0$ より、$x = \pm 1$ とわかりますから、

$$-1 \leqq x \leqq 1$$

の区間で、グラフは x 軸の下にあります。ですから、

$-2 \leqq x \leqq -1$ ………… ①

$-1 \leqq x \leqq 1$ ………… ②

$1 \leqq x \leqq 2$ ………… ③

の 3 か所に分けて積分します。

$$\int_{-2}^{2}(x^2-1)\,dx$$

$$= \underbrace{\int_{-2}^{-1}(x^2-1)\,dx}_{\text{①の面積}} \ominus \underbrace{\int_{-1}^{1}(x^2-1)\,dx}_{\text{②の面積}} + \underbrace{\int_{1}^{2}(x^2-1)\,dx}_{\text{③の面積}}$$

「−」を付けた

$$= \left[\frac{x^3}{3}-x\right]_{-2}^{-1} \ominus \left[\frac{x^3}{3}-x\right]_{-1}^{1} + \left[\frac{x^3}{3}-x\right]_{1}^{2}$$

$$= \left\{\left(\frac{(-1)^3}{3}-(-1)\right)\right\} - \left\{\left(\frac{(-2)^3}{3}-(-2)\right)\right\}$$

$$\ominus \left\{\left(\frac{1^3}{3}-1\right)\right\} - \left\{\left(\frac{(-1)^3}{3}-(-1)\right)\right\}$$

$$+ \left\{\left(\frac{2^3}{3}-2\right)\right\} - \left\{\left(\frac{1^3}{3}-1\right)\right\}$$

$$= \frac{4}{3}\ \boxed{-\left(-\frac{4}{3}\right)} + \frac{4}{3} = 4$$

①の面積　②の面積　③の面積

　この例題の場合、「グラフの形」をイメージして「x 軸より下の部分がある」と認識していないと、いきなり、$-2 \leqq x \leqq 2$ の範囲内で積分の計算を始めかねません。「初めにグラフの形ありき」なのです。

　なお、ここでは $-2 \leqq x \leqq 2$ をまじめに計算しましたが、y 軸に対象なグラフですから、

$$2\left\{-\int_{0}^{1}f(x)\,dx + \int_{1}^{2}f(x)\,dx\right\}$$

としたほうが計算時間も短く、ミスも少なくなるはずです。

6 2つの関数 $f(x), g(x)$ で囲まれた面積

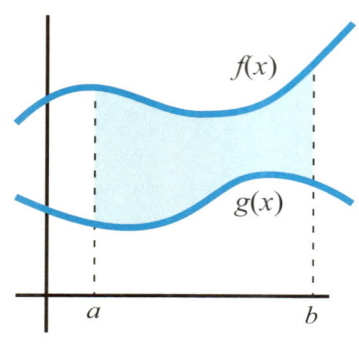

いま、左のような関数 $f(x)$, $g(x)$ があるとき、$a \leqq x \leqq b$ にはさまれた面積を求めるには、どうすればよいでしょうか。

これは、次ページの図のように、$f(x)$ を積分したものから $g(x)$ を積分したものを引けばよいと判断できます。

ですから、

$$\int_a^b f(x)dx - \int_a^b g(x)dx \quad \cdots\cdots \quad ①$$

で、「**上にある関数 − 下にある関数**」とすればいいわけです。

では、下の図ではどうでしょうか。

ふつうであれば、関数 $g(x)$ と x 軸との間の面積を求めるのですが、これは関数 $g(x)$ の上の面積となっています。①のような関数 $f(x)$ なども示されていません。

けれども、式として示されていないからといって、あきらめる必要はありません。

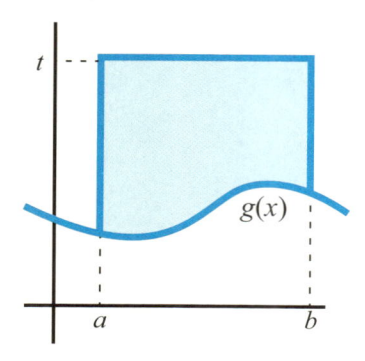

上の線が $y = t$ であることはわかっていますから、これを利用します。つまり、①のように考えると、

$$\int_a^b t\,dx - \int_a^b g(x)dx \quad \cdots\cdots \quad ②$$

となります。理屈はとってもかんたんですね。この場合も、

「上にある関数 − 下にある関数」

◉この面積はどうやって求める？

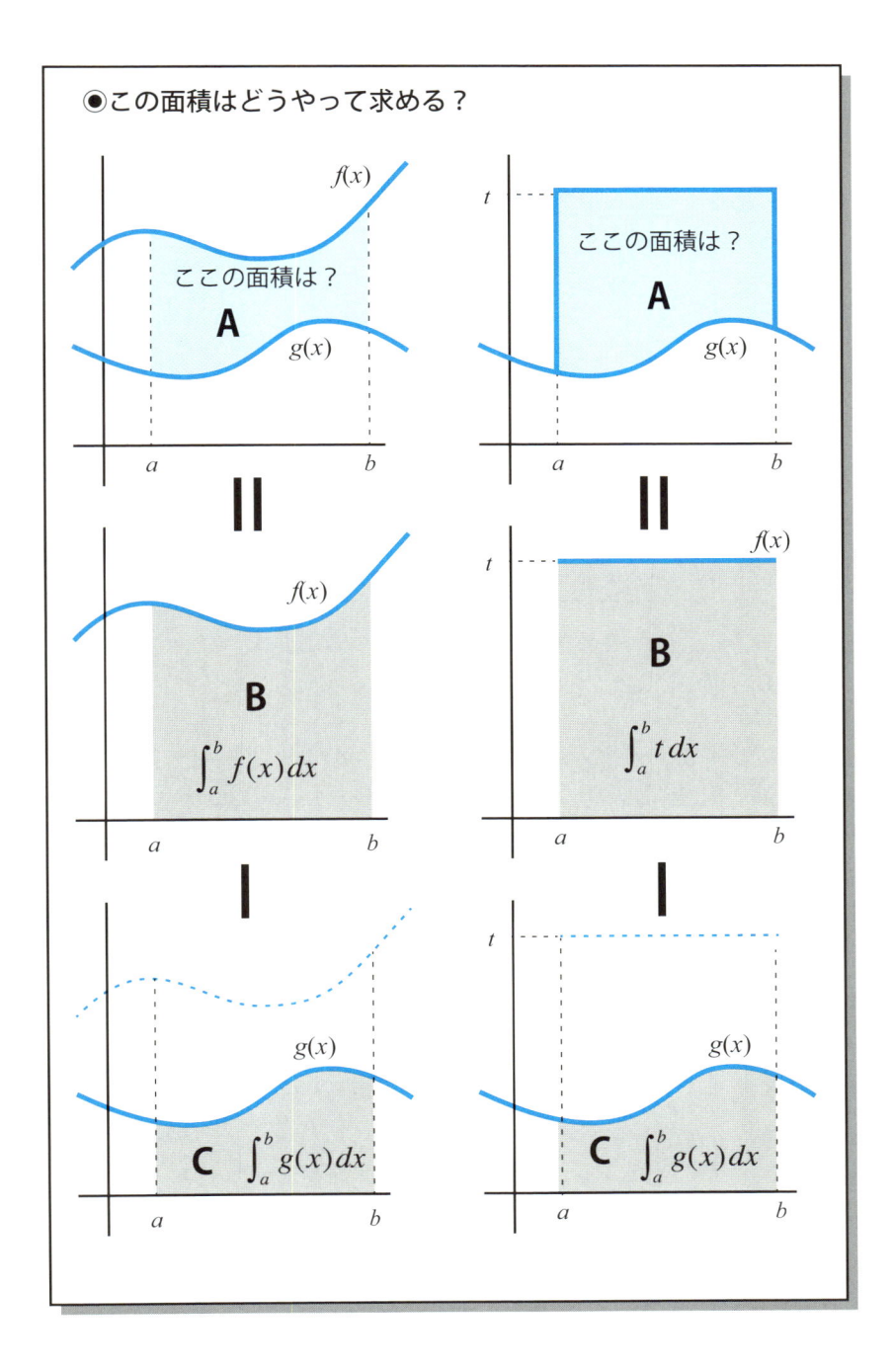

ここの面積は？ A （$f(x)$と$g(x)$に挟まれた領域、aからb）

ここの面積は？ A （高さtの矩形から$g(x)$を引いた領域、aからb）

＝

B $\displaystyle\int_a^b f(x)\,dx$

B $\displaystyle\int_a^b t\,dx$

−

C $\displaystyle\int_a^b g(x)\,dx$

C $\displaystyle\int_a^b g(x)\,dx$

第5章　積分だからできる面積計算

として処理します。

　右の図は、ある都市に実在する公園をかたどったものです。川に沿って敷地がある姿は、まるでナイル川での土地測量にそっくりに見えますね。

　これは、②の公式を使ったのと同じ考え方で解けます。$f(x) = t$ なので、

$$\int_a^b t\,dx - \int_a^b g(x)\,dx$$

このように、①や②などを利用することで、さまざまな面積に対応することができるのです。

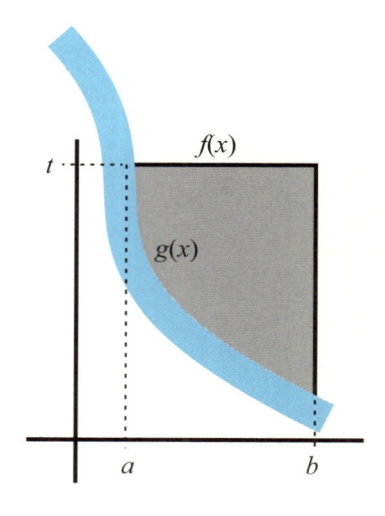

例題　$f(x) = -x^2 + 2x + 10$ と、$g(x) = x^2 - 6x$ の2つの関数で囲まれる面積を求めてください。

　この2つの関数をグラフにすると、次ページのようになります。「囲まれる面積」は「上にある関数－下にある関数」と考えればよいのですが、2つのグラフとも x 軸より下にあると、どう考えればいいのか迷うこともあります。

　そういう場合には、2つのグラフを平行移動してプラス領域へもってくればよいのです（次ページの下図の左→右を参照）。もともと、$f(x)$ と $g(x)$ で囲まれる面積を求める問題なので、2つのグラフが負領域にあるか、正領域にあるかは面積を考える場合、無関係です。

　では、問題を考えてみましょう。まず、$f(x)$ と $g(x)$ の交点を求めておきます。

$$-x^2 + 2x + 10 = x^2 - 6x$$

なので、

$$2x^2 - 8x - 10 = 0 \quad \cdots\cdots\cdots\cdots ①$$

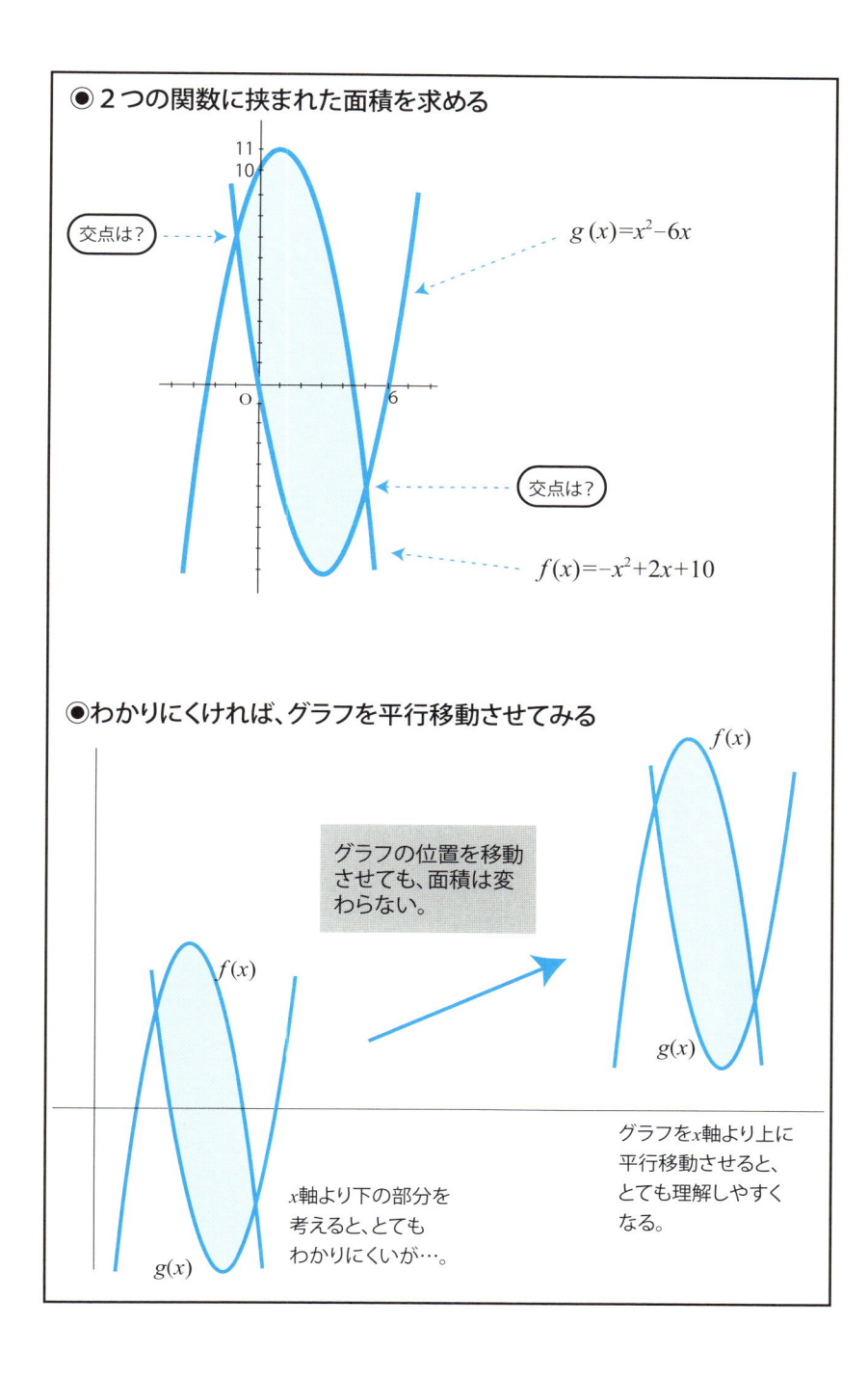

● 2つの関数に挟まれた面積を求める

交点は？

$g(x) = x^2 - 6x$

交点は？

$f(x) = -x^2 + 2x + 10$

● わかりにくければ、グラフを平行移動させてみる

グラフの位置を移動させても、面積は変わらない。

$f(x)$

$f(x)$

$g(x)$

$g(x)$

x軸より下の部分を考えると、とてもわかりにくいが…。

グラフをx軸より上に平行移動させると、とても理解しやすくなる。

よって、
$$2(x+1)(x-5) = 0 \quad \cdots\cdots\cdots\cdots ②$$
$$\therefore x = -1, x = 5 \quad \cdots\cdots ③$$

$-1 \leqq x \leqq 5$ の区間を積分すると、

$$\int_{-1}^{5} f(x)dx - \int_{-1}^{5} g(x)dx \quad \blacktriangleleft \cdots\cdots\cdots 上の関数-下の関数$$

$$= \int_{-1}^{5}(-x^2+2x+10)dx - \int_{-1}^{5}(x^2-6x)dx \quad -1 \leqq x \leqq 5 の区間を積分$$

となります。あとは計算をすればいいので、

$$= \left[-\frac{x^3}{3}+x^2+10x\right]_{-1}^{5} - \left[\frac{x^3}{3}-3x^2\right]_{-1}^{5} = 72$$

です。

■ミスしない積分の計算法

上の計算結果の「72」だけを見ると、いかにもスンナリと計算できたかのように思うかもしれませんが、そんなことはありません。実は、計算するたびにミスをし、やっとの思いで算出した結果なのです。

実際に手計算をしてみればわかりますが、積分の計算はめんどうなものです。とくに、分数が計算の過程に入ってくると、泣かされることが多いものです。

そんな時、役に立つのが積分の公式で、代表的な公式が下のものです。あとで出てくる第7章の209～210ページの計算を使います。

$$\int_{\alpha}^{\beta}(x-\alpha)(x-\beta)dx = -\frac{(\beta-\alpha)^3}{6}$$

2つの関数の交点が $x=\alpha$、$x=\beta$ とわかれば、上記の式に代入すると計算できます。この公式は、次のようにして導くことができます。

$$\int_{\alpha}^{\beta}(x-\alpha)(x-\beta)dx = \int_{\alpha}^{\beta}(x-\alpha)(x-\alpha+\alpha-\beta)dx$$

$$= \int_\alpha^\beta \left\{ (x-\alpha)^2 + (x-\alpha)(\alpha-\beta) \right\} dx$$

$$= \left[\frac{(x-\alpha)^3}{3} \right]_\alpha^\beta + (\alpha-\beta) \left[\frac{(x-\alpha)^2}{2} \right]_\alpha^\beta$$

$$= \frac{(\beta-\alpha)^3}{3} - \frac{(\beta-\alpha)^3}{2}$$

$$= -\frac{(\beta-\alpha)^3}{6}$$

この公式を 160 ページの例題にあてはめてみると、
　　$\alpha = -1$ 、$\beta = 5$
なので、

$$-2\int_{-1}^{5} (x+1)(x-5)dx = \frac{2\{5-(-1)\}^3}{6} = 72 \quad \cdots\cdots ④$$

と、めんどうな積分計算をすることなく、かんたんに計算できます。

　ここで、②の $y = 2(x+1)(x-5)$ は $-1 \leqq x \leqq 5$ で、x 軸の下にありますから、面積計算ではマイナスがつくことに注意してください。

Column Mathema

古代エジプト人は、円の面積を正方形に置き換えた？

アルキメデスが円周率を求める際の発想は、

　　　　内接正六角形　＜　円　＜　外接正六角形

というところから始まったことは本文でも少し触れました。実は、これと似た発想で、

　　　　内接正方形　＜　円　＜　外接正方形

から「円の面積を正方形で近似」させたのが、古代エジプトの手法です。

古代エジプトの数学書『リンド・パピルス』によると、「円の面積は、円の直径の $\frac{8}{9}$ の1辺をもつ正方形の面積に等しい」と考えていたことがわかります。

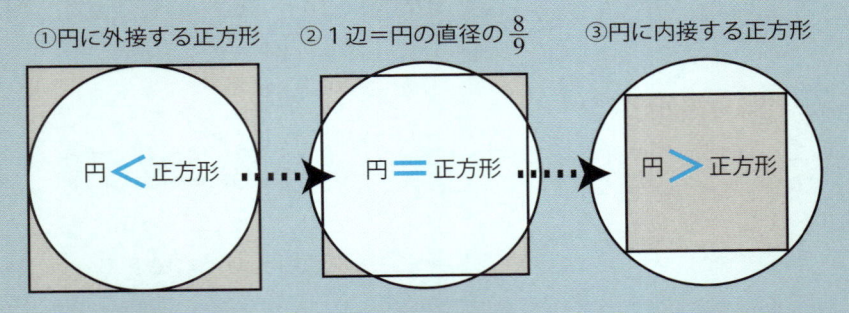

①円に外接する正方形　　②1辺＝円の直径の $\frac{8}{9}$　　③円に内接する正方形

円＜正方形　　　　　　　円＝正方形　　　　　　　円＞正方形

まず、①のように、円に外接する正方形を描いて面積を比べると、「円＜正方形」ですね。この正方形を少しずつ小さくしていき、円にスッポリ内接する正方形まで行ったのが③で、この場合には「円＞正方形」と逆転します。

ということは、正方形を小さくしていく際、必ず、「円＝正方形」となる②のような瞬間があるはずで、そのときの正方形の1辺が「円の直径の $\frac{8}{9}$」のときだ——と考えたわけです。実際、このときの円周率は3.16となりますから、実用的にはまったく問題がなかったと考えられます。

第6章

ドーナツ型から
カバリエリまで

第 6 章　　　　　　　　　　　　　　　　　　　　ドーナツ型からカバリエリまで

1　体積は薄片を集めたもの

■1ミリ幅のシリコンウエハ

　半導体の IC チップのもとになるのは図のようなシリコンインゴット（塊）です。このシリコンでできたインゴット（99.999……と 9 が 11 個並ぶ、イレブンナインの純度）をわずか 1 ミリの薄さにスライスしたのが「シリコンウエハ」です。このシリコンウエハの上に多数のチップを焼き込み、1 枚 1 枚切り落とし、メモリや MPU の電子回路が配置されていくわけです。

　ですから、この 1 枚 1 枚のウエハ状態のものを集めれば、もとのインゴットの形に戻すことが、少なくとも思考上は可能です。

　このようなものは他にも多数あります。私たちがよくスーパーで見かける

●ウエハを集めれば、インゴットに戻る……

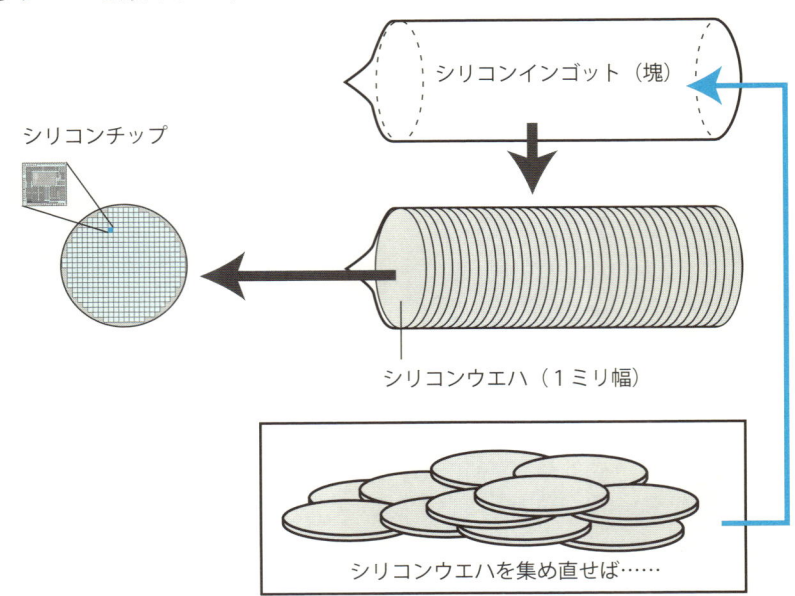

シリコンチップ
シリコンインゴット（塊）
シリコンウエハ（1 ミリ幅）
シリコンウエハを集め直せば……

チップスを集めて……　　　　　ジャガイモに戻す？

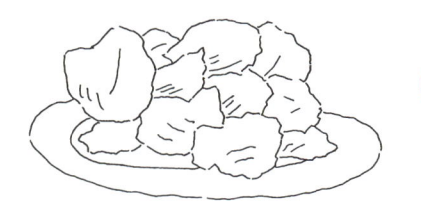

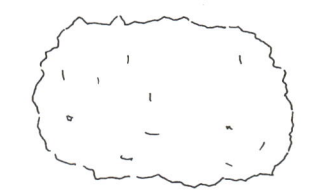

スライスチーズやスライスハムは、「よくここまで薄く切れるものだ」と感心するほど薄くスライスされています。これらも10枚集めれば、1センチ程度の厚みになりますから、シリコンウエハの薄さがよくわかるというものです。

ポテトチップスは、トヨシロ（豊白＝豊かに取れる白いジャガイモ）、ワセシロ（早生白＝北海道で一番早く収穫できるジャガイモ）などの種類のジャガイモを使い、薄く薄くスライスして油で揚げてつくります。大粒であっても空洞などが少ない種類だそうです。

ポテトチップスも、チップスを多数集めることができれば、もとのいびつなジャガイモの形に戻すことができると考えられます。

CTスキャナーも同じ原理です。本来、脳や臓器は立体物ですが、それを非常に薄くスライスした平面画像としてスキャンしていくことで、内臓のそれぞれの特定部位を子細に表示してくれます。実際、CTスキャナーの多数の画像を素早く動かしてアニメーション化すると、まるで体が次々に創造されていくような気持ちにさえなります。

■体積は薄く切った面積の集まり？

さて、これまでは「積分を使って面積を求める」ことを考えてきましたが、積分の対象は面積ばかりではありません。シリコンウエハ、ポテトチップスを考えると、「**薄い面積を多数集めれば、もとの体積が求められる**」と気づきます。

面積を求めるときには、関数 $f(x)$ を積分しました。体積を求めるには何

●ウエハの幅「h」を限りなく小さくしていくと

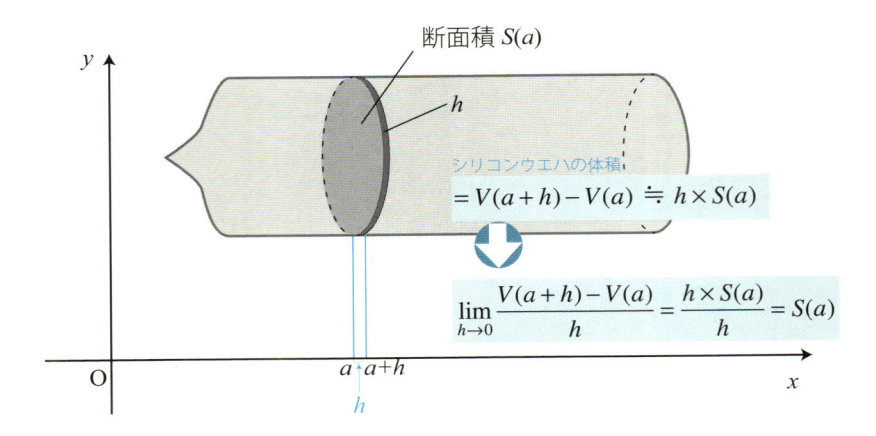

断面積 $S(a)$

シリコンウエハの体積
$= V(a+h) - V(a) ≒ h \times S(a)$

$$\lim_{h \to 0} \frac{V(a+h) - V(a)}{h} = \frac{h \times S(a)}{h} = S(a)$$

をどう積分すればいいのでしょうか。

　いま、図のようなシリコンインゴットがあるとします。このインゴットを $x = a$ で x 軸と垂直な平面で切ったとき、その断面積を $S(a)$ とします。ここで、まるでスライスハムやポテトチップスをつくるつもりで、インゴットを薄くスライスしてみましょう。薄く薄く、h の幅で切っていくと、この $x = a$ でのシリコンウエハの体積は、

$$V(a+h) - V(a) ≒ h \times S(a)$$

となります。ここでは「≒」としましたが、h をさらに小さくしていくと、

$$V(a+h) - V(a) = h \times S(a)$$

になると考えてよいでしょう。そこで、上記の式の両辺を h で割り、h を限りなく 0 に近づけていくと、次のように表わせます。

$$\lim_{h \to 0} \frac{V(a+h) - V(a)}{h} = \boxed{S(a)} \quad \Longleftarrow \quad \frac{\cancel{h} \times S(a)}{\cancel{h}} \text{ より}$$

　これは「インゴット（体積）を微分すると、ウエハ（面積）になる」という意味です。逆にいえば、

> 断面積（ウエハ）を積分すると、体積（インゴット）になる

● **ウエハの体積を積分で求める**

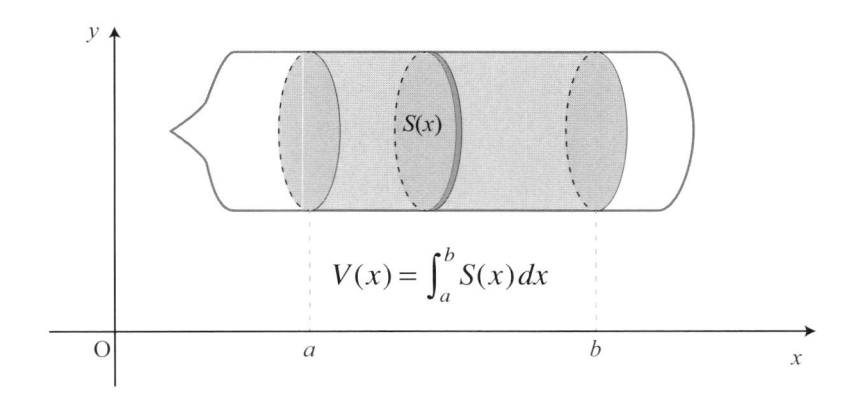

$$V(x) = \int_a^b S(x)\,dx$$

と考えられます。

　ということは、次のようなインゴット（体積）があり、その断面積が $S(x)$ のとき、$a \sim b$ までの体積を求めるには、

$$V(x) = \int_a^b S(x)\,dx$$

とすればよいでしょう。

　関数 $f(x)$ をベースに考えると、$f(x)$ を微分すると接線（傾き）になりました。今度は逆に、$f(x)$ を積分すると面積 $S(x)$ が求められ、この面積 $S(x)$ をさらに積分すると、体積 $V(x)$ が求められるのです。

Column Mathema

加速度の加速度は「加々速度」

「$f(x)$ = 速度」としたとき、$f(x)$ を微分すると加速度 $f'(x)$ が、逆に $f(x)$ を積分すると移動距離・位置（面積）が求められる、と述べてきました。

私たちの身の回りの生活を考えると、微分・積分を繰り返しても、せいぜい $f'(x) \sim V(x)$ くらいまでしか意味を持ちにくいものです。

それに対して、数学の世界での微分・積分では、いくらでも微分を、そして積分を続け、拡張していくことができます。

● 微分・積分はどこまでも続けられるが…

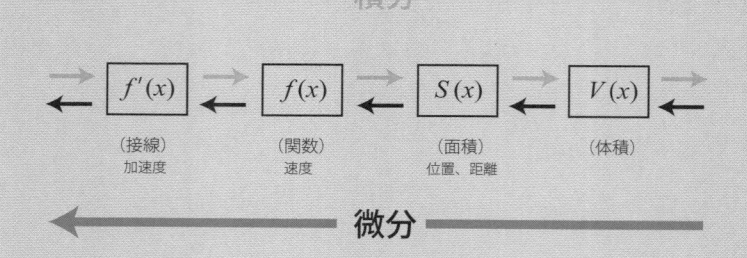

積分

$f'(x)$ → $f(x)$ → $S(x)$ → $V(x)$
（接線） （関数） （面積） （体積）
加速度 速度 位置、距離

← 微分 ―

ただ、それがどのような意味をもつものなのか、たとえば加速度 $f'(x)$ をさらに微分した $f''(x)$ とはどのような意味があるのか、体積 $V(x)$ をさらに積分したものはどのような意味をもつものか（あるいは意味がないか）。

たとえば、「加速度 $f'(x)$ をさらに微分した $f''(x)$ には、加々速度とでもネーミングしておくか……」と考えついた人は、正解です。これは「**加々速度（ジャーク）**」と呼ばれ、クルマの安全運転などに利用されているようです。

また、加速度のない（等速度）環境では、人間は乗り物酔いをしませんが、何らかの加速・減速、あるいは揺れなどにより乗り物酔いをすることがあります。これを加速度病といい、地震の揺れなどで気持ち悪くなる症状も同様だそうです。こんな思わぬところにも加速度という、微分・積分の世界が顔を出しているのです。

2 x 軸に沿った回転体をつくる

■回転体は積分の定番

「積分で体積を求める」という場合の定番が「**回転体**」です。

立体の体積を積分で求めるには、スライスした断面積 $S(x)$ の式がわかれば、あとは $S(x)$ を積分することで、この円錐の体積を求めることができたのでしたね。

◉OAH で囲まれる三角形を x 軸に沿って回転させる

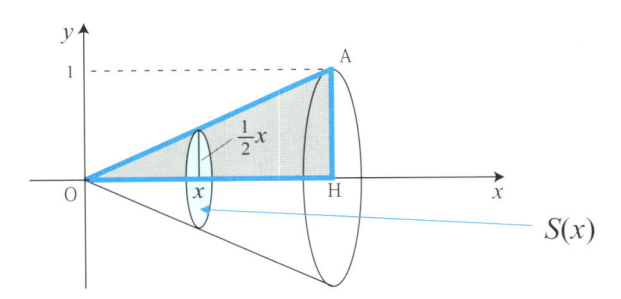

いま、図のような三角形 OAH を、x 軸に沿って回転させたとき、この線分 OA の傾きが $\frac{1}{2}$ であったとすると、その断面積 $S(x)$ は、

$$S(x) = \pi r^2 = \pi \left(\frac{x}{2} \right)^2$$

← 傾きが $\frac{1}{2}$ なので、x での半径は $\frac{x}{2}$

よって、もし区間 $0 \leqq x \leqq 2$ での円錐の体積を知りたければ、

$$\underbrace{\int_0^2 \pi \left(\frac{x}{2} \right)^2 dx}_{\text{断面積を積分}} = \underbrace{\frac{\pi}{4} \int_0^2 x^2 dx}_{\text{定数を外に出す}} = \frac{\pi}{4} \left[\frac{x^3}{3} \right]_0^2 = \frac{\pi}{4} \times \frac{8}{3} = \frac{2}{3} \pi$$

となります。

■円錐、円柱の体積

ところで、文字を次のように入れ替えて一般化してみると、底面の半径 r、高さ h の円錐となりますから、断面積 $S(x)$ は、

$$S(x) = \pi r^2 = \pi \left(\frac{r}{h}x\right)^2$$

← 傾きが $\frac{r}{h}$ なので、x での半径は $\frac{r}{h}x$

となります。

●円錐の断面積 $S(x)$ は

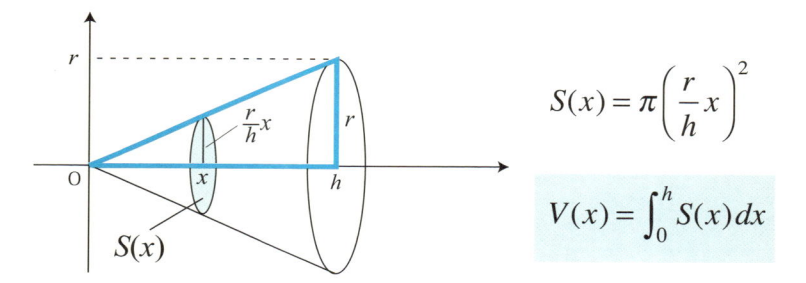

$$S(x) = \pi \left(\frac{r}{h}x\right)^2$$

$$V(x) = \int_0^h S(x)\,dx$$

よって、区間 $0 \leqq x \leqq h$ での円錐の体積は、

$$V(x) = \int_0^h \pi \left(\frac{r}{h}x\right)^2 dx = \frac{r^2 \pi}{h^2} \int_0^h x^2\,dx$$

$$= \frac{r^2 \pi}{h^2} \left[\frac{x^3}{3}\right]_0^h = \frac{r^2 \pi}{h^2} \times \frac{h^3}{3}$$

$$= \frac{\pi r^2}{3} h$$

←------ 円錐の体積

めでたく、回転体の一つである「円錐」の体積を求めることができました。このことから、「円錐の体積は、円柱の体積の $\frac{1}{3}$」という理由がわかりました。小学校の頃は、「円錐で水を汲むと、円柱に 3 杯でちょうど」と説明されて

いましたが、回転体の積分によってそのことが確かめられたのです。

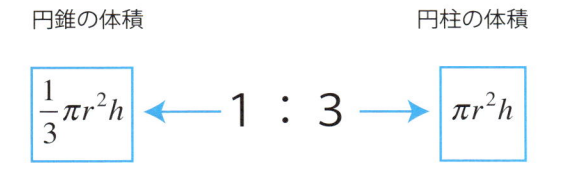

円錐の体積　　　　　　　　　　円柱の体積

$$\boxed{\frac{1}{3}\pi r^2 h} \longleftarrow 1 : 3 \longrightarrow \boxed{\pi r^2 h}$$

　円錐の体積が積分でわかったので、次に「円柱の体積」も、積分の考えを使って求めてみましょう。円柱は、次のような回転体として考えることができます。

◉長方形 OABH を x 軸に沿って回転させると「円柱」ができる

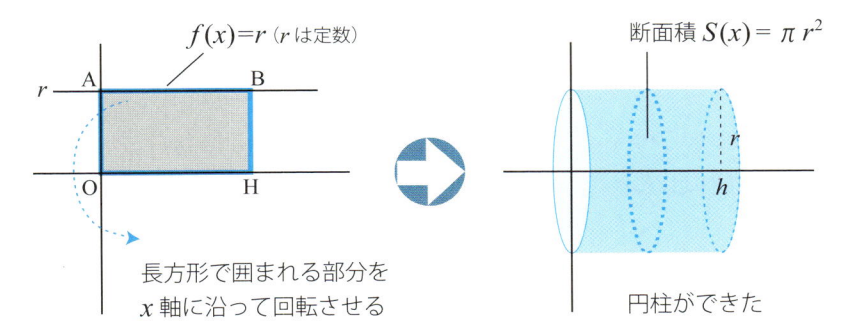

$f(x) = r$（r は定数）　　　　　　　断面積 $S(x) = \pi r^2$

長方形で囲まれる部分を
x 軸に沿って回転させる

円柱ができた

断面積 $S(x)$ はどこでも同じですから、

$$S(x) = \pi r^2$$

よって、区間 $0 \leqq x \leqq h$ で積分します。πr^2 は定数なので、あとの計算はかんたんですね。

$$V(x) = \int_0^h S(x)\,dx = \int_0^h \pi r^2\,dx = \pi r^2 \int_0^h 1\,dx = \pi r^2 h \quad 円柱の体積$$

$\pi r^2 = \pi r^2 \times 1$
と考える

$$\int_0^h 1\,dx = [x]_0^h = h$$

こうして円柱、円錐ともに体積を積分で求められましたが、どうも、ふだん見慣れている円柱、円錐の形ではありません。それはこれらが横に寝ているからでしょう。これを何とかタテに表示したいところです。どうすればいつも見ている円錐や円柱（タテ表示）にできるでしょうか。

　そうです。x 軸に沿って回転させるのではなく、y 軸に沿って回転させればうまくいくはずです。そこで次に y 軸に沿って回転させる方法を考えてみることにしましょう。

◉横倒しの立体を「タテ」にするには？

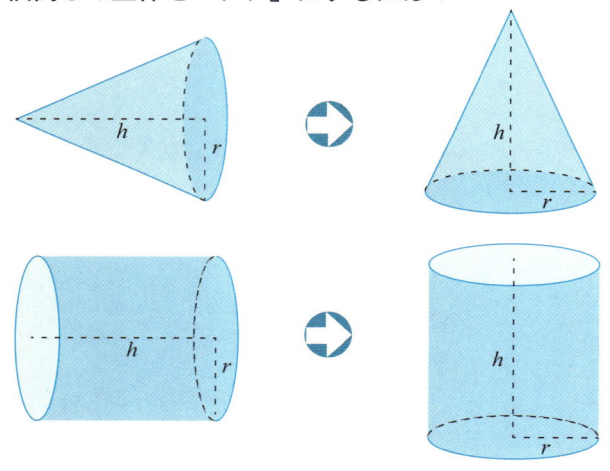

3 y軸に沿った回転体をつくる

　回転体は、x軸を中心に回転させても、y軸を中心に回転させてもつくることは可能です。もちろん、同じ関数であっても、回転させる軸によって、下のようにできる立体の形、体積は大きく異なってきます。

◉OAHで囲まれる三角形をx軸で回転させる、y軸で回転させる

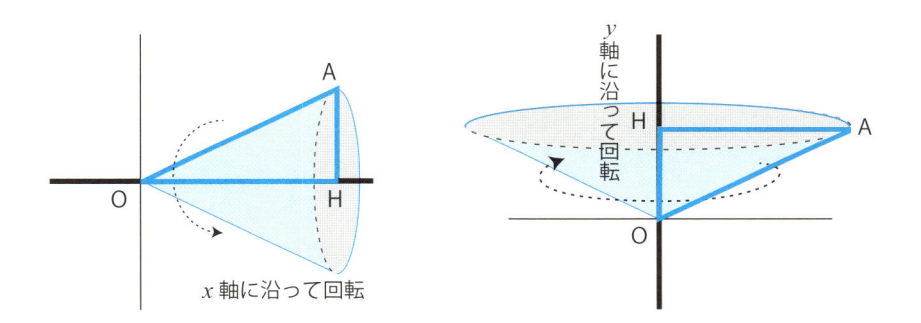

　さて、前項で述べたように、ふだん見慣れている円錐や円柱をつくるには、x軸に沿って回転させるのではなく、y軸を中心に回転させるとうまくいくだろうと考えることができます。

　回転させる軸の違いだけですから、すでに私たちは「x軸での回転体の体積の求め方」を知っているので、少し復習すれば、きっとy軸の場合にも応用が利くはずです。

　さて、ある関数$f(x)$をx軸を中心に回転させてできる回転体の体積は、断面積の関数$S(x)$を積分すれば求められました。この断面積の形は円となるので、断面積$S(x)$は常に、

$$S(x) = \pi\{f(x)\}^2 \quad \text{または、} \quad S(x) = \pi y^2$$

となります。

ですから、その回転体の体積は

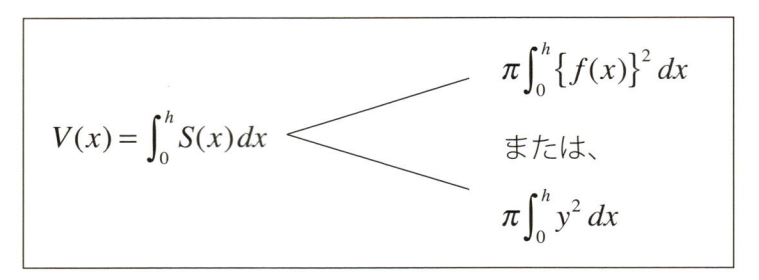

$$V(x) = \int_0^h S(x)\,dx \quad \begin{cases} \pi \int_0^h \{f(x)\}^2\,dx \\ \text{または、} \\ \pi \int_0^h y^2\,dx \end{cases}$$

となるはずです。

では、y 軸に沿って回転させる回転体の場合には、どのように考えればいいでしょうか。

◉ y 軸で回転させた回転体の体積は

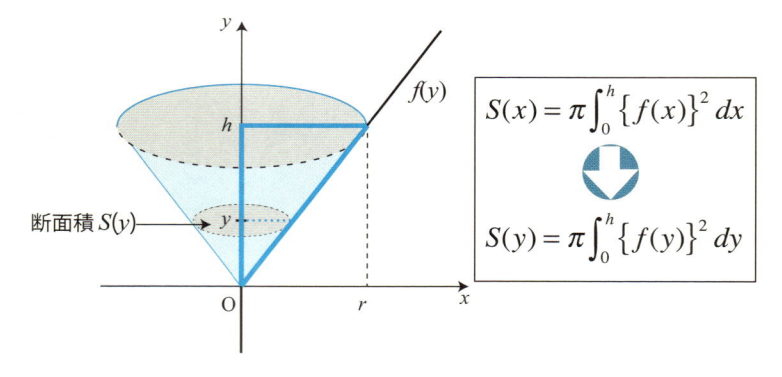

$$S(x) = \pi \int_0^h \{f(x)\}^2\,dx$$
⬇
$$S(y) = \pi \int_0^h \{f(y)\}^2\,dy$$

積分して体積を求めるには、まず断面積を関数で表わすことです。断面積は円ですから πr^2 です。これまでのように、x 軸に沿って回転させる回転体の場合には、半径が $f(x)$ に相当していたので、

$$S(x) = \pi \{f(x)\}^2$$

としていましたが、今回は y 軸に沿った回転ですので、

$$S(y) = \pi \{f(y)\}^2$$

となります。あとは、この $S(y)$ を積分します。具体的な例題で試してみましょう。

> 例題　$y = 2x$ 上の点Aから y 軸上に下ろした垂線との交点Hとで囲まれる直角三角形OAHを、y 軸を中心に回転させたとき、この回転体の $0 \leqq y \leqq 3$ の体積を求めてください。

グラフを描いてから考えることにしましょう。下のように $f(x) = 2x$ を考えますが、今回は y 軸を中心に回転させることが、いつもと違います。

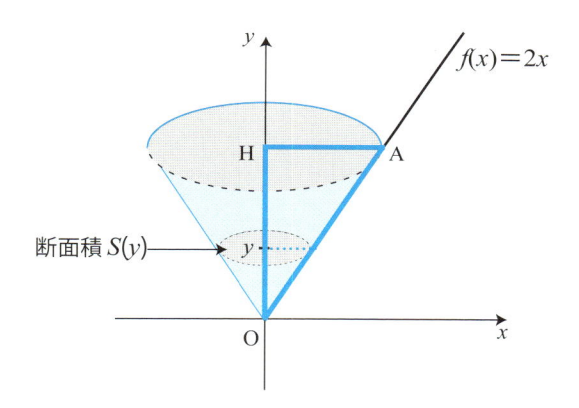

ようやく、ヨコに寝ていない円錐の形にたどり着けそうです。

最初にやるのは、「$y = 2x$」という表記になっているのを、「$x = \cdots\cdots$」の形に直すことです。

$$y= \text{を} x= \text{に修正} \quad y = 2x \quad \longrightarrow \quad x = \frac{y}{2}$$

よって、断面積 $S(y)$ は、

$$S(y) = \pi r^2 = \pi \{f(y)\}^2 = \pi \left\{\frac{y}{2}\right\}^2$$

となりました。

求める体積 $V(y)$ は、範囲が $0 \leqq y \leqq 3$ なので、

$$V(y) = \int_0^3 S(y)dy \quad \longleftarrow \quad \underline{S(x)dx} \text{ は } \times$$

$$= \pi \int_0^h \left\{\frac{y}{2}\right\}^2 dy \quad \longleftarrow \quad S(y) = \pi r^2 = \pi\{f(y)\}^2 = \pi\left\{\frac{y}{2}\right\}^2$$
なので

$$= \frac{\pi}{4}\left[\frac{y^3}{3}\right]_0^3 = \frac{9}{4}\pi$$

と求めることができました。これで y 軸を中心に回転させる回転体についても、つくることができそうです。

　基本は「$y = ax$」とあれば、これを「$x = \cdots\cdots$」の形に直してから y 軸で回転させる、ということです。

4 ドーナツ型の体積を測る

■円を回転させてドーナツ型をつくる

　数学には、**トポロジー**（位相幾何学）という分野があります。従来の幾何学では、三角形、四角形などの区別を主に「角や辺の数」によって行なってきました。しかし、トポロジーでは「穴が空いているか、空いていないか」といった違いのほうをより本質的な違いと考えています。

　たしかに粘土遊びを考えると、球を立方体に変形するのは可能ですし、コーヒーカップ（取っ手がついた）には穴が一つあるのでドーナツ型にすることも可能です（むずかしいですが）。

　しかし、球には穴がなく、ドーナツには穴が一つあるので、このルールの中ではどう頑張っても「球→ドーナツ」に変形することはできません。また、

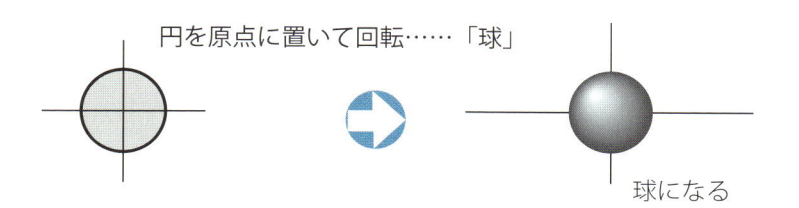

円を原点に置いて回転……「球」

球になる

円を原点以外に置いて回転……「ドーナツ型」

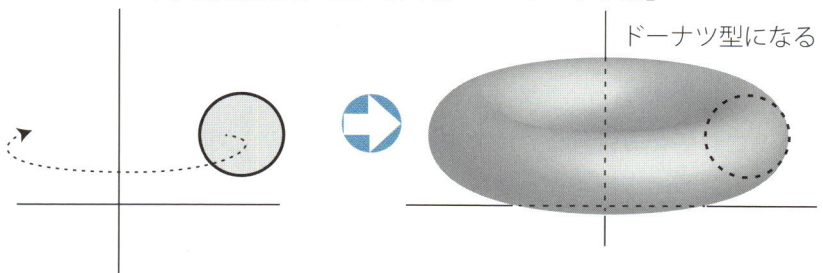

ドーナツ型になる

穴が一つしかないドーナツをプレッツェル（穴が3つあいたお菓子）に変形することもできません。

このように、トポロジーの世界では球とドーナツとは似ても似つかぬものですが、積分では前ページの図のように、円を原点に置くか、原点以外の場所に置くかで、それを回転させると、球にもドーナツにもなります。ルールや視点を変えると、同じ物でも取扱いが大きく違ってくるのです。

■2つの回転体の引き算で

さて、このドーナツ型。体積を求めるには、どうしたらよいでしょうか。体積を考える、という意味では雲をつかむような形をしています。積分の回転体を使って考えてみましょう。

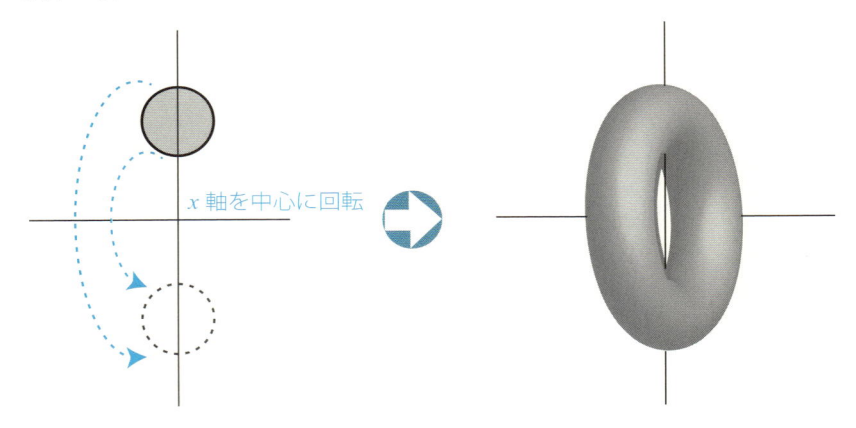

x軸を中心に回転

ドーナツ型のイメージは上図のようなものですが、回転体として積分で考える場合には、次ページのような2つの図形に分けて考える必要があります。

このように、ドーナツ型は外側部分（図の上の部分）、内側部分（下の部分）で分けて考えることがポイントです。

まず、この円の方程式は、円の中心が$(0, a)$、半径はrとなりますので、$x^2+(y-a)^2 = r^2$です。よって、

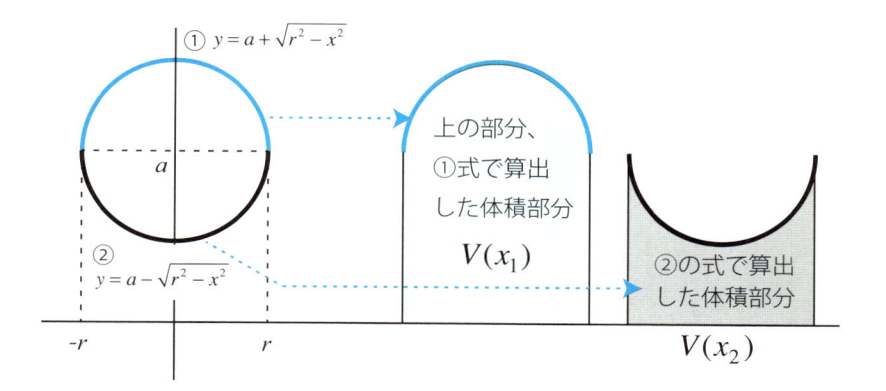

$$y = a + \sqrt{r^2 - x^2} \quad \cdots\cdots ①$$

$$y = a - \sqrt{r^2 - x^2} \quad \cdots\cdots ②$$

①式が x 軸に沿って回転する体積 $V(x_1)$ は、

$$V(x_1) = \pi \int_{-r}^{r} \left(a + \sqrt{r^2 - x^2}\right)^2 dx$$

②式が x 軸に沿って回転する体積 $V(x_2)$ は、

$$V(x_2) = \pi \int_{-r}^{r} \left(a - \sqrt{r^2 - x^2}\right)^2 dx$$

そして、ドーナツ型は $V(x_1) - V(x_2)$ なので、

$$\begin{aligned}
V(x) &= V(x_1) - V(x_2) \\
&= \pi \int_{-r}^{r} \left(a + \sqrt{r^2 - x^2}\right)^2 dx - \pi \int_{-r}^{r} \left(a - \sqrt{r^2 - x^2}\right)^2 dx \\
&= 4\pi a \int_{-r}^{r} \sqrt{r^2 - x^2}\, dx \\
&= 8\pi a \int_{0}^{r} \sqrt{r^2 - x^2}\, dx \\
&= 8\pi a \frac{\pi}{4} r^2 \\
&= 2\pi^2 r^2 a
\end{aligned}$$

こうしてドーナツ型の体積 $2\pi^2 r^2 a$ を求めることができました。

■発想を変えてドーナツ型の体積を考える

ここで、「積分的な発想」で、ドーナツの体積をもっとかんたんに求めてみましょう。「積分的な発想」とは、小さな正方形で町の面積に接近した方法です。細かく細かく切って、切り刻んで……。

まず、前ページのドーナツを4等分し、さらに半分ずつ（つまり8等分）に切り、さらに16等分、32等分、64等分……していくと、次ページのような円柱に近づいていくと考えられます。ですから、ドーナツは円柱の体積に早変わりしました。

この円柱の底面積は、半径＝ r なので、

πr^2 ……　①

ですが、高さ（長さ）はどうなるでしょうか。ドーナツの（外側の長さ＋内側の長さ）を2で割ったものです。

外側の長さ＝ $2(a+r)\pi$

内側の長さ＝ $2(a-r)\pi$

よって、

高さ＝ $\dfrac{2(a+r)\pi + 2(a-r)\pi}{2} = \dfrac{4a\pi}{2} = 2a\pi$ ……　②

こうして、ドーナツの体積（＝円柱の体積）は、

①×②＝ $\pi r^2 \times 2a\pi = 2a\pi^2 r^2$ ……………………　③

と求められました。

③の結果は、驚きですね。先ほど、一生懸命に積分で計算した答と、積分的な発想でかんたんな掛け算・割り算だけで出した③の結果とがまったく同じ。微分・積分を学んでいると、「発想を変えてごらん。むずかしいことを難解のまま解くのではなく、やさしくできる方法が見つかるんだよ」と教えてくれているように感じます。

なお、この方法は**パップス・ギュルダンの定理**と呼ばれるもので、非常にかんたんに面積・体積を求められます。次項で紹介しておきましょう。

● ドーナツをどんどん切っていくと……

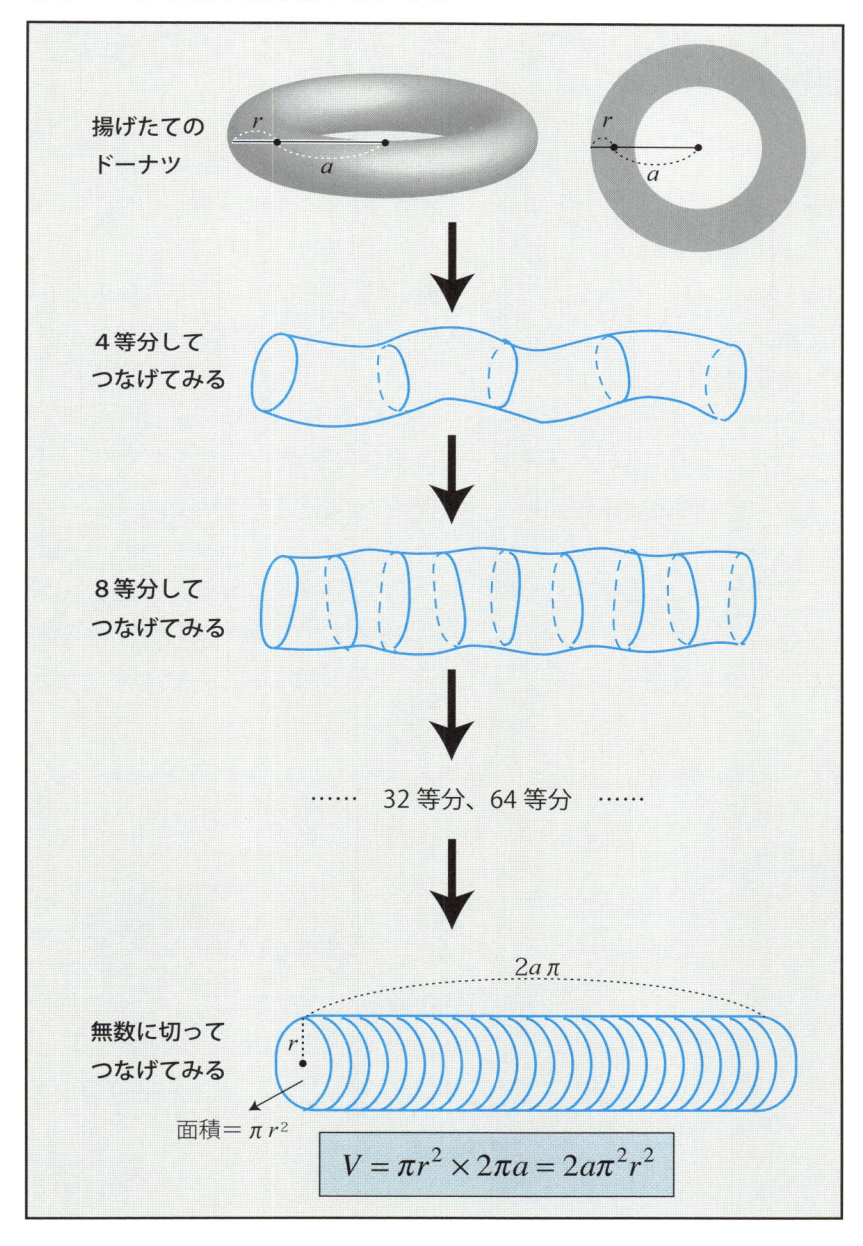

揚げたての
ドーナツ

4等分して
つなげてみる

8等分して
つなげてみる

…… 32等分、64等分 ……

無数に切って
つなげてみる

面積＝ πr^2

$$V = \pi r^2 \times 2\pi a = 2a\pi^2 r^2$$

5 パップス・ギュルダンの定理

　前項では、円を回転させて積分で求めたドーナツ型の体積が、なんと小学生レベルの計算だけでかんたんに求められることを紹介しました。

　実は、最後のドーナツ型の場合、「回転する面積」と「重心（前項のドーナツでは a）の移動距離」を掛けているわけですが、これを**パップス・ギュルダンの定理**と呼んでいます。

パップス・ギュルダンの定理

回転体の体積＝回転させる面積 × 重心の移動距離

　ここではとくに定理の証明や回転体の細かな説明はしませんが、どれほどかんたんに体積を求められるかは、次の事例を見ればその威力を実感できることと思います。

①ドーナツ型の体積

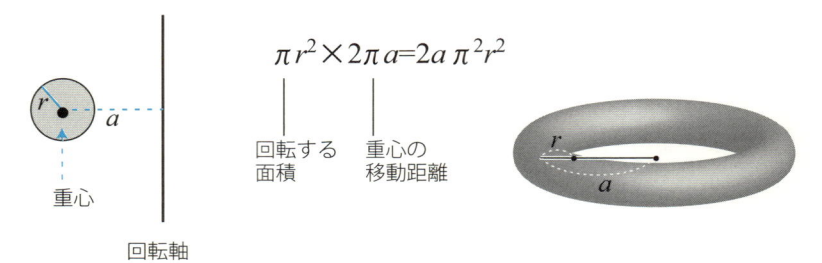

$$\pi r^2 \times 2\pi a = 2a\pi^2 r^2$$

（回転する面積）　（重心の移動距離）

　前ページのドーナツ型と比べてみると、当然ながら、同じ値になっています。「重心」の位置がどこで、回転軸～重心までの距離 (a) ——を確認することが大事です。

②円柱の体積

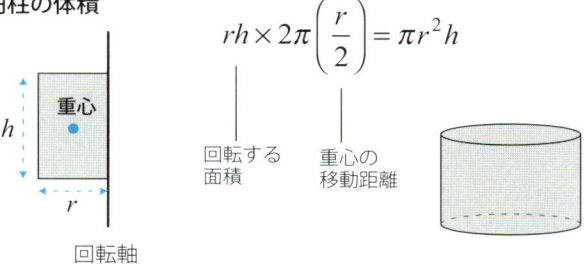

$$rh \times 2\pi \left(\frac{r}{2}\right) = \pi r^2 h$$

回転する面積 ／ 重心の移動距離

重心は長方形の真ん中にありますから、回転軸〜重心の距離は $\frac{r}{2}$ です。

③円錐の体積

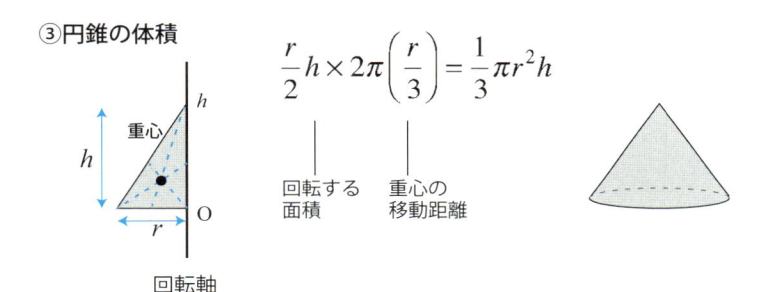

$$\frac{r}{2}h \times 2\pi \left(\frac{r}{3}\right) = \frac{1}{3}\pi r^2 h$$

回転する面積 ／ 重心の移動距離

三角形の重心は頂点座標の平均となり、座標は $(0,0), (0,h), (r,0)$ だから、重心は $\left(\frac{0+0+r}{3}, \frac{0+h+0}{3}\right) = \left(\frac{r}{3}, \frac{h}{3}\right)$。回転軸からの距離は $\frac{r}{3}$ です。

④バームクーヘン型の体積

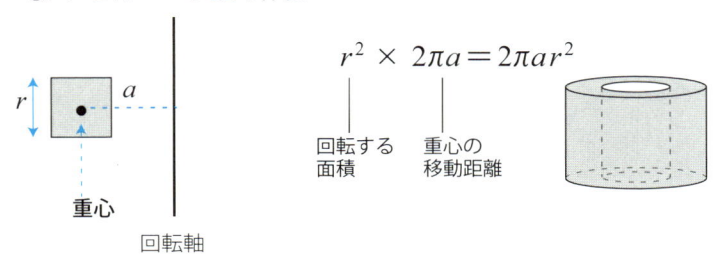

$$r^2 \times 2\pi a = 2\pi a r^2$$

回転する面積 ／ 重心の移動距離

正方形または長方形を回転させると、中空のバームクーヘン型になります。パップス・ギュルダンの定理を使えばかんたんです。

第 6 章

ドーナツ型からカバリエリまで

6 地球の体積を考える

■まず、断面積を求めることから

x 軸で回転させても、y 軸で回転させても、積分で体積を求められるようになりました。積分の考え方を使うと、「めんどうなことをかんたん化してくれる」ツールとして使えますし、もちろん、計算ツールとしても力を発揮してくれます。

とりあえず、最初は「計算ツール」としての威力を見てみましょう。

> 例題　半径 r の球の体積を求めましょう。また、地球の半径を 6400km としたときの地球の体積を求めてください。

「球の体積の公式は $\frac{4}{3}\pi r^3$」というのは覚えていると思いますが、この公式を積分を使って求めようというものです。どこから手をつければいいのか、その糸口がつかむためにも、まずは下のようにラフなデッサンでいいですから、絵を描いてみてください。

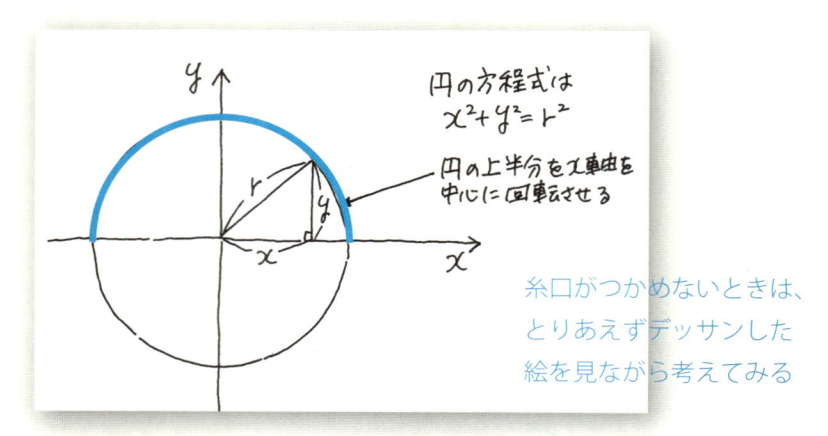

円の方程式は
$x^2 + y^2 = r^2$

円の上半分を x 軸を中心に回転させる

糸口がつかめないときは、とりあえずデッサンした絵を見ながら考えてみる

円の方程式は半径が r のとき、$x^2+y^2 = r^2$ でした。円の中心を原点ではなく、$(3,0)$ にズラせば当然、$(x-3)^2+y^2 = r^2$ となります。

もちろん、この円は原点に置いておいたほうが考えやすいので、図のように原点に置いて、$x^2+y^2 = r^2$ で考えます。x 軸で回転させると考え、「$y = $ ……」の形に変形してみましょう。

$$y^2 = r^2 - x^2 \quad より、\quad y = \pm\sqrt{r^2 - x^2}$$

ここで絵をよく見てみると、上か下のどちらかの曲線を回転させればいいだけなので、上半分の $y = \sqrt{r^2 - x^2}$ を使います。

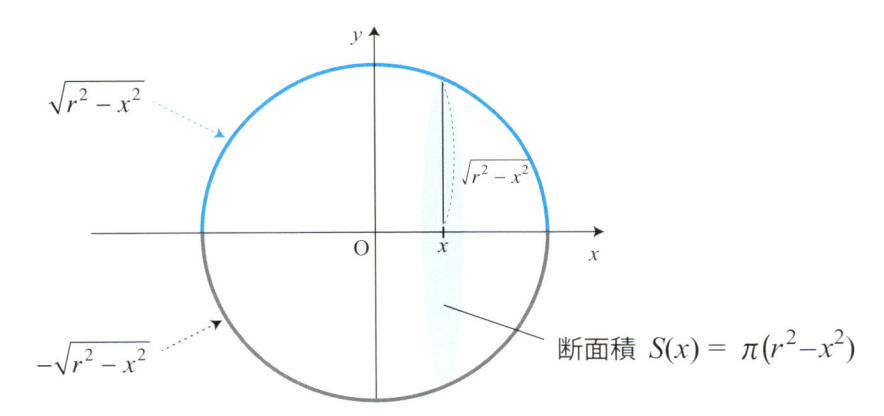

回転体の体積は、断面積を積分すればよかったのでした。ここで断面積の半径は、$\sqrt{r^2-x^2}$ となりますので、球の体積 V は、

$$V = \pi \int_{-r}^{r} \left(\sqrt{r^2-x^2}\right)^2 dx = \pi \int_{-r}^{r} \left(r^2-x^2\right) dx$$

$$= \pi \left[r^2 x - \frac{x^3}{3}\right]_{-r}^{r} = \pi \left\{\left(r^3 - \frac{r^3}{3}\right) - \left(-r^3 + \frac{r^3}{3}\right)\right\}$$

$$= \frac{4}{3}\pi r^3$$

こうして、球の体積 $= \dfrac{4}{3}\pi r^3$ が証明できました。

さて、地球の半径として、$r = 6400\text{km}$ を代入すると、

$$\frac{4}{3}\pi r^3 = \frac{4}{3}\pi \times 6400^3 \fallingdotseq 1.08 \times 10^{12} \text{ (km}^3\text{)}$$

実際には、$1.083207 \times 10^{12} \text{km}^3$ ですので、近い数値といえます。

■積分を使わずに、積分発想だけで考える

これで地球の体積もわかりましたが、今度は「積分的な考え方」だけで「地球の表面積」を導いてみましょう。正方形で面積に接近したように、小さく小さく刻んで、地球の表面積に接近してみます。

図のように、地球をスイカのように切り、さらに小さく小さく切っていくと（地球の中心を頂点として切る）、多数の円錐（角錐）となります。小さくすればするほど、円錐の高さは地球の半径（6400km）に近づきます。地球の体積は、円錐の体積の総和ですから、

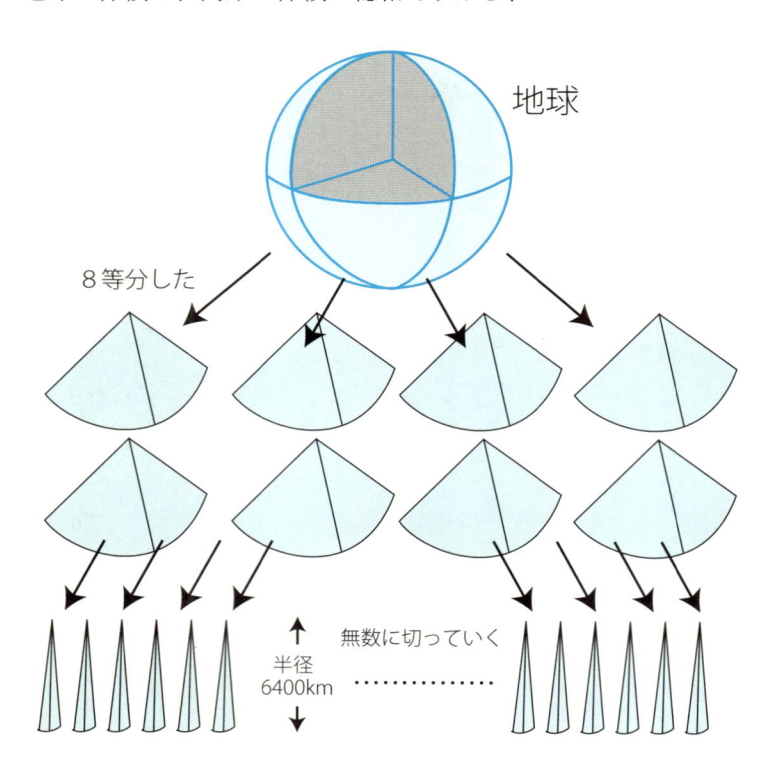

$$\text{地球の体積} = \text{円錐の体積の総和} = \frac{\text{底面積} \times \text{高さ}}{3}$$

$$= \frac{\text{円錐の底面積の総和} \times \text{地球半径}}{3}$$

ここで、右辺の分子にある「円錐の底面積の総和」が地球の表面積で、すでに「地球の体積 = $1.08 \times 10^{12} \text{km}^3$」、「地球の半径（高さ）= 6400km」とわかっていますので、

$$\text{地球の表面積}_{（円錐の表面積の総和）} = \frac{\text{地球の体積} \times 3}{\text{高さ}}$$

$$= \frac{1.08 \times 10^{12} (\text{km}^3) \times 3}{6400 (\text{km})} ≒ 5.06 \times 10^8 (\text{km}^2)$$

実際には、$5.100656 \times 10^8 \text{km}^2$ で、誤差は 0.8% 程度です。

以上、積分の考えを使うと、分数計算だけで地球の表面積を求めることができました。なお、すでに地球の体積が出ていますので、

面積の積分　→　体積

の逆で、体積を微分するだけで表面積が出てくることがわかります。

$$\left(\frac{4}{3}\pi r^3\right)' = 4\pi r^2$$

球の体積を微分すると表面積になる

よって、地球の表面積は、

$4\pi r^2 = 4\pi (6400)^2 = 5.1445 \times 10^8 (\text{km}^2)$

となります。

なお、半径 = 6400km はかなりの概数なので、赤道半径と極半径を 2 で割った 6367km で計算し直すと、$5.09 \times 10^8 \text{km}^2$ となり、少し誤差も減らすことができました。

第 6 章　ドーナツ型からカバリエリまで

7 カバリエリの原理は万能の積分ツール

■面積、体積に役立つカバリエリの原理

　積分の世界には、とても便利なツールがあります。それが「**カバリエリの原理**」。イタリアの数学者で、ガリレオとも親交のあったカバリエリ（1598〜1647）の考えだしたものです。

　面積でも、体積でも同様に利用できます。次ページの図①を少しズラしたのが②で、それぞれの面積はズラしたからといって変わりません。もともと同じものですから当然ですが、ここでカバリエリが考えたのが、「一定の間隔で線を引いたときに、2つの図形でそれぞれ対応する線の長さが同じ」ということ。つまり、

> **カバリエリの原理──面積**
> 2つの図形（ここでは①と②）があり、一定の間隔で線を引いたとき、対応する線の長さ（ここでは a, b, c, d ……）が等しければ、2つの図形の面積は等しい。

というのがカバリエリの原理です。

　③と④は、「もとが同じ図形」で、それを多少変形したものです。これは「①→②」の変形と同じで、わかりやすいと思います。とくに④は三角形なので、底辺と高さが同じ段階で「面積が等しい」といえます。⑤のような図形の場合にも、カバリエリの原理は成り立ちます。

　体積にも、カバリエリの原理は成り立ちます。193ページの❶と❷のコインでわかるように、コインを10枚並べたもの（❶）をズラしたのが❷です。
　ここで、それぞれ対応する断面積（100ベレという単位の書かれている面積）が等しければ、全体の体積は等しくなります。

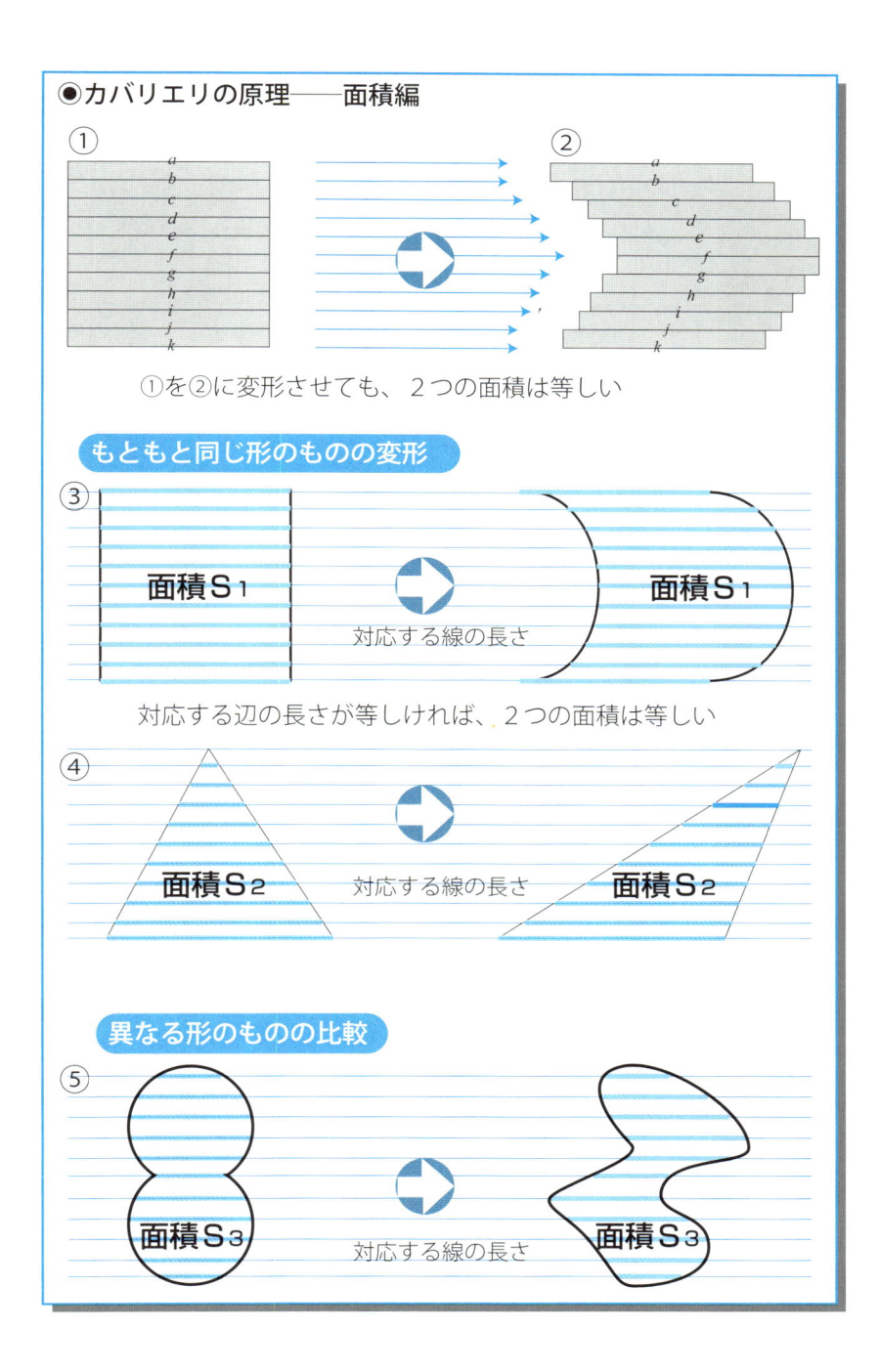

●カバリエリの原理──面積編

① ②

①を②に変形させても、2つの面積は等しい

もともと同じ形のものの変形

③ 面積S_1 対応する線の長さ 面積S_1

対応する辺の長さが等しければ、2つの面積は等しい

④ 面積S_2 対応する線の長さ 面積S_2

異なる形のものの比較

⑤ 面積S_3 対応する線の長さ 面積S_3

そこで、体積でのカバリエリの原理をまとめてみると、

> **カバリエリの原理――体積**
> 2つの立体（ここでは❶と❷）があり、一定の間隔で平行な面で次々に切断したとき、それぞれの平面で同じ面積であれば、2つの体積は等しい。

のようになります。次の❸の円柱（V_1）の例はわかりやすいと思いますが、円錐と角錐（V_2）の例のように立体の形が違っても、一定の間隔で次々に切断したときの断面積が等しければ、2つの体積は等しいというのがカバリエリの原理なのです。

■長さが2倍のとき、面積は？

実は、カバリエリの原理のおもしろいところは、長さの比が n 倍の場合、面積も n 倍になるという点です。これを利用すると、楕円の面積のような複雑そうな面積も、円の面積から求めることができます。

円の面積は πr^2 です。下図のように、円と楕円とでは、比率が異なるだけですから、比率が $\dfrac{b}{a}$ 倍なら、面積も $\dfrac{b}{a}$ 倍。よって、

$$\pi a^2 \times \frac{b}{a} = \pi ab$$

こうして、右下の楕円の面積が πab とわかりました。

◉円との比率から「カバリエリの原理」で楕円の面積を求める

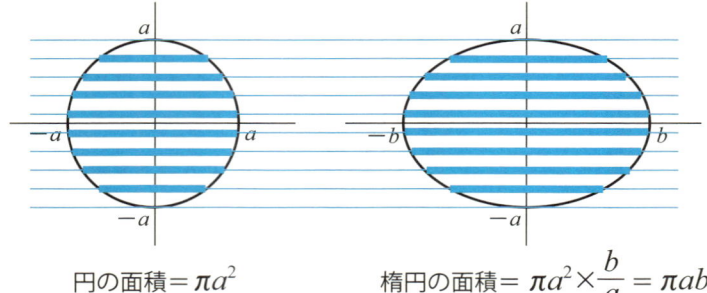

円の面積＝πa^2　　　楕円の面積＝$\pi a^2 \times \dfrac{b}{a} = \pi ab$

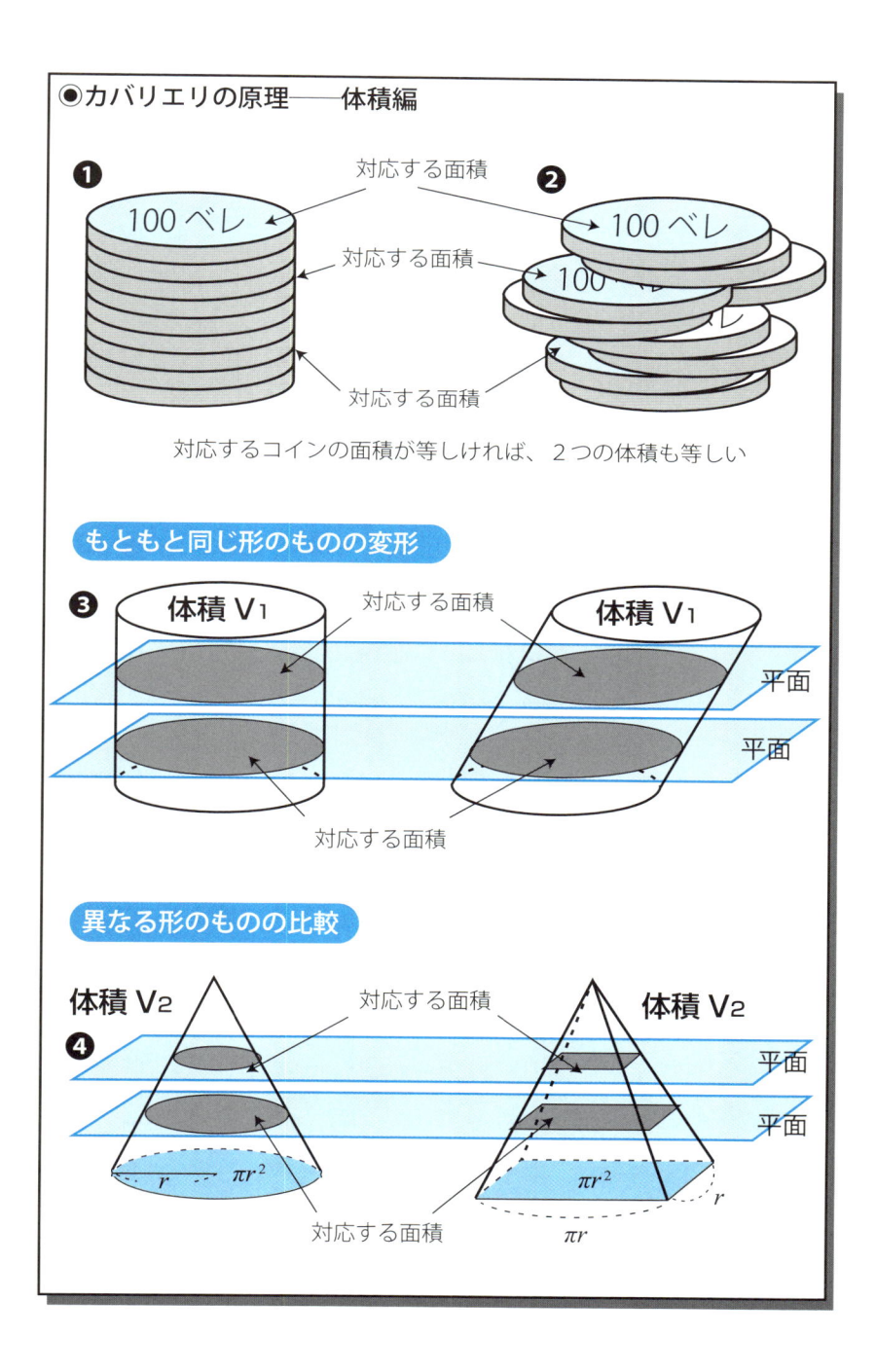

●カバリエリの原理——体積編

❶ ❷

対応する面積
100 ベレ
対応する面積
100 ベレ
100 ベレ
対応する面積

対応するコインの面積が等しければ、2つの体積も等しい

もともと同じ形のものの変形

❸ 体積 V_1　　対応する面積　　体積 V_1

平面

平面

対応する面積

異なる形のものの比較

❹ 体積 V_2　　対応する面積　　体積 V_2

平面

平面

r　πr^2　　πr^2　r

対応する面積　　πr

第6章 ドーナツ型からカバリエリまで

第6章 ■ ドーナツ型からカバリエリまで

8 カバリエリの原理で球の体積を求める

　アルキメデス（BC287～BC212）が円に内接する正六角形、外接する正六角形を描き、それを「正12角形→正24角形→正48角形→正96角形」へと進めることで、

$$3+\frac{10}{71} < \pi < 3+\frac{1}{7}$$

まで求めたことは、すでに述べたとおりです（小数に直すと、3.14）。

■アルキメデスお気に入りの「球：円柱」の比

　ところで、このアルキメデスは、「球と円柱の比＝2：3」を気に入っていたことでも知られ、そのお墓にも図の①のようなデザインが施されていた、というエピソードも残っています。

　②は同じ円柱の中に2つの円錐をくり抜いた、いわば上下がすり鉢状の物体です。アルキメデスは、この①の球体と、②のすり鉢状の物体とは「体

●アルキメデスの「球：円柱」＝2：3の考え

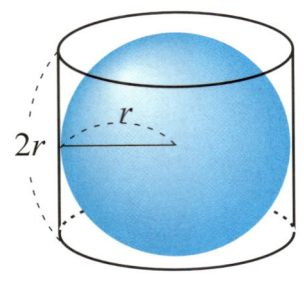

①アルキメデスの
　円柱に内接する球

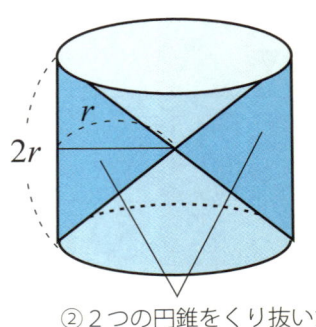

②2つの円錐をくり抜いた、
　上下がすり鉢状の物体

積が同じ」と考えていました。そこでこれらの材料を使い、さらにカバリエリの原理も活用しながら、「球の体積」に再度、挑戦してみましょう。

ただ、②をそのまま使うより、上半分だけを使うほうが明らかにシンプル（かんたん）なので、①と②を下図のように変更してみます。

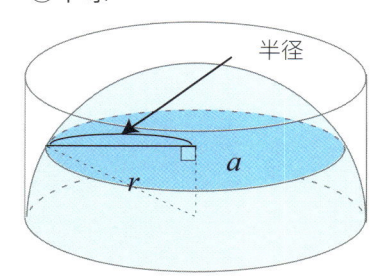

③半球　　　　　　　　　　　④円錐をくり抜いた上半分

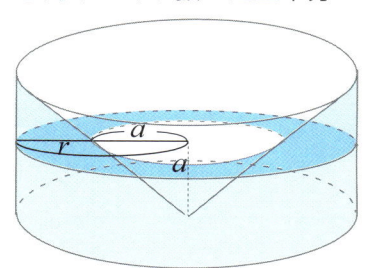

カバリエリの原理で、③と④の体積が等しいことを示すには、それぞれの断面積が等しいことをいう必要がありますね。③、④の底面から a の距離で切断すると、③の球の切断面の半径は、

球の切断面の半径 $= \sqrt{r^2 - a^2}$ 　　（なぜなら、$a^2 +$ 半径 $^2 = r^2$）

よって、球の切断面の面積 $S(a)$ は、

$$S(a) = \pi \left(\sqrt{r^2 - a^2} \right)^2 = \pi \left(r^2 - a^2 \right) \quad \cdots\cdots \quad (1)$$

次に④の切断面はドーナツ型なので、（大円の面積－小円の面積）となり、この切断面の面積を $S(b)$ とすると、

$$S(b) = \pi r^2 - \pi a^2 = \pi \left(r^2 - a^2 \right) \quad \cdots\cdots \quad (2)$$

(1) ＝ (2) なので、カバリエリの原理より、2つの体積は等しいといえます。もし、カバリエリの原理を知らなかったら、かなり手間がかかりそうです。

ここで、(2) は「円柱から円錐をくり抜いたもの」でしたが、体積でいうと、「円柱：円錐 = 3：1」でしたので、

半球の体積 ＝ 　　円柱　　 － 　　円錐　 ＝ $\frac{2}{3}$ × 　　円柱

となります。よって、④の「円錐をくり抜いた立体」の体積 $V(b)$ は、

$$V(b) = \frac{2}{3}\left(\pi r^2\right)r = \frac{2}{3}\pi r^3$$

③の「球の体積」も同じとなります。なお、これは上半分の体積にすぎないので、本当の球の体積はこれを 2 倍して、

$$球の体積 ＝ \left(\frac{2}{3}\pi r^3\right) \times 2 = \frac{4}{3}\pi r^3$$

カバリエリの原理のおかげで、「球の体積の公式」をかんたんに、しかも幾何的なイメージを伴いながら理解することができました。

第7章

微積に自信！
4つの計算法則

第 7 章

1 「積の微分」という方法

■使い勝手のいい「積の微分」

微分の計算法則の中でも、掛け算の形の微分（**積の微分**＝掛け算微分）は非常に便利な計算法としてよく使われます。以前、第1章で$\sqrt{x}$の微分の方法の一つとして、

$$x' = \left(\sqrt{x}\sqrt{x}\right)'$$

という形式の「積の微分」による解法を紹介したことがあります。

積の微分とは、次の方法のことです。

$$\{f(x)\cdot g(x)\}' \quad \rightarrow \quad f'(x)\,g(x) + f(x)\,g'(x)$$

この方法の証明はΔxを用いた式の分配法則でもできますが、ここでは一般的な証明をしておきます。以下の通りです。

$$\begin{aligned}
&\{f(x)\cdot g(x)\}' \\
&= \lim_{h\to 0}\frac{f(x+h)g(x+h) - f(x)g(x)}{h} \\
&= \lim_{h\to 0}\frac{f(x+h)g(x+h) - f(x)g(x+h) + f(x)g(x+h) - f(x)g(x)}{h} \\
&= \lim_{h\to 0}\frac{f(x+h)g(x+h) - f(x)g(x+h)}{h} \\
&\quad + \lim_{h\to 0}\frac{f(x)g(x+h) - f(x)g(x)}{h} \\
&= \lim_{h\to 0}\frac{f(x+h) - f(x)}{h}g(x+h) + \lim_{h\to 0}\frac{g(x+h) - g(x)}{h}f(x) \\
&= f'(x)g(x) + f(x)g'(x)
\end{aligned}$$

積の微分

$$\{f(x) \cdot g(x)\}' \quad \rightarrow \quad f'(x) \cdot g(x) + f(x) \cdot g'(x)$$

$$略して\ (f \cdot g)' \quad \rightarrow \quad f' \cdot g + f \cdot g'$$

証明はともかく、便利な方法は覚えたらすぐに使って試してみることです。

応用として、次のようなことも考えることができます。まず、$f(x)^2$ を「積の微分」を使って微分してみます。

$$\left[\{f(x)^2\}\right]' = \underbrace{f'(x)f(x) + f(x)f'(x)}_{\text{同じものが2つ}}$$

$$= 2f'(x)f(x)$$

同様に、$f(x)^3$ も「積の微分」を使ってみると、

$$\left[\{f(x)^3\}\right]' = \underbrace{f'(x)f(x)f(x) + f(x)f'(x)f(x) + f(x)f(x)f'(x)}_{\text{同じものが3つ}}$$

$$= 3f'(x)\{f(x)\}^2$$

こうして一般式 $f(x)^n$ は次のように表わすことができます。

$$\left[\{f(x)\}^n\right]' = nf'(x)\{f(x)\}^{n-1}$$

■「商の微分」とは

$\left(\dfrac{g}{f}\right)' = \dfrac{fg' - f'g}{f^2}$ という「**商の微分**」を紹介しておきます。

まず、$\left(f \times \dfrac{g}{f}\right)' = g'$ を考えます。

左辺 $= f' \times \left(\dfrac{g}{f}\right) + f \times \left(\dfrac{g}{f}\right)'$ なので、 $f' \times \left(\dfrac{g}{f}\right) + f \times \left(\dfrac{g}{f}\right)' = g'$

左辺の第1項を移項して、 $f \times \left(\dfrac{g}{f}\right)' = g' - f' \times \left(\dfrac{g}{f}\right) = \dfrac{fg' - f'g}{f}$

よって、 $\left(\dfrac{g}{f}\right)' = \dfrac{fg' - f'g}{f^2}$ が「商の微分」です。

では、2問ほど、積の微分の問題にチャレンジしてみてください。

例題1 次の関数を微分してください。
$$y = e^x \sin x$$

掛け算の形なので、「積の微分」$(f \cdot g)' = f'(x)\,g(x) + f(x)\,g'(x)$ を使います。

$$\begin{aligned}
y' &= (e^x)' \sin x + e^x (\sin x)' \\
   &= e^x \sin x + e^x \cos x \\
   &= e^x (\sin x + \cos x)
\end{aligned}$$

例題2 次の関数を微分してください。
$$y = \sin^2 x$$

$\sin^2 x = \sin x \cdot \sin x$ と考えれば、「積の微分」が使えます。

$$\begin{aligned}
y' &= (\sin^2 x)' = (\sin x \cdot \sin x)' \\
   &= (\sin x)' \sin x + \sin x (\sin x)' \\
   &= \cos x \sin x + \sin x \cos x \\
   &= 2 \sin x \cos x
\end{aligned}$$

2 「合成関数の微分」という方法

$f(x)=x^3+3x^2-7x+2$ という多項式を微分するには、各項を順々に微分していけばいいので、

$$f'(x)=3x^2+6x-7$$

とすればよいのでした。では、次の式の微分はどうでしょうか。

$$f(x)=(2x+3)^5$$

結論からいえば、根気よく展開さえすれば、「多項式の微分」で解くことができます。ただ、展開が大変です。実際には、**二項定理**の知識とパスカルの三角形を使えば、係数は次のようにして求められます。

●二項定理で「5乗」の係数はわかるけれども……

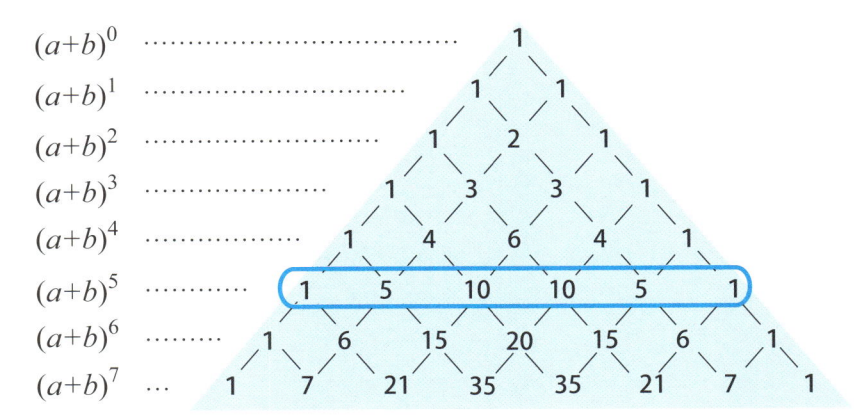

$(a+b)^0$ ……………………………… 1
$(a+b)^1$ …………………………… 1　1
$(a+b)^2$ ………………………… 1　2　1
$(a+b)^3$ ……………………… 1　3　3　1
$(a+b)^4$ …………………… 1　4　6　4　1
$(a+b)^5$ ………………… 1　5　10　10　5　1
$(a+b)^6$ ……………… 1　6　15　20　15　6　1
$(a+b)^7$ …… 1　7　21　35　35　21　7　1

つまり、各項の係数は「1, 5, 10, 10, 5, 1」となり、

$$(2x+3)^5=32x^5+240x^4+720x^3+1080x^2+810x+243$$

です。これを微分すると、

$$\{(2x+3)^5\}'=160x^4+960x^3+2160x^2+2160x+810 \cdots\cdots ❶$$

となりました。計算はできたけれど、まったくこの形が何を意味しているの

かわかりません。あとで確認するため、❶としておきます。

もし、これが 5 乗ではなく 10 乗だったら、どうでしょうか。100 乗だったら……。「多項式に展開して、微分する」という方法しか知らないと、計算に一苦労です。もう少しかんたんな（たとえば展開しない）方法はないものか。そこで考え出されたのが「**合成関数の微分**」という方法です。

■ややこしい関数には「合成関数」の微分で対応

まず、$2x+3 = t$ とおくと、(t^5) を微分することになります。ここでは操作の都合上、微分を $(t^5)'$ ではなく、$\dfrac{dy}{dx}$ で表わしてみます（理由はすぐにわかります）。すると、

$$\frac{d(2x+3)^5}{dx} = \frac{dt^5}{dx}$$

ですね。上記の意味を確認しておきます。まず、$\dfrac{dy}{dx}$ とは、

$\dfrac{dy}{dx}$ ← y（の式）を
　　　　← x について微分する

ということでしたので、$\dfrac{d(2x+3)^5}{dx} = \dfrac{dt^5}{dx}$ は、左辺は $(2x+3)^5$ を x について微分するという意味で、これは展開がたいへんです。右辺を見ると、t^5 を x について微分する——となっていますので、$5t^4$ とはいきません。そこで、ちょっとした操作（テクニック）をしてみます。

まず、分数を扱うように、$\dfrac{\Delta y}{\Delta x}$ に $\dfrac{\Delta t}{\Delta t}$ を掛け、組み合わせを変えてみるのです。そうすると、次のようになります。

$$\frac{\Delta y}{\Delta x} = \frac{\Delta y}{\Delta x} \cdot \frac{\Delta t}{\Delta t} = \frac{\Delta t}{\Delta x} \cdot \frac{\Delta y}{\Delta t}$$

これで両辺で lim をとると、

$$\frac{dy}{dx} = \frac{dt}{dx} \cdot \frac{dy}{dt}$$

①
②

となります。すると、いま、$2x+3 = t$ なので、上記の①は、

$$\frac{dt}{dx} = \frac{d(2x+3)}{dx} = (2x+3)' = 2 \quad \cdots\cdots \quad ①'$$

また、②は、$y = (2x+3)^5 = t^5$ なので、

$$\frac{dy}{dt} = \frac{dt^5}{dt} = 5t^4 \quad \cdots\cdots\cdots\cdots\cdots\cdots \quad ②'$$

となります。$t = (2x+3)$ ですから、

$$\frac{dy}{dt} = \frac{dt^5}{dt} = 5t^4 = 5(2x+3)^4 \quad \cdots\cdots\cdots \quad ②''$$

①×②が求めるもの（①'×②''）なので、

$$\frac{dy}{dx} = \frac{dt}{dx} \cdot \frac{dy}{dt} = ①' \times ②'' = 2 \times 5(2x+3)^4 = 10(2x+3)^4$$

求める答は、

$$10(2x+3)^4 \quad \cdots\cdots\cdots \quad ❷$$

●合成関数での操作方法

$$\frac{dt}{dx} = \frac{d(2x+3)}{dx} = (2x+3)' = 2 \quad \cdots\cdots \quad 2$$

「x」について微分する

$$\frac{dy}{dx} = \frac{dt}{dx} \cdot \frac{dy}{dt}$$

「t」について微分する

$$\frac{dy}{dt} = \frac{dt^5}{dt} = (t^5)' = 5t^4 \quad \cdots\cdots \quad 5(2x+3)^4$$

$$= 2 \times 5(2x+3)^4$$

という、すっきりした答になりました。これなら答えの意味も明確ですね。

本当に、これが先ほど苦労して展開した201ページの❶と同じになるかどうか、確かめておきましょう。❷を展開してみます。

$10(2x+3)^4$
$= 10 \times (16x^4+96x^3+216x^2+216x+81)$
$= 160x^4+960x^3+2160x^2+2160x+810$

こうして、❶ = ❷となりましたので、

$$\frac{dy}{dt} = \frac{dt^5}{dt} = 2 \cdot 5t^4 = 5 \cdot 2(2x+3)^4 = 10(2x+3)^4$$

でよいことを確認できました。ちなみに、上の式の青色部分を見ると、

$$((2x+3)^5)' = 5 \cdot 2(2x+3)^4$$

の形になっています。これは、実は、199ページで示した、

$$\left[\{f(x)\}^n\right]' = nf'(x)\{f(x)\}^{n-1}$$

の利用だったのです。これなら、かんたんですね。なお、

$$\frac{dy}{dx} = \frac{dt}{dx} \cdot \frac{dy}{dt}$$

を「合成関数の公式」として覚えておきましょう。

合成関数の公式

$$\frac{dy}{dx} = \frac{dt}{dx} \cdot \frac{dy}{dt}$$

便宜的に $\frac{dy}{dx}$ に $\frac{dt}{dt}$ を掛け、位置を入れ替えた……、と覚えるとよい

■少しレベルの高い計算もラクラク

多項式だけでなく、もっと複雑な微分も、合成関数を使うとスムーズに計

算できます。たとえば、次のような関数です。

> 例題　次の関数を微分してください。
> $$\log_e(\cos x)$$

$\log$ の中に、もう一つ $\cos x$ という関数が入れ子状態で入っています。これは多項式の計算がめんどう……というのとは、わけが違います。けれども、こんなときこそ、合成関数の微分を利用するのです。まず、

$$\cos x = t$$

とおきます。すると、もとの関数は、

$$\log_e t$$

となります。そこで、先ほどのように

$$\frac{dy}{dx} = \underbrace{\frac{dt}{dx}}_{①} \cdot \underbrace{\frac{dy}{dt}}_{②}$$

の①と②に分けて計算してみます。

$$\frac{dt}{dx} = \frac{d(\cos x)}{dx} = (\cos x)' = -\sin x \quad \cdots\cdots \quad ①$$

同様に、②を計算してみます。

$$\frac{dy}{dt} = \frac{d(\log_e t)}{dt} = (\log_e t)' = \frac{1}{t} \quad \cdots\cdots \quad ②$$

ここで、$\dfrac{1}{t} = \dfrac{1}{\cos x}$ となるので、①と②を掛けて、

$$\frac{dy}{dx} = \frac{dt}{dx} \cdot \frac{dy}{dt} = (-\sin x) \times \frac{1}{\cos x} = -\frac{\sin x}{\cos x}$$

こうして、

$$(\log_e \cos x)' = -\frac{\sin x}{\cos x}$$

と解くことができました。

3 「置換積分」という方法

■展開せずに積分する

「**置換積分**」というのは、前項の「合成関数の微分」に対応したものです。つまり、「合成関数の微分」は、「展開してから微分すると、とても計算がたいへんなもの」を展開することなく、いわば省エネモードで計算したり、あるいは「どこから手を付けたらいいのかわからない微分」を「$t = \cdots$」のように置換して、うまく処理する方法のことでした。

同様に、「展開してから積分すると計算がたいへんなもの」、あるいは「どこから手を付けたらいいのかわからない積分」をうまく処理してくれるのが「置換積分」です。

「置換積分」は「合成関数の微分」と似たような操作ですので、ネーミング的にも「置換微分・置換積分」のように統一すれば対比しやすかったのではないかと思います。いずれにせよ、「置換積分」は「合成関数の微分」と同様に、与えられた関数をそのまま計算するのではなく、一度他に置換することで、複雑な積分をかんたんに処理する工夫です。

> 例題　次の関数を積分してください。
> $$\int (3x+1)^4 dx$$

展開すれば解けます。ただ、またまたパスカルの三角形の力を借りたり、二項定理を使って、

$$(3x+1)^4 = 1 \cdot 3^4 x^4 + 4 \cdot 3^3 x^3 + 6 \cdot 3^2 x^2 + 4 \cdot 3 \cdot x + 1$$
$$= 81x^4 + 108x^3 + \cdots\cdots$$

という、とてつもなく面倒な展開をしなければなりません。途中計算でミス

する可能性は高く、計算ばかりで面白みもありません。「もっとかんたんに計算する方法はないものか…」というズボラ数学、いやスマートな方法が「合成関数の微分」同様の、置き換える発想です。

たとえば、$3x+1=t$ とおいてみます。すると、式は

$$\int t^4 dx$$

となりますが、これでは「x について積分せよ」といっているのに、式が t では解けませんね。そこで、「合成関数の微分」同様の操作をします。

$\left(\int f(x)dx\right)' = f(x)$ ですね。

$\int f(x)\dfrac{dx}{dt}dt$ を x で微分してみましょう。

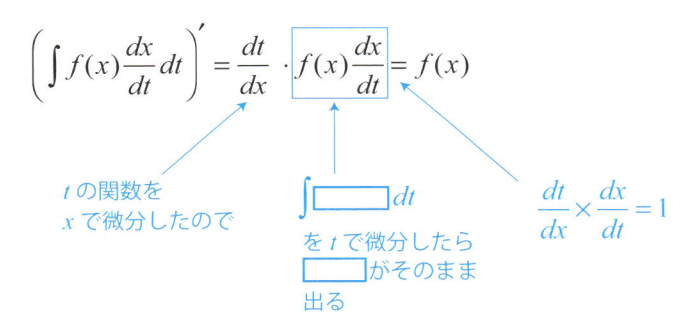

$$\left(\int f(x)\frac{dx}{dt}dt\right)' = \frac{dt}{dx} \cdot \boxed{f(x)\frac{dx}{dt}} = f(x)$$

t の関数を
x で微分したので

□ dt
を t で微分したら
□ がそのまま出る

$\dfrac{dt}{dx} \times \dfrac{dx}{dt} = 1$

よって、x で微分すると、ともに $f(x)$ なので、もとの式も定数を除いて等しいので、

$$\int f(x)dx = \int f(x)\left(\frac{dx}{dt}\right)dt$$

さて、

$$\int f(x)\,dx$$

という積分があり、この $f(x)$ がとても面倒な関数でそのまま積分するのが困難だとしましょう。そこで、これを

$$x = g(t)$$

と置き換えます。ここからが本番です。

$$\int f(x)\, dx$$

$$= \int f(g(t))\, dx$$

$$= \int f(g(t))\, \frac{dx}{dt}\, dt \quad \longleftarrow \quad x = g(t) \text{ を代入する}$$

$$= \boxed{\int f(g(t))\, \frac{d}{dt} g(t)\, dt} \quad \longleftarrow \quad g(t) \text{ を微分してから、}$$

全体を積分する

　すでに「合成関数の微分」を経験しているので、理解するのは難しくないでしょう。理屈は以上の通りなので、実際に、$\int (3x+1)^4 dx$ の事例で計算してみましょう。

　$(3x+1)^4$ を展開していくのはたいへんなので、$(3x+1)$ を t とおくことにするのでしたね。

$$3x+1 = t$$

そこで、$\int (3x+1)^4 dx$ を置換した関数を使って計算すると、

$$\int (3x+1)^4 dx = \int t^4 \frac{dx}{dt} dt \quad \cdots\cdots\cdots \text{①}$$

となります。ここで、$3x+1=t$ より、

$$x = \frac{t-1}{3} \quad \cdots\cdots\cdots \text{②}$$

となるので、①に代入して、その部分を微分してみます。

$$= \int t^4 \boxed{\frac{d}{dt}\left(\frac{t-1}{3}\right)} dt \quad \longleftarrow \quad \boxed{\frac{t-1}{3}} \text{ を微分する}$$

　この微分の部分だけを取り出して計算すると、

$$\frac{d}{dt}\left(\frac{t-1}{3}\right) = \frac{1}{3}$$

次に全体を積分してみます。

$$\int t^4 \frac{d}{dt}\left(\frac{t-1}{3}\right) dt = \frac{1}{3} \int t^4 dt$$

$$= \frac{1}{3}\frac{t^5}{5} + C = \frac{t^5}{15} + C \qquad C \text{は積分定数}$$

ここで、$3x+1 = t$ だったので、もとに戻すと、

$$\frac{t^5}{15} = \frac{(3x+1)^5}{15}$$

よって、

$$\int (3x+1)^4 dx = \frac{(3x+1)^5}{15} + C$$

が求められました。

　置換積分のポイントは、合成関数と同様に、以下のように操作することにあります。

$$\int f(x)\, dx = \int f(g(t)) \frac{dx}{dt} dt$$

① $x = g(t)$ と置き換える
② x を微分する

上の公式を $f(x) = (x-\alpha)^n$, $t = x-\alpha$ にあてはめると $\frac{dx}{dt} = 1$ だから、

$$\int (x-\alpha)^n dx = \int t^n \frac{dx}{dt} dt = \int t^n dt = \frac{t^{n+1}}{n+1} + C \qquad (t = x-\alpha \text{を代入})$$

よって、$\displaystyle\int (x-\alpha)^n dx = \frac{(x-\alpha)^{n+1}}{n+1} + C \qquad (t = x-\alpha \text{を戻す})$

これによって、たとえば、次のようなものが出てきます。

$$\int (x-\alpha)\,dx = \frac{(x-\alpha)^2}{2} + C \quad , \quad \int (x-\alpha)^2\,dx = \frac{(x-\alpha)^3}{3} + C$$

■一見、むずかしそうだが……

　今度は、複雑なタイプの問題に、置換積分の方法でチャレンジしてみましょう。次のような積分です。

例題　次の関数を積分してください。
$$\int e^{x^2} x\,dx \qquad (x \geqq 0)$$

　さて、x^2 と x があるので、$x^2 = t$ とおくと、$x = \sqrt{t}$ と表わせます。そこで、

$$\int e^{x^2} x\,dx = \int \left(e^t \cdot \sqrt{t}\right) dx = \int e^t \cdot \sqrt{t} \frac{dx}{dt} dt$$

と変形します。ブロックがわかりにくいので、カッコを付けてみました。

$$= \int \left(e^t \cdot \sqrt{t}\right) \frac{d}{dt}\sqrt{t}\,dt = \int \left(e^t \sqrt{t}\,\frac{1}{2}\frac{1}{\sqrt{t}}\right) dt$$

　上式は、■部分を先に微分した結果が■の部分ということです。

$$= \frac{1}{2}\int e^t dt \quad \cdots\cdots\cdots\cdots \quad e^t \text{ を積分しても、} e^t$$

$$= \frac{1}{2}e^{x^2} + C \quad \cdots\cdots\cdots\cdots \quad C \text{ は積分定数}$$

　こうして難解そうな問題も、かんたんに解くことができました。これが置換積分の威力です。不定積分の例で説明しましたので、次項では定積分で置換積分をやってみましょう。

　「不定積分ができれば、定積分もできるだろう。区間計算をするか否かの違いだけだから」——と思うでしょうが、ちょっとした落とし穴、ミスしやすい部分がありますので、そのポイントを中心に見ていくことにします。

4 定積分での置換積分は「範囲」に要注意

次の置換積分では、わざと一つだけ間違えたまま計算していますので、どこを間違えているかを推理してみてください。定積分での「置換積分」の落とし穴です。では、始めます。

例題　次の積分を計算してください。
$$\int_0^5 \left(\frac{x}{5}+1\right)^5 dx$$

まず、例題は分数式の 5 乗の式ですので、これを展開するのはたいへんです。そこで、

$$\frac{x}{5}+1=t$$

と置換します。このため、

$$\int_0^5 \left(\frac{x}{5}+1\right)^5 dx = \int_0^5 t^5 dx \quad \cdots\cdots\cdots\cdots\cdots\cdots\ t=\frac{x}{5}+1 \text{ を代入}$$

$$= \int_0^5 t^5 \frac{dt}{dt}\, dx = \int_0^5 t^5 dt \frac{d}{dt} x \quad \cdots\cdots\cdots\ \frac{dt}{dt} \text{ を挿入}$$

$$= \int_0^5 t^5 dt \frac{d}{dt} 5(t-1) \quad \cdots\cdots\ x=5(t-1) \text{ を代入}$$

ここで、後ろの微分部分　　を計算します。つまり、

$$\frac{d}{dt} 5(t-1) = 5$$

となるので、あとは、一気に処理し、区間は（0〜5）でしたから、t に代入すると、

$$\int_0^5 t^5 dt \frac{d}{dt} 5(t-1) = 5\int_0^5 t^5 dt = 5\left[\frac{t^6}{6}\right]_0^5 = \frac{15625}{6} = 2604\frac{1}{6}$$

　どこも間違っていないように見えますが、確認する場合には、次のようにグラフを描いて考えてみるのがよい方法です。

　下のグラフで、$x = 0 \sim 5$ までを見ると、$x = 5$ のとき、$y = 30$ 程度にすぎないので、この区間での面積を大ざっぱに「三角形」と考えると、せいぜい、$30 \times 5 \div 2 = 75$ ほど。ところが、計算上では2600以上となっています。30～40倍近い差が生じているので、明らかにどこかで間違った証拠。

●グラフでの概算の面積、計算上の面積の乖離は？

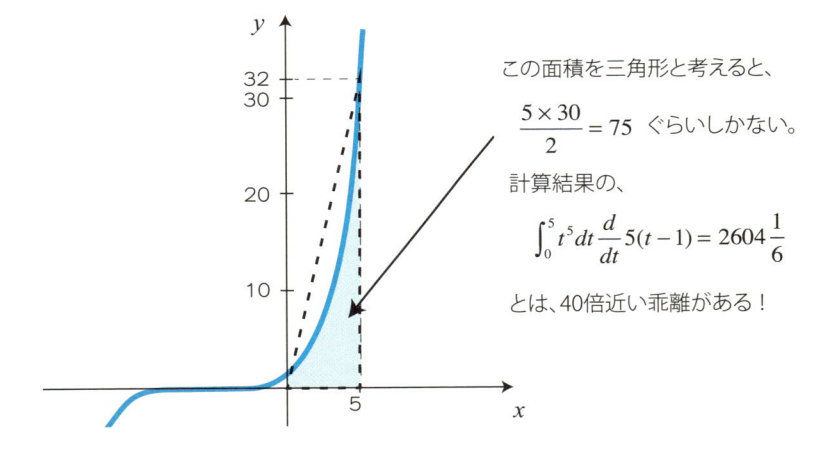

この面積を三角形と考えると、

$$\frac{5 \times 30}{2} = 75 \text{ ぐらいしかない。}$$

計算結果の、

$$\int_0^5 t^5 dt \frac{d}{dt} 5(t-1) = 2604\frac{1}{6}$$

とは、40倍近い乖離がある！

■区間の変更を忘れない！

　そうです、「区間」です。グラフはたしかに x の区間を表わしていますが、上記の計算では、$\frac{x}{5} + 1 = t$ として置き換えられており、明らかに区間が違ってきています。

つまり、$\frac{x}{5}+1=t$ と置き換えて t で処理していく以上、t の区間に修正し直す必要があったのです。t への区間変更はかんたんです。$\frac{x}{5}+1=t$ としたのですから、この式に $x=0$, $x=5$ を代入すれば、t の値もそれに対応して、

$$x \ \cdots\cdots\ 0 \sim 5 \ \rightarrow\ t \ \cdots\cdots\ 1 \sim 2$$

と出てくるはずです。

こうして、新たに計算し直すと、

$$\int_0^5 \left(\frac{x}{5}+1\right)^5 dx = \int_1^2 t^5 dx$$

$$= 5\left[\frac{t^6}{6}\right]_1^2 = 5\left(\frac{2^6}{6}-\frac{1^6}{6}\right) = 5 \times \frac{63}{6} = \frac{105}{2} = 52\frac{1}{2}$$

となりました。先ほどの 75 という概算にも近い数字です。

このように置換積分では、置き換えによって「区間」が変更されることに注意する必要があります。

	区間
x ………………	$0 \sim 5$
$t=\frac{x}{5}+1$ ………………	$1 \sim 2$

5 円の面積公式を置換積分で

「円の面積 = πr^2」という公式は、次のようにして考えることができます。下の図は、これでも 360 等分したものにすぎませんが、十分に「究極的には……長方形」ということをナットクすることができます。

◉360 等分でも十分に「長方形」？

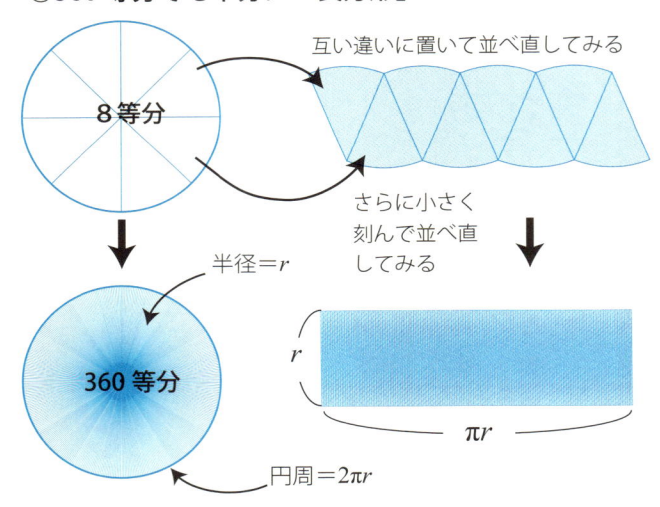

8 等分

互い違いに置いて並べ直してみる

さらに小さく刻んで並べ直してみる

半径＝r

360 等分

円周＝$2\pi r$

r

πr

しかし、イメージとしては理解できても、証明とはいいにくい面があります。しかし、今回勉強した「置換積分」を使うと、円の公式をうまく証明することができます。置換積分の練習として見てみることにしましょう。

■円の面積 ＝ πr^2 はホント？

まず最初に、円の方程式とはどんなものだったでしょうか。忘れた場合には、とりあえず座標に円をおいて考えてみます。

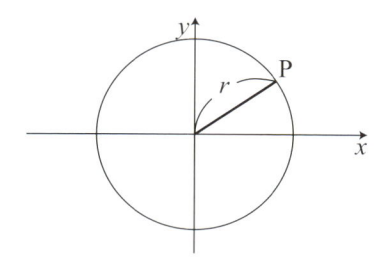

ただ、これだけでは解決できません。$f(x) = $ ……の形にもっていくには、少なくとも、r と x、そして y の 3 者の間に何らかの関係を見いだす必要があります。

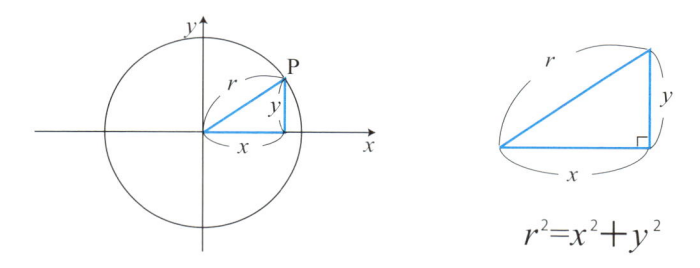

$$r^2 = x^2 + y^2$$

半径 r、そして x と y との間には、ピタゴラスの定理（三平方の定理）が常に成り立つことに気づけば、次の式が出てくるはずです。

$$r^2 = x^2 + y^2$$

ここで、$y^2 = $ …の形に変形します。

$$y^2 = r^2 - x^2$$

両辺とも、平方根を取って $y = $ …の形にします。

$$y = \pm\sqrt{r^2 - x^2}$$

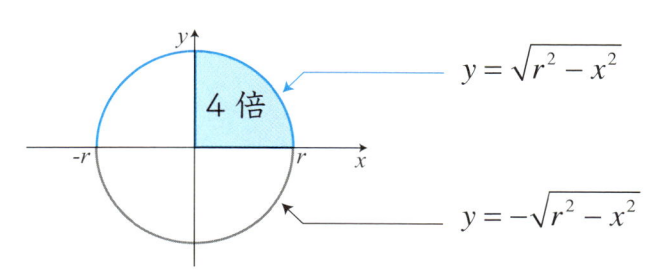

$$y = \sqrt{r^2 - x^2}$$

$$y = -\sqrt{r^2 - x^2}$$

前ページのグラフを見ると、円の面積は色の濃い部分のちょうど4倍ですから、

$$y = \pm\sqrt{r^2 - x^2} \quad \Longrightarrow \quad y = 4\sqrt{r^2 - x^2}$$

よって、次の式で円の面積が求められることになります。

$$\int_{-r}^{r} y\,dx = \int_{0}^{r} 4\sqrt{r^2 - x^2}\,dx \quad \cdots\cdots \quad ①$$

ここで、$x = r\sin\theta$ とおくと（置換すると）、

$$r^2 - x^2 = r^2 - (r\sin\theta)^2 = r^2(1 - \sin^2\theta) = r^2\cos^2\theta \quad \cdots\cdots \quad ②$$

また、置換積分することで、その積分範囲は、

x	0	→	r
θ	0	→	$\frac{\pi}{2}$

$\cdots\cdots$ ③

と変わります。

よって、①、②、③より、次のように式を展開することができます。置換積分のよい例ですので、その操作を身につけてください。

$$\int_{-r}^{r} y\,dx = \int_{0}^{r} 4\sqrt{r^2 - x^2}\,dx \quad \cdots\cdots \quad ①より$$

$$= 4\int_{0}^{\frac{\pi}{2}} \sqrt{r^2\cos^2\theta}\,\frac{d\theta}{d\theta}\,dx \quad \cdots\cdots \quad ②と③より$$

$$= 4\int_{0}^{\frac{\pi}{2}} (r\cos\theta)\left(\frac{d}{d\theta}x\right)d\theta$$

$$= 4\int_{0}^{\frac{\pi}{2}} (r\cos\theta)\left(\frac{d}{d\theta}r\sin\theta\right)d\theta \quad \cdots\cdots \quad x = r\sin\theta より$$

$$= 4\int_{0}^{\frac{\pi}{2}} (r\cos\theta)(r\cos\theta)\,d\theta \quad \cdots\cdots \quad r\sin\theta を微分した$$

$$= 4r^2 \int_{0}^{\frac{\pi}{2}} \cos^2\theta\,d\theta$$

$$= 4r^2 \int_{0}^{\frac{\pi}{2}} \frac{1 + \cos 2\theta}{2}\,d\theta$$

ここで、なぜ、$\cos^2\theta = \dfrac{1+\cos 2\theta}{2}$ になるかについては下記の囲みを参照してください。さて、$(1+\cos 2\theta)$ を積分すると、$\left(\theta + \dfrac{1}{2}\sin 2\theta\right)$ となるので、

$$= 4r^2 \cdot \dfrac{1}{2}\left[\theta + \dfrac{1}{2}\sin 2\theta\right]_0^{\frac{\pi}{2}} \quad \cdots\cdots\cdots\cdots \quad \sin 2\theta = \sin\pi = 0$$

$$= 2r^2 \cdot \dfrac{\pi}{2}$$

$$= \boxed{\pi r^2} \quad \leftarrow \text{円の面積の公式}$$

こうして、置換積分を使うことで、小学校以来、「円の面積 ＝ 半径×半径×円周率」と覚えてきた円の面積の公式を求めることができました。かんたんに見えた円の面積公式 πr^2 も、きちんと求めようとすると、けっこうたいへんでしたね。

なぜ、$\cos^2\theta = \dfrac{1+\cos 2\theta}{2}$ となるのか？

三角関数の「2倍角の公式」ですが、以下のように説明できます。

$$\boxed{\cos 2\theta} = \cos(\theta + \theta)$$
$$= \cos\theta\cos\theta - \sin\theta\sin\theta = \cos^2\theta - \sin^2\theta$$
$$= \cos^2\theta - (1-\cos^2\theta) = \boxed{2\cos^2\theta - 1}$$

よって、$\cos^2\theta$ でまとめると、$\cos^2\theta = \dfrac{1+\cos 2\theta}{2}$ となります。

---

6 「部分積分」という方法

■積分しにくいものを扱う

「なめらかで連続する関数の場合、微分は可能」と述べてきましたが、「積分は可能」とはいってきませんでした。それは、積分はできない関数のほうが多いからです。高校で積分計算ができるのは、はじめから「積分ができる問題」を出しているからで、現実的には積分できない関数が多いのです。

いま「$a \times b$」という掛け算があって、a は積分をしにくい関数で、b は積分をしやすい関数だったとします。このとき、「$a \times b$ の a を積分する」必要が生じた場合、どうしたらいいでしょうか。

こういう場合、なんとか「a を積分せず、b に積分の肩代わりをしてもらう方法」があればいい手ですね。そんな都合のよい方法があるのでしょうか。それが**部分積分**という知恵です。

本章の第1項で、「掛け算の微分」、つまり「積の微分」を経験しました。いま、積分をしにくい関数を $g(x)$、積分をしやすい関数を $f(x)$ とすると、「**積の微分**」とは（第7章第1項を参照）、

$$\{f(x) \cdot g(x)\}' = f'(x)g(x) + f(x)g'(x)$$

でしたから、これを次のように移項します。

$$f'(x)g(x) = \{f(x) \cdot g(x)\}' - f(x)g'(x)$$

ここで両辺を積分すると、

$$\int f'(x) \underset{g(x)}{g(x)} dx = \int \{f(x) \cdot g(x)\}' dx - \int \underset{f(x)}{f(x)} g'(x) dx$$

（積分をしにくい関数：$g(x)$、積分をしやすい関数：$f(x)$）

$$= f(x) \cdot g(x) - \int f(x)g'(x) dx$$

こうして、積分のしやすい $f(x)$ で処理できるようになりました。

これが**部分積分**です。実際、これでどんな積分ができるのでしょうか。いちばん大きなメリットは、従来の積分では解けないパターンが解けたりすることです。従来の積分とは、教科書にも出ている、次のようなパターンのことです。

◉積分の5つの基本定理

① $\displaystyle\int x^n dx = \frac{x^{n+1}}{n+1} + C$　　　通常の積分

② $\displaystyle\int \frac{1}{x} dx = \log_e x + C$　　　$\dfrac{1}{x}$ の積分

③ $\displaystyle\int \sin x \, dx = -\cos x + C$　　　$\sin x$ の積分

④ $\displaystyle\int \cos x \, dx = \sin x + C$　　　$\cos x$ の積分

⑤ $\displaystyle\int e^x dx = e^x + C$　　　e^x の積分

■$\log_e x$ を積分する法

上に掲載した、基本的な積分の定理を見ると、「あれ？　$\log_e x$ の積分がない」と気づきます。つまり、log をそのまま積分するのはむずかしい、ということです。

そこで、部分積分を使って $\log_e x$ を工夫しながら求めてみましょう。

> 例題1　$\log_e x$ を部分積分を利用して積分してください。
>
> $$\int \log_e x \, dx$$

部分積分を利用するには、2つの関数が必要です。$\log_e x$ 一つでは不足しますから、こういうときには、「$1 \times \log_e x$」と考えます。ただ、部分積分の公式は、$\int f'(x) \cdot g(x) \, dx$ でしたから、

$$f'(x) = 1 \qquad g(x) = \log_e x$$

のようにします。すると、$f'(x) = 1$ となる $f(x)$ は x なので、

$$f(x) = x \qquad g(x) = \log_e x$$

ですね。これが部分積分を利用する基本です。

では、$\int \log_e x \, dx$ を部分積分を利用して解いてみましょう。

$$\int 1 \cdot \log_e x \, dx = x \cdot \log_e x - \int x \cdot \frac{1}{x} \, dx$$

$$\int f'(x) \cdot g(x) \, dx = f(x) \cdot g(x) - \int f(x) \cdot g'(x) \, dx$$

となりますから、

$$\int \log_e x \, dx = \int 1 \cdot \log_e x \, dx$$

$$= x \cdot \log_e x - \int x \cdot \frac{1}{x} \, dx$$

$$= x \cdot \log_e x - x + C$$

となりました。これが $\log_e x$ を積分した解です。

部分積分の目的は、本来なら $g(x)$ を積分すべきなのに、$g(x)$ を積分す

るのはむずかしい……という場合に、もう片方の $f(x)$ を代わりに積分し、$g(x)$ は微分で済ませてしまおう、というものでした。もちろん、すべてを積分できるわけではありませんが、この部分積分を利用してうまく処理できるものもありますので、慣れておくのがいいでしょう。

> 例題2　次の積分を求めてください。
> $$\int_0^{\frac{\pi}{2}} x \sin x \, dx$$

これは定積分ですが、置換積分のような置き換え作業は部分積分ではしていないので、範囲の変更を考える必要はありません。
$$\sin x = (-\cos x)'$$
ですから、

$$\int_0^{\frac{\pi}{2}} x \sin x \, dx = \int_0^{\frac{\pi}{2}} x (-\cos x)' \, dx$$
$$= \left[x (-\cos x) \right]_0^{\frac{\pi}{2}} - \int_0^{\frac{\pi}{2}} x' (-\cos x) \, dx$$

よって、以下のように計算すれば、

$$= \left[x (-\cos x) \right]_0^{\frac{\pi}{2}} - \left[-\sin x \right]_0^{\frac{\pi}{2}}$$
$$= \left(-\frac{\pi}{2} \times 0 - 0 \times 1 \right) + (1 - 0) = 1$$

と求めることができました。

第8章

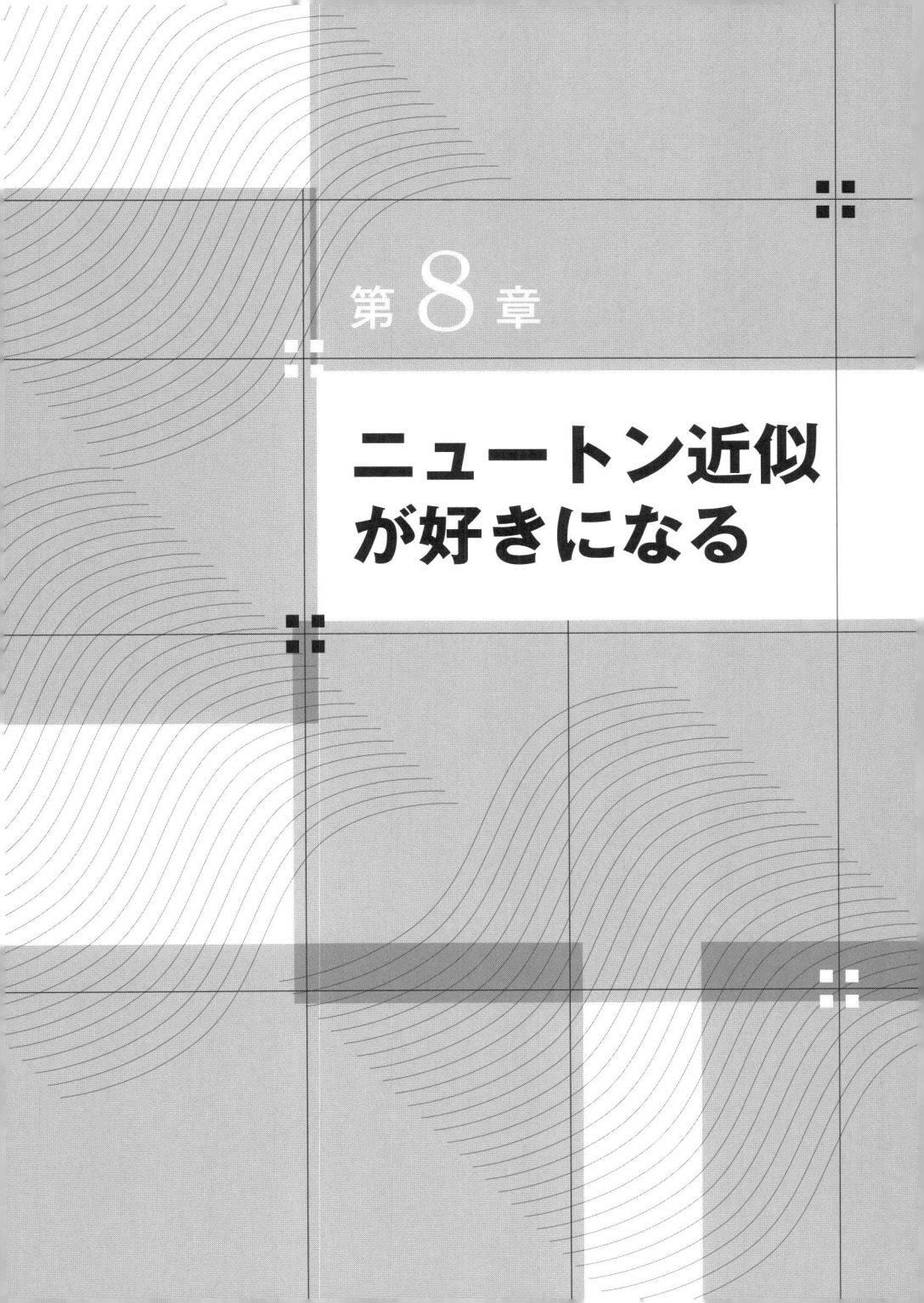

ニュートン近似が好きになる

■第 8 章■　　　　　　　　　　　　　　　　　　　ニュートン近似が好きになる

1 シンプルな台形近似の方法

　この章では、積分のおおもとの発想である「面積に近似する方法」を考えてみましょう。これまでは正方形、長方形、あるいは三角形などでも近似してきました。意外かも知れませんが、台形でも近似することができ、「**台形近似**」と呼んでいます。

　たとえば、図のような円がある場合、h の幅で 5 等分すると、$S_1 \sim S_5$ までの台形ができます。

◉台形近似の方法と考え方

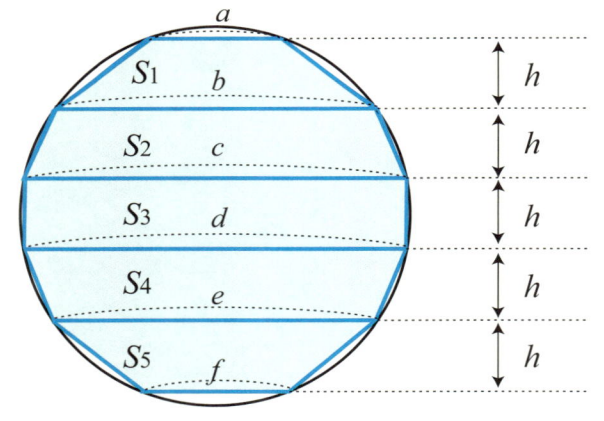

円の面積を、数個の台形の面積に近似させる

　ですから、この円の面積を知るために、5 つの台形で近似する方法があります。$S_1 \sim S_5$ の面積はそれぞれ、

$$S_1 = \frac{a+b}{2}h \qquad S_2 = \frac{b+c}{2}h$$

$$S_3 = \frac{c+d}{2}h \qquad S_4 = \frac{d+e}{2}h$$

$$S_5 = \frac{e+f}{2}h$$

となるので、5 つの台形の面積 S は、

$$S = S_1 + S_2 + S_3 + S_4 + S_5$$
$$= \frac{(a+b)+(b+c)+(c+d)+(d+e)+(e+f)}{2}h$$
$$= \frac{(a+2b+2c+2d+2e+f)}{2}h$$
$$= \frac{a+f+2(b+c+d+e)}{2}h$$

で表わすことができます。

　この台形の個数を増やし、h を小さくしていくことで円を近似できそうですね。台形近似はナイル川の蛇行のような場合にも有効です。たとえば、下のような場合、一つの台形で近似すると誤差が大きくなりますが、いくつかの台形に分けることで、誤差をかなり吸収できます。この台形近似は面積だけでなく、体積にも応用可能です。

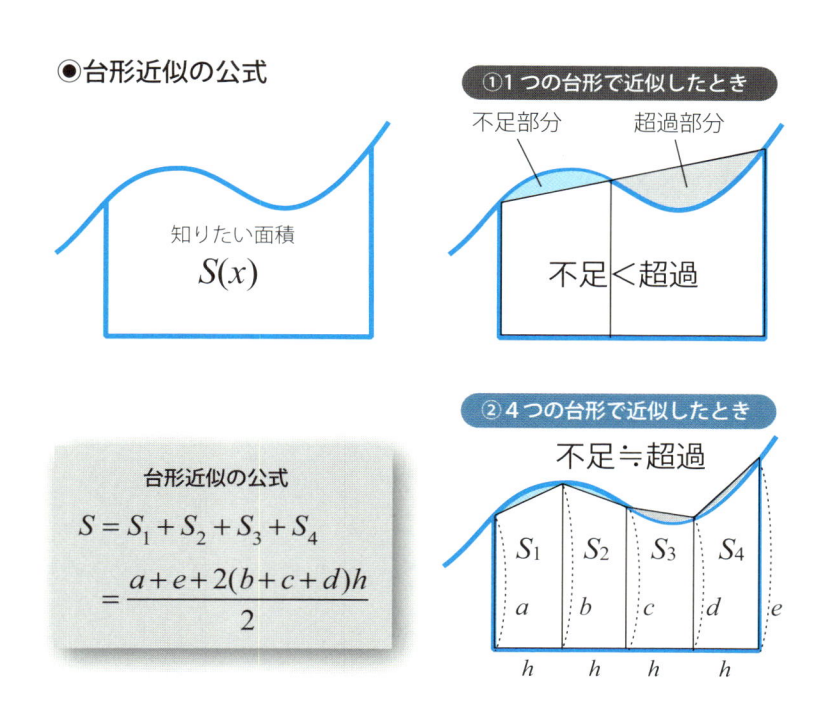

●台形近似の公式

知りたい面積
$S(x)$

①1つの台形で近似したとき

不足部分　超過部分

不足＜超過

台形近似の公式
$$S = S_1 + S_2 + S_3 + S_4$$
$$= \frac{a+e+2(b+c+d)h}{2}$$

②4つの台形で近似したとき

不足≒超過

S_1 S_2 S_3 S_4
a b c d e
h h h h

2 台形近似よりよい近似の シンプソンの公式

■2次曲線で面積に接近する

　台形近似はとても理解しやすい概念ですが、各点を「直線」で結んでいるのがウィークポイントです。円にせよ、ナイル川の蛇行にせよ、それらは本来、曲線です。そこで、直線ではなく、曲線で結んでくれる近似の方法はないものか……というところで登場するのが**シンプソンの公式**です。

◉台形近似＝1次直線、シンプソン＝2次曲線

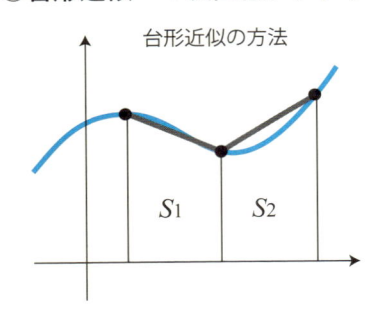

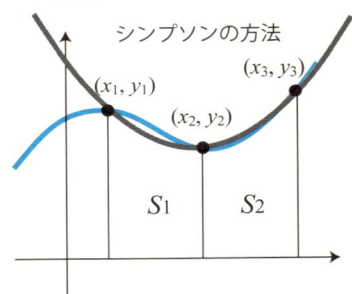

　上の2つの図は、面積を2等分してから近似しようとするもので、左のグラフは台形近似（1次関数で直線的に分割して近似）、右のグラフはシンプソンの方法（2次関数で近似）です。

　次ページの図で、$x_2 = \dfrac{x_3 + x_1}{2}$ 、また、

$$\begin{cases} x_2 = x_1 + h \\ x_3 = x_2 + h = x_1 + 2h \end{cases}$$

とすると、$y = f(x)$ の3点 $P_1(x_1, y_1)$、$P_2(x_2, y_2)$、$P_3(x_3, y_3)$ を通る2次式は、

$y_1 = a(x_2 - h)^2 + b(x_2 - h) + c$ ………… ①

$y_2 = a{x_2}^2 + b x_2 + c$ ………………………… ②

●シンプソンでは最初に3点を考える

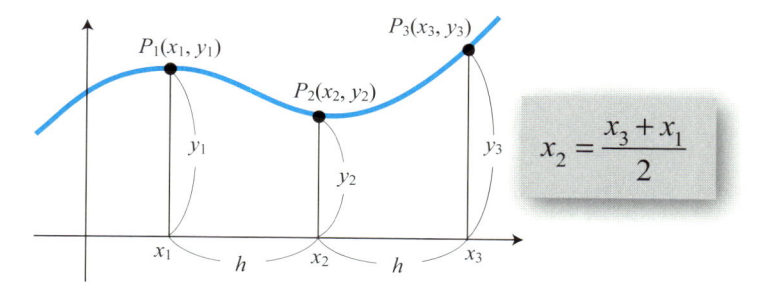

$$x_2 = \frac{x_3 + x_1}{2}$$

$$y_3 = a(x_2+h)^2 + b(x_2+h) + c \quad \cdots\cdots\cdots\cdots \quad ③$$

で表わせますね。

ところでこの面積は、

$$\int_{x_1}^{x_3} f(x)\,dx = \int_{x_2-h}^{x_2+h} (ax^2 + bx + c)\,dx$$

$$\left[\frac{a}{3}x^3 + \frac{b}{2}x^2 + cx\right]_{x_2-h}^{x_2+h}$$

$$= \frac{h}{3}\left\{2ah^2 + 6\left(ax_2^2 + bx_2 + c\right)\right\} \quad \cdots\cdots\cdots \quad ④$$

となるので、この④式のカッコの中と、先ほどの①〜③を比べると、次の関係があることに気づきます。

$$2ah^2 + 6(ax_2^2 + bx_2 + c) = ① + ② \times 4 + ③$$

こうしてシンプソンの公式が成り立ちます。

シンプソンの公式

$$\int_{x_1}^{x_3} f(x)\,dx$$
$$= \frac{h}{3}\left\{2ah^2 + 6\left(ax_2^2 + bx_2 + c\right)\right\}$$
$$= \frac{h}{3}(y_1 + 4y_2 + y_3)$$

● シンプソンの公式で「刻み」を増やす

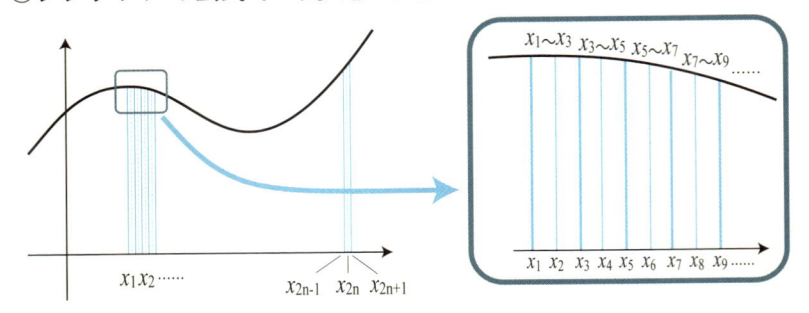

　ただ、前ページのシンプソンの公式は区間（$a \sim b$）を、たった一つの2次関数のグラフで近似させた、いわば簡略版です。もちろん、これでもある程度の近似は可能ですが、実際には区間 $a \sim b$ をさらに切り刻み（たとえば10等分など）、それぞれ3点ずつワンセットで何組かのシンプソンの公式をつくって2次の近似式をつくり、その面積を足し合わせていくことでよい近似を得ようという考え方です。

　台形近似に比べてきわめて近い値を得られることで知られています。では、シンプソンの公式を使う例題を考えてみましょう。

例題

$\int_0^1 \dfrac{1}{1+x^2} dx$ をシンプソンの公式を使って4等分で近似値を求めてください。

　次ページのようにおおまかなグラフを描けると、理解を助けます。これを4等分しますが、シンプソンの公式では「2等分」をセットにするので、この問題では2つのセットで計算すればよいとわかります。
　x の値は $0 \sim 1$ までで、それを4等分するので、
　　$x = 0, \ \dfrac{1}{4}, \ \dfrac{1}{2}, \ \dfrac{3}{4}, \ 1$

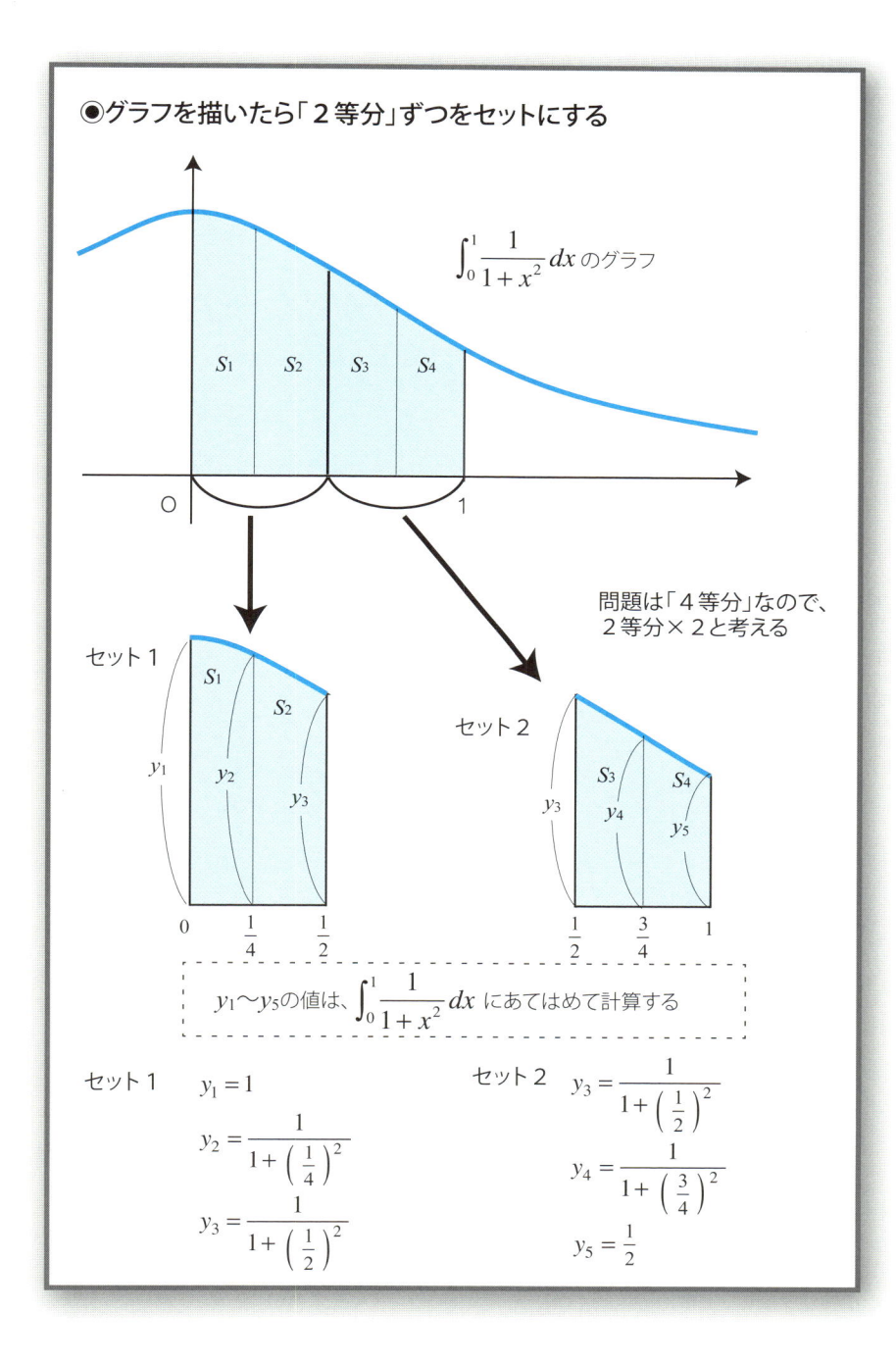

● グラフを描いたら「2等分」ずつをセットにする

$\int_0^1 \frac{1}{1+x^2} dx$ のグラフ

問題は「4等分」なので、2等分×2と考える

セット1

セット2

$y_1 \sim y_5$ の値は、$\int_0^1 \frac{1}{1+x^2} dx$ にあてはめて計算する

セット1　　$y_1 = 1$

$y_2 = \dfrac{1}{1+\left(\dfrac{1}{4}\right)^2}$

$y_3 = \dfrac{1}{1+\left(\dfrac{1}{2}\right)^2}$

セット2　$y_3 = \dfrac{1}{1+\left(\dfrac{1}{2}\right)^2}$

$y_4 = \dfrac{1}{1+\left(\dfrac{3}{4}\right)^2}$

$y_5 = \dfrac{1}{2}$

で、2つのセット（仮にセット1、セット2）は、

セット1　　　$x = 0, \frac{1}{4}, \frac{1}{2}$

セット2　　　$x = \frac{1}{2}, \frac{3}{4}, 1$

そして、それに対応する y の値は、

セット1　　$y_1 = 1$　　$y_2 = \dfrac{1}{1+\left(\frac{1}{4}\right)^2}$　　$y_3 = \dfrac{1}{1+\left(\frac{1}{2}\right)^2}$

セット2　　$y_3 = \dfrac{1}{1+\left(\frac{1}{2}\right)^2}$　　$y_4 = \dfrac{1}{1+\left(\frac{3}{4}\right)^2}$　　$y_5 = \dfrac{1}{2}$

となります。準備ができたので、これをシンプソンの公式にあてはめてそれぞれ計算すると、

セット1（S_1+S_2）　≒　0.4637
セット2（S_3+S_4）　≒　0.3217

合計すると、

S（$S_1 \sim S_2$）≒ 0.4637+0.3217 ≒ 0.7854　…………①

グラフからも、1（＝1×1）より少し小さいことが予想できます。

■ π の近似値を出す

第7章で置換積分をしましたが、その方法でこの問題を解いてみると、おもしろい結果を引き出せます。

まず初めに、$\displaystyle\int_0^1 \dfrac{1}{1+x^2}\,dx$ で、$x = \tan\theta$ とおきます。すると、

$$\dfrac{dx}{d\theta} = \dfrac{d\tan\theta}{d\theta} = \dfrac{1}{\cos^2\theta}$$

ここで範囲は、x が「0 → 1」に対応して θ は $0 \to \dfrac{\pi}{4}$ へと変わります。

では、もとの $\int_0^1 \dfrac{1}{1+x^2}\,dx$ を計算してみましょう。

$$\int_0^1 \frac{1}{1+x^2}\,dx = \int_0^{\frac{\pi}{4}} \frac{1}{1+\tan^2\theta} \cdot \frac{1}{\cos^2\theta}\,d\theta$$

$$= \int_0^{\frac{\pi}{4}} \frac{1}{1+\dfrac{\sin^2\theta}{\cos^2\theta}} \cdot \frac{1}{\cos^2\theta}\,d\theta$$

$$= \int_0^{\frac{\pi}{4}} \frac{1}{\cos^2\theta + \sin^2\theta}\,d\theta$$

$$= \int_0^{\frac{\pi}{4}} \frac{1}{1}\,d\theta = \Bigl[\theta\Bigr]_0^{\frac{\pi}{4}}$$

$$= \frac{\pi}{4} \qquad \cdots\cdots\cdots ②$$

この結果である②は、シンプソンの公式の①と同じはずですから、

$$\frac{\pi}{4} = 0.7854$$

このことから、

$$\pi \fallingdotseq 3.1416$$

が計算できました。シンプソンの公式の威力がわかるとともに、π が計算できたことにも驚きです。

3 ニュートン法で近似する

　微分・積分は、ニュートン（1642〜1727）、ライプニッツ（1646〜1716）が独立して完成させたといわれています。しかし、ほぼ同時期、極東の小さな島国ニッポンでも、微分・積分を独自に発展させた人物がいました。それが **関 孝和**（せき たかかず）（1642〜1708）です。

　関孝和は「算聖」とも呼ばれる江戸時代最高の和算の大家でしたが、微分・積分だけでなく、筆算による代数計算、暦作成のために π を11桁まで算出するなど傑出した能力をもっていました。一般の国民レベルで見ても、この和算のレベルの高さが明治以降の日本の近代化を大きく支えた面は否定できないでしょう。珠算で平方根の計算などを扱えていたことは、いまの我々から見ても驚きです。

　たとえば、電卓を捨てて、「$\sqrt{5}$ を手で計算しなさい（平方根）」といわれたとき、実際に計算ができる人は少ないでしょう。これは、以下のようにして計算できます。

　①「2乗して5に近くなる数」を考えます。$2^2 = 4$ が一番近いので、左に「2」を書き、5の真上にも「2」を書きます（$2 \times 2 = 4$）。

　②「$5 - 4 = 1$」ですが、ここで上から0を2桁（00）下ろしてきて、残を100とします。同様に、左の2にも同じ数値の2を加え「4」として

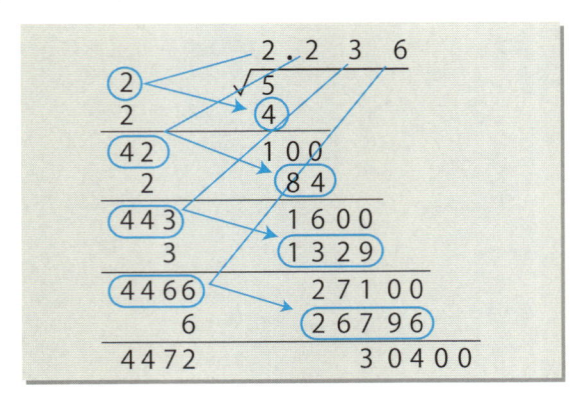

おきます。

③今度は 100 に近い数を「4■×■」でつくることを考えます。もちろん、■には同じ数が入ります。今度も「2」が入りそうです。つまり 42 × 2 = 84 で、100 から 84 を引いて 16 が残ります。

④上からまた「00」を下ろしてきて、残を 1600 として、1600 に近い数を「44▲×▲」の形で考えると、▲ = 3 となるので、443 × 3 = 1329。よって、1600 − 1329 = 271 となり……。

こうして順々に計算していくと、

$$\sqrt{5} = 2.2360679\cdots\cdots$$

を手計算で算出できるようになります。ただ、「平方根ができたのなら、次は $\sqrt[3]{5}$（5 の立方根）を求めてください」といわれると、どうでしょうか。

■微分を使って $\sqrt{5}$ や $\sqrt[3]{5}$ を近似計算する

実は、微分を利用した**ニュートン法**と呼ばれるおもしろい方法があります。これを使うと、かなり早い回数で「近似値」を得ることができます。

さっそく、$\sqrt[3]{5}$ の近似値をニュートン法で考えてみましょう。まず、5 の立方根、つまり $\sqrt[3]{5} = x$ とすると、

$$x^3 = 5 \quad から \quad x^3 - 5 = 0$$

となります。そこで、$f(x) = x^3 - 5$ とおくと、$x = \sqrt[3]{5}$ は $y = f(x)$ と x 軸との交点の x 座標となりますね。大ざっぱな数値を推測して、$1^3 = 1$、$2^3 = 8$ ですから、$x^3 = 5$ より、

$$1 < x < 2$$

ですから、解は「2 より小さい」ということが予想できます。グラフに描くと、右のようになります。

$f(x) = x^3 - 5$ のグラフに

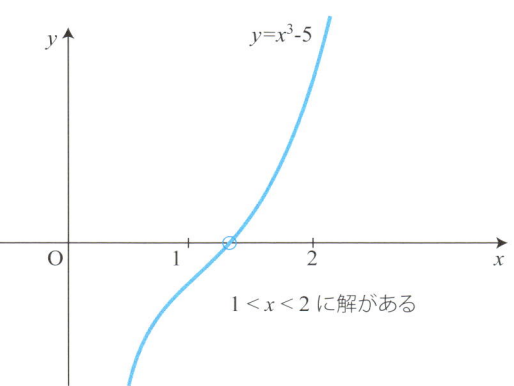

$1 < x < 2$ に解がある

おいて、$x = 2$ での接線を引いてみます。すると、接線は次の図のように、$x = 2$ でのグラフを直線に近似したものと考えられますから、この接線と x 軸との交点は、$f(x) = x^3 - 5$ と x 軸との交点（解）と近くなることは当然です。

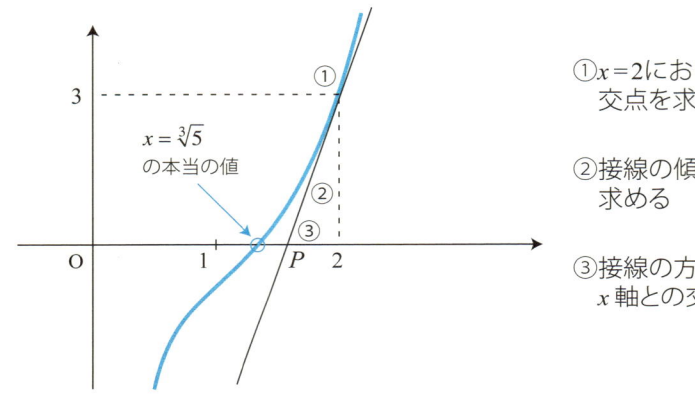

①$x=2$における、$f(x)$との交点を求める

②接線の傾きを、$f'(x)$で求める

③接線の方程式を求め、x 軸との交点 P を求める

いちおう、$x = 2$ での接線と x 軸との交点を求めておきましょう。x 軸との交点を求めるには、

① $x = 2$ での $f(x)$ との接点を知る
② 接線の傾きを知る
③ 接線の方程式から x 軸との交点 P を決定する
——という手順になります。

① $x = 2$ での $f(x)$ との接点は、
　　$f(x) = x^3 - 5$　より、$f(2) = 2^3 - 5 = 3$　交点は $(2, 3)$
② 接線の傾きは、$f'(x) = 3x^2$ より $f'(2) = 3 \cdot 2^2 = 12$
③ 接線の方程式は、傾き 12 で、点 $(2, 3)$ を通るので、
　　$y = 12(x-2)+3$　より、$y = 12x-21$

接線の方程式が $y = 12x-21$ とわかりましたので、x 軸との交点 P は $y = 0$ のときですから、

$12x - 21 = 0$　よって、$x = \dfrac{21}{12} = \dfrac{7}{4}$　つまり、$x = 1.75$。

　図を見てもわかるように、とりあえずの近似値 P は、本当の値 $x = \sqrt[3]{5}$ にかなり近い値になっているようです。ちなみに、実際の $\sqrt[3]{5}$ の値は、

$$\sqrt[3]{5} = 1.7099759\cdots\cdots$$

なので、その差はこの段階で 0.0400241 となり、誤差率は 2.34% です。

■繰り返して近似していく

　近似値計算というのは、何度か同じ作業を繰り返すと、より近い値になっていきますので、もう一度だけ、同じ作業をしてみましょう。

①$x = \dfrac{7}{4}$ での $f(x)$ との接点を知る

②接線の傾きを知る

③接線の方程式から x 軸との交点 Q を決定する

　手順は上記の①〜③で、先ほどと同じです。さっそく始めてみましょう。

①$x = \dfrac{7}{4}$ での $f(x)$ との接点は、

$$F\left(\dfrac{7}{4}\right) = \left(\dfrac{7}{4}\right)^3 - 5 = \dfrac{343 - 320}{64} = \dfrac{23}{64}$$

となりますが、最後まで計算すると、プロセスがわかりにくくなるので、$\left(\dfrac{7}{4}\right)^3 - 5$ と考えておきます。よって、接点は、$\left(\dfrac{7}{4}, \left(\dfrac{7}{4}\right)^3 - 5\right)$ です。

②接線の傾きは、$f'(x) = 3x^2$ より、

$$f'\left(\dfrac{7}{4}\right) = 3\left(\dfrac{7}{4}\right)^2$$

③接線の方程式は、傾き $3\left(\dfrac{7}{4}\right)^2$ で、点 $\left(\dfrac{7}{4}, \left(\dfrac{7}{4}\right)^3 - 5\right)$ を通るので、

$$y = 3\left(\frac{7}{4}\right)^2 \left(x - \frac{7}{4}\right) + \left(\frac{7}{4}\right)^3 - 5$$

傾き　y切片

となります。x 軸との交点 Q は $y = 0$ のときですから、

$$3\left(\frac{7}{4}\right)^2 \left(x - \frac{7}{4}\right) + \left(\frac{7}{4}\right)^3 - 5 = 0$$

これを移行して、

$$3\left(\frac{7}{4}\right)^2 \left(x - \frac{7}{4}\right) = 5 - \left(\frac{7}{4}\right)^3$$

計算が大変そうなので、以下のように 4^3 の形にしてみます。

$$左辺 = 3\left(\frac{7}{4}\right)^2 \left(x - \frac{7}{4}\right) = 3\frac{7^2}{4^2} \cdot \frac{4x-7}{4} = \frac{3 \cdot 7^2 (4x-7)}{4^3}$$

$$右辺 = 5 - \left(\frac{7}{4}\right)^3 = \frac{5 \cdot 4^3 - 7^3}{4^3}$$

ここで両辺に 4^3 を掛けると、

$$\frac{3 \cdot 7^2 (4x-7)}{4^3} = \frac{5 \cdot 4^3 - 7^3}{4^3}$$

となり、分母が払われます。これを x について解くと、

$$x = \frac{(5 \cdot 4^3 - 7^3) + 7 \cdot 3 \cdot 7^2}{3 \cdot 7^2 \cdot 4} = \frac{1006}{588} = 1.71088435\cdots\cdots$$

　実際の $\sqrt[3]{5}$ の値は、$\sqrt[3]{5} = 1.7099759\cdots\cdots$ でしたから、その差はわずか、0.0009085。誤差率は 0.0531% です。先ほどの誤差は 0.0400241、誤差率は 2.34% なので、2 回目のアプローチでさらに誤差が小さくなったことがわかります。

　この作業を繰り返していけば、さらに誤差は縮まります。わずか 2 回でここまで誤差が小さくなることが、ニュートン法という近似値計算のすごさなのです。

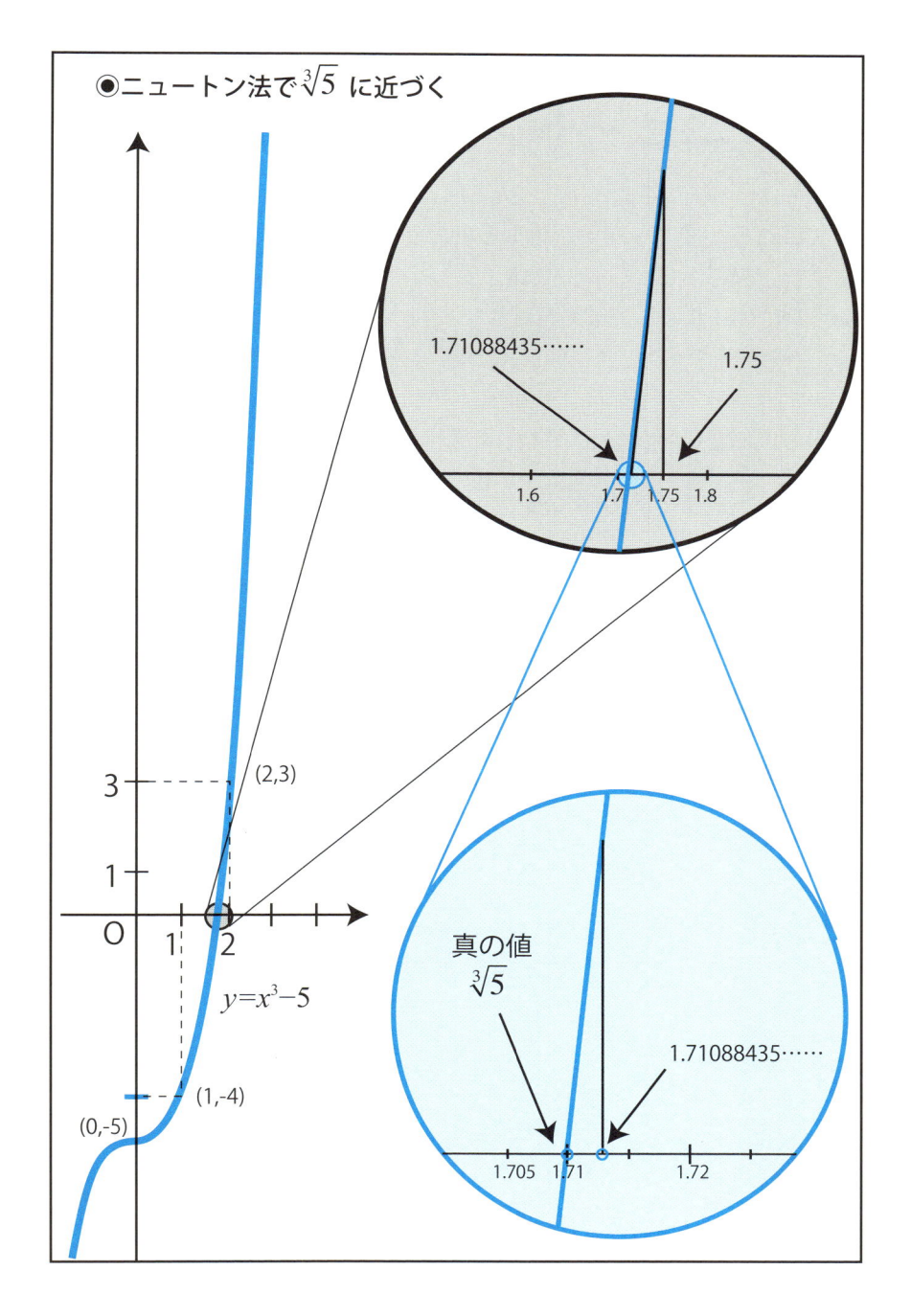

◉ニュートン法で $\sqrt[3]{5}$ に近づく

第8章 ニュートン近似が好きになる

1.71088435……
1.75

(2,3)
$y=x^3-5$
(1,-4)
(0,-5)

真の値
$\sqrt[3]{5}$
1.71088435……

4 ニュートン法の一般式

さて、こうしてニュートン近似の効力がわかったと同時に、イメージとしても、下図のように、$a_1 \to a_2 \to a_3 \to \cdots\cdots$と、どんどん、本来の値（解）に近づいていく様子も理解されたことと思います。こういう図が頭に浮かべば、ニュートン法でやっていることは「微分そのもの」と理解できるでしょう。

しかし、前項でもやったように、計算自体はけっこう、面倒です。そこで、

●ニュートン法で真の値に近づいていく

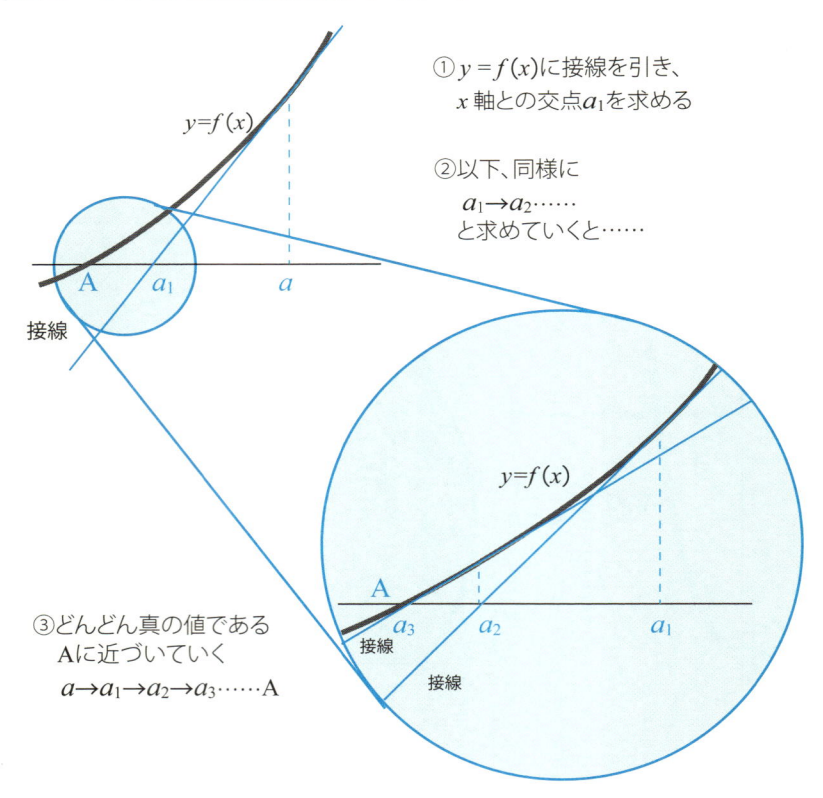

① $y=f(x)$ に接線を引き、x 軸との交点 a_1 を求める

②以下、同様に
　$a_1 \to a_2 \cdots\cdots$
　と求めていくと……

③どんどん真の値である
　A に近づいていく
　$a \to a_1 \to a_2 \to a_3 \cdots\cdots A$

個別ごとにニュートン近似をせず、ニュートン法の一般式を求めてみましょう。

■ニュートン法の一般式を求める

まず、グラフのように $x = a$ から考えます。これまでと同様、
① $x = a$ での $f(x)$ との接点を知る
②接線の傾きを知る
③接線の方程式から x 軸との交点 P ($x=a_1$) を決定する
という手順で考えていくと、
① $x = a$ での $f(x)$ との接点は $(a, f(a))$
②接線の傾きは $f'(a)$
③よって、グラフ上の $(a, f(a))$ での接線の方程式は、

$$y = f'(a)(x - a) + f(a)$$

とわかります。このときの x 軸との交点は、$y = 0$ とおいて、

$$0 = f'(a)(x - a) + f(a) = f'(a)x - f'(a)a + f(a)$$

これより、x は、

$$a_1 = a - \frac{f(a)}{f'(a)}$$

これが a_1 です。

◉ニュートン法の一般式

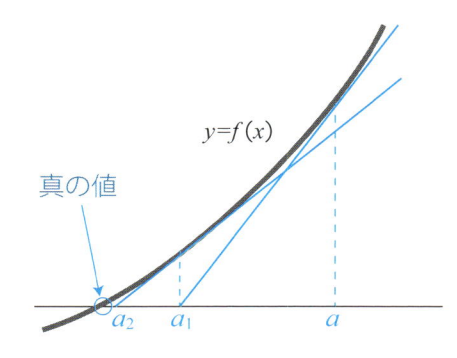

$n = 1$ のとき

$$x = a - \frac{f(a)}{f'(a)}$$

さらに、$(a_1, f(a_1))$ での接線を引き、それと x 軸との交点を求めると、a_2 になり……。

このように操作を続けていくと、どんどん真の値 A に近づきます。

1 回目（a のとき）の接線と x 軸の交点を a_1 とおくと、

$$1\ 回目\ \cdots\cdots\ a_1 = a - \frac{f(a)}{f'(a)}$$

なので、$n = 2$、$n = 3$ ……としていくと、

$$2\ 回目\ \cdots\cdots\ a_2 = a_1 - \frac{f(a_1)}{f'(a_1)}$$

$$3\ 回目\ \cdots\cdots\ a_3 = a_2 - \frac{f(a_2)}{f'(a_2)}$$

こうして、次の式が求まります。

$$n\ 回目\ \cdots\cdots\ a_n = a_{n-1} - \frac{f(a_{n-1})}{f'(a_{n-1})}$$

これを x で表わすと、

ニュートン法の反復式 $\quad x_n = x_{n-1} - \dfrac{f(x_{n-1})}{f'(x_{n-1})}$

となるわけです。

5 表計算ソフトでニュートン法

ニュートン法の原理はわかっても、逐一、計算していくのは大変です。そこで Excel などの表計算ソフトの手を借りる方法を知っておきましょう。

$$f(x) = x^3 - 5$$

を考えます。つまり、$x = \sqrt[3]{5}$ という立方根を求める問題です。$x^3=5$ から $2^3=8$ が近く、また接線の傾きは、

$$f'(x) = 3x^2$$

です。

そこで、表計算ソフトのセル B2 の位置には初期値として「2（1回目）」を入力し、セル B3 には「ニュートン法の反復式」を打ち込みます。セルの位置は決まったものではありません。たとえば、B3 のセルではなく A3 でもかまいませんが、この例では左の列（A 列）に注を入力したため、B 列を使うことにしてみました。

=B2-((B2)^3-5)/(3*((B2)^2))

そして、B3 の式を「B4」セル以降にドラッグします。こうすることで、2回目、3回目……の値を得ることができるのです。実行結果は図の通りです。かんたんに、ニュートン法の計算値を得ることができました。これまでの計算の苦労がウソのようです。

ただ、理由を知らないで計算だけをコンピュータに任せると、どのようなプロセスで出てきたものか、出てきた数値が正しいのか否かの判断ができませんから、原理

	A	B
1		5の立方根
2	aの値	2
3	1回目	1.75
4	2回目	1.710884354
5	3回目	1.709976429
6	4回目	1.709975947
7	5回目	1.709975947
8	6回目	1.709975947
9	7回目	1.709975947
10	8回目	1.709975947
11	9回目	1.709975947
12	10回目	1.709975947
13	11回目	1.709975947
14	12回目	1.709975947
15	13回目	1.709975947
16	14回目	1.709975947
17	15回目	1.709975947
18	16回目	1.709975947
19	17回目	1.709975947
20	18回目	1.709975947

を理解した上で使うことが重要です。

似たような問題で、$\sqrt[5]{827}$ を考えてみましょう。次の2つの初期値から出発してみます。
① 5乗して827に近い「4」を初期値とする（$4^5=1024$）
② 見当がつかなかったとして、10を初期値とする（$10^5=10000$）
まず、式としては、$x = \sqrt[5]{827}$ とすると、
$$x^5 = 827$$
となるので、
$$x^5 - 827 = 0$$
よって、
$$f(x) = x^5 - 827$$
$$f'(x) = 5x^4$$
となるので、

ニュートン法の反復式　$x_n = x_{n-1} - \dfrac{f(x_{n-1})}{f'(x_{n-1})}$

を使って、次のようになります。

$$x_2 = x_1 - \dfrac{x_1^5 - 827}{5x_1^4}$$

さっそく、表計算ソフトで一挙に計算をやってもらいましょう。左の列は初期値を「4」としたもの、右の列は「10」とした場合です。「4」のほうはさすがに早く収束している姿を見て取れます。

「10」と入力した場合には、さすがに大きな乖離があります。たとえば、

	A	B	C	D
1				
2		4		10
3		3.84609375		8.01654
4		3.8327605457		6.4532806287
5		3.8326671329		5.2579948361
6		3.8326671284		4.2227946869
7		3.8326671284		3.9704990732
8		3.8326671284		3.841910061
9		3.8326671284		3.8327114951
10		3.8326671284		3.8326671294
11		3.8326671284		3.8326671284
12		3.8326671284		3.8326671284
13		3.8326671284		3.8326671284
14		3.8326671284		3.8326671284
15		3.8326671284		3.8326671284
16		3.8326671284		3.8326671284
17		3.8326671284		3.8326671284
18		3.8326671284		3.8326671284
19		3.8326671284		3.8326671284

         3.846…   8.016…

と最初の頃こそ、大きな違いを見せていますが、5番目で早くも、

         3.83266…   3.97049…

と、「10」の方も大幅に接近しています。

	A	B	C	D
1				
2		4		10
3		=B2-((B2)^5-827)/(5*((B2)^4))		
4		3.8327605457		6.4532806287
5		3.8326671329		5.2579948361
6		3.8326671284		4.4227946869
7		3.8326671284		3.9704990732
8		3.8326671284		3.841910061

ちなみに、表計算ソフトに入力したのは、B3 のセルからもわかるように、
    = B2-((B2)^5-827)/(5*((B2)^4))
です。2 番目の位置に、「一つ前の数値」を入力しています。つまり、

$$x_n = x_{n-1} - \frac{f(x_{n-1})}{f'(x_{n-1})}$$

の形です。$f(x) = x^5 - 827$ と x 軸との交点を求めるといっても、5乗の式（5乗根）を解くのはたいへんです。きれいに解けると考えるほうが無理があります。

　そんなときでも、ニュートン法の一般式を知っておくことで、なんらかの表計算ソフトを使えば、すぐに概算が求められることは知っておくと便利だと思います。

◉ニュートン法のイメージを理解する

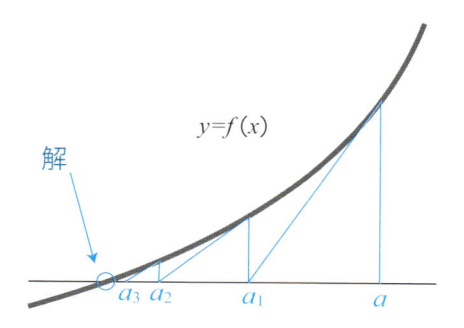

6 70を利率で割ると

　金融機関で働く人にとって、「70（または72）を利率で割ると、2倍になるまでの年数がわかる」ということは常識です。たとえば、バブル期のように年率が7％もあれば、70 ÷ 7 = 10なので、10年で元手が倍になります。もし、年率が10％という高利回りの金融商品があれば、70 ÷ 10 = 7で、7年で2倍になる、というわけです。

　ですから、1000万円を投資し、10％の利率なら14年（7年×2）たてば、2倍の2倍ですから、4000万円となります。現在の銀行の利率は、0.1％程度ですから、2倍になるまでに70 ÷ 0.1 = 700年もかかることになります。7年で2倍になっていた時期の、なんと100倍もの長さを必要としているのです。

　それはともかくとして、なぜ「70」なのでしょうか。その秘密をニュートン法で考えてみましょう。

　まず、元金＝1、利率（年）＝ r ％とし、2倍になるまでの年数 ＝ n とすると、次の式が成り立ちます。

$$\left(1+\frac{r}{100}\right)^n = 2 \quad \cdots\cdots\cdots\cdots \text{①}$$

r は％なので、100で割って表示してあります。
　①式の両辺の対数をとると、

$$\log_e\left(1+\frac{r}{100}\right)^n = \log_e 2 \quad \cdots\cdots\cdots\cdots \text{②}$$

となります。この②式を変形し、

$$n \cdot \log_e\left(1+\frac{r}{100}\right) = \log_e 2$$

ここから、n について解くと、

$$n = \frac{\log_e 2}{\log_e\left(1+\dfrac{r}{100}\right)}$$

となります。ここで、分子は $\log_e 2 = 0.6931$ ですが、分母の値が定まりません。分母をどう求めるか、それが問題です。

■ log(1+x) ≒ x となる？

分母は $\log_e(1+x)$ の形になっています。$\log_e(1+x)$ のグラフを描くと次のようになります。$\log_e x$（下の点線のグラフ）を左に（x 軸の－方向に）1 だけ移動したのが $\log_e(1+x)$ のグラフです。

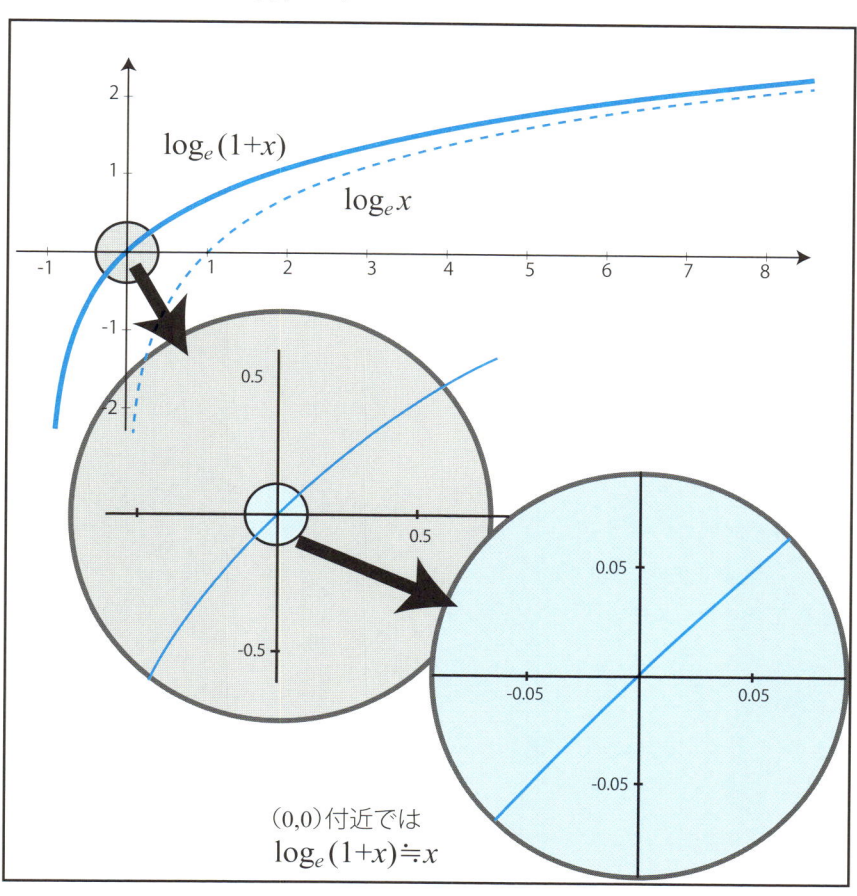

$\log_e(1+x)$

$\log_e x$

(0,0)付近では
$\log_e(1+x) ≒ x$

$\log_e(1+x)$ は原点 $(0,0)$ を通りますから、$x = 0$ での傾きは 1 なので、接線の方程式は $y = x$ となります。

こうして、原点の近くでは
$$f(x) = \log_e(1+x) \fallingdotseq x$$
とわかりましたので、

$$n = \frac{\log_e 2}{\log_e\left(1+\dfrac{r}{100}\right)} \fallingdotseq \frac{\log_e 2}{\dfrac{r}{100}}$$

$$= \frac{100 \times \log_e 2}{r} = \frac{100 \times 0.6931\cdots}{r}$$

$$\fallingdotseq \frac{69.31}{r}$$

となります。分子の 69.31…… は、$69.31 \fallingdotseq 70$ と考えると、

$$n \fallingdotseq \frac{70}{r}$$

と表わせます。

これから、「70 を利率 r で割ると、2 倍になるまでの年数 (n) がわかる」という根拠がわかりました。

なお、金融関係者の間では、70 ではなく「72」を使っている人も多いようです。

72 の場合には、2, 3, 4, 6, 8, 9 (%) のようにきわめて約数が多く (70 よりも多い)、その分、暗算で「4%だから 18 年後だ…」などと扱いや

●元金 100 万円が 2 倍になる年数

金利	2倍になる年数	元金100万円
0.1%	693.1	199.9
0.5%	138.6	199.7
1%	69.3	199.3
2%	34.7	198.6
3%	23.1	198.0
4%	17.3	197.3
5%	13.9	196.7
6%	11.6	196.0
7%	9.9	195.4
8%	8.7	194.8
9%	7.7	194.2
10%	6.9	193.6

(「年数≒69.31/金利」で算出)

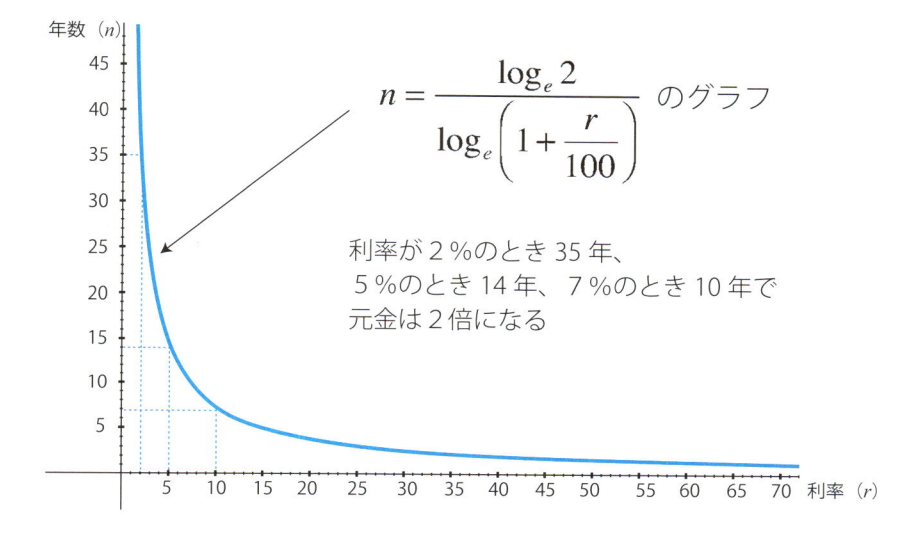

$$n = \frac{\log_e 2}{\log_e \left(1 + \dfrac{r}{100}\right)}$$ のグラフ

利率が2％のとき35年、
5％のとき14年、7％のとき10年で
元金は2倍になる

すかったのが一つの理由ではないかと思います。

　いずれにせよ、ニュートン法がかなり強力なツールであることはおわかりいただけたものと思います。

第9章

微分方程式を楽しもう！

第 9 章 微分方程式を楽しもう！

1 「流れ」を予測する

　海賊仲間（ブラック・ベレ号）から無人島に置き去りにされ、何とか筏で漕ぎ出したジャック・マメノキ船長――筏に乗って海流に身を任せながらも、なんとか宝島へたどり着こうというのが次ページの図です。

　なめらかな曲線に接線を引くのが微分でしたが、砲弾の軌跡の時のように、**ベクトル**を接線と考えてもよいでしょう。ベクトルなら「方向」だけでなく「大きさ」もわかります。

　次ページには無数のベクトルが描かれています。このように、各地にベクトルが存在するようなものを**ベクトル場**と呼んでいます。ベクトル場を見れば、海流の動きも大ざっぱに見えてきますね。海流図のようにベクトル場のベクトルを接線にもつ曲線のことを**解曲線**と呼んでいます。

　図では、例として2本の解曲線を描いています。これを見ると、スタート地点はほぼ同じなのに、ほんのわずかな位置の差によって、宝島にたどり着ける解曲線もあれば、渦に巻き込まれていく解曲線もあります。

　ベクトルと解曲線を使えば、各点でどのような力が加われば、その後、どう動くかという「将来予測」ができそうです。このことは台風の進路予想などでも同じことがいえ、台風の各点でのベクトルを考えることで解曲線を描くことができ、台風のその後の進路も、各点でのベクトルを積分していくことで予測できるのです。

　このように、微分や積分の発展したものを**微分方程式**と呼び、与えられた海流（ベクトル場）の中で筏がどのように動くかを調べることを微分方程式を解く、といいます。右の図で、海流に変化がない限り、何度、筏を流してみても、同じ解曲線に乗れば必ず同じ場所に運ばれていきます。この流れこそ、微分方程式の解なのです。

●ベクトルの流れが「解曲線」

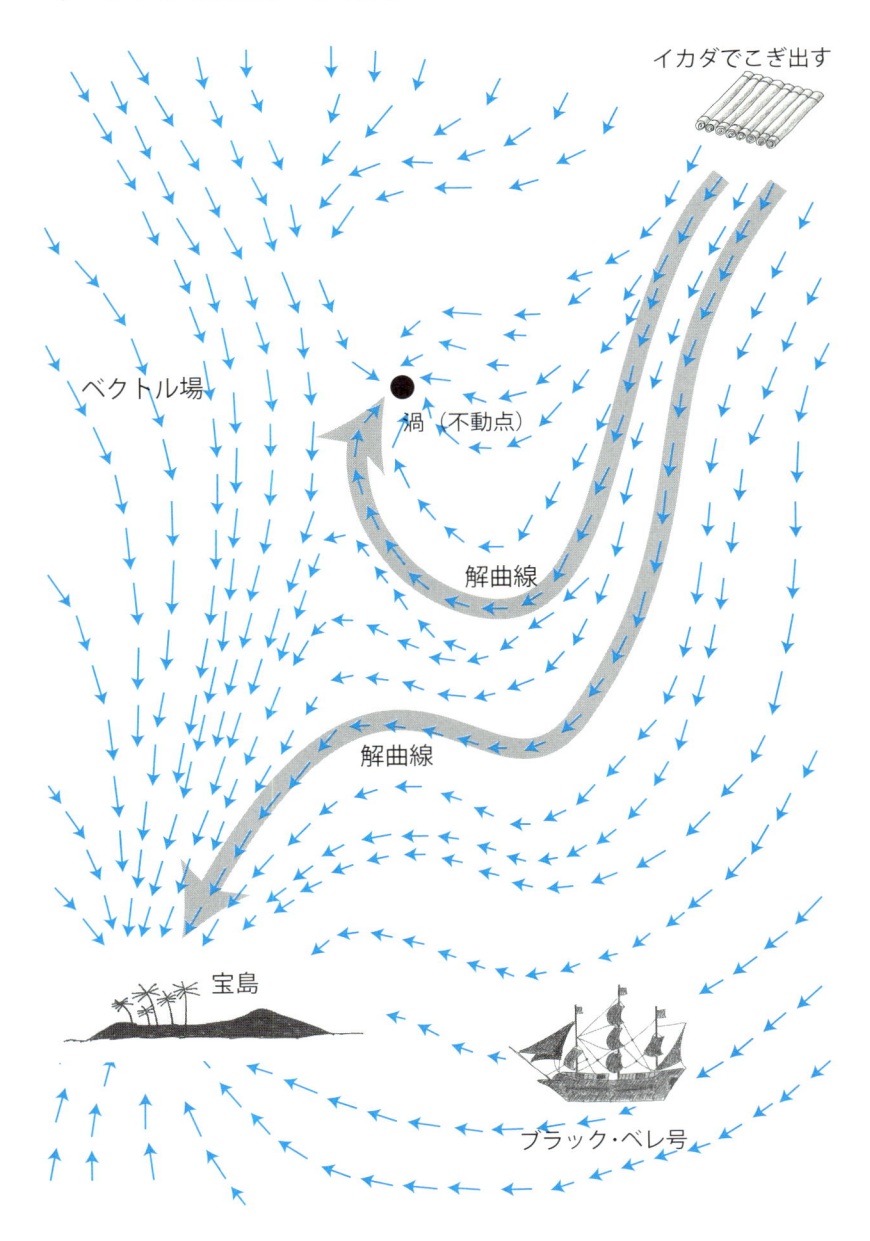

- ベクトル場
- イカダでこぎ出す
- 渦(不動点)
- 解曲線
- 解曲線
- 宝島
- ブラック・ベレ号

第9章 微分方程式を楽しもう！

第 9 章

2 静止衛星の速度を求める

　人工衛星の軌道は、さまざまです。スパイ衛星（偵察衛星）は地表面を10～30cmの解像度で写真を撮るために150kmぐらいの地表近くまで接近するようです。スペースシャトルは200km～1000kmの軌道を飛んでいます（時速28000km）。

　これに対して、地球から見ていつも「静止」しているように見える静止衛星の場合には（気象衛星のひまわりなど）、いずれもその運動による遠心力と、地球から受ける重力がバランスして、地球に落ちもせず、地球軌道から飛び出しもせず、地球から見てずっと同じ位置に存在し続けています。

　この静止衛星の運動（速度など）を、微分・積分で見ていきましょう。

■位置を微分→速度、速度を微分→加速度

　静止衛星の軌道半径を R とします。静止衛星は地上から36000kmの位置にありますが、$R = 36000$ とはなりません。地球の半径6400kmも加えた $R = 36000+6400 = 42400$km となることに注意する必要です。

　さて、静止衛星が t 秒後に角度 At だけ進んだとすると、静止衛星の位置は、x 軸と y 軸の成分で、$(R\cos At, R\sin At)$ と表わせます。

　位置と速度、加速度の関係は、序章や第1章でも述べたように、

> 位置を微分する　→　速度になる
> 速度を微分する　→　加速度になる

でした。

　そこで、$(R\cos At, R\sin At)$ を微分して静止衛星の速度を出してみると、次のようになります。

◉静止衛星の「位置・速度・加速度」を導き出す

静止衛星 ($R\cos At, R\sin At$)

位置 ($R\cos At, R\sin At$) を微分すると「速度」がわかる

R, At, 地球の中心

| 静止衛星の位置 | $(x, y) = (R\cos At, R\sin At)$ |

位置を微分する / 微分

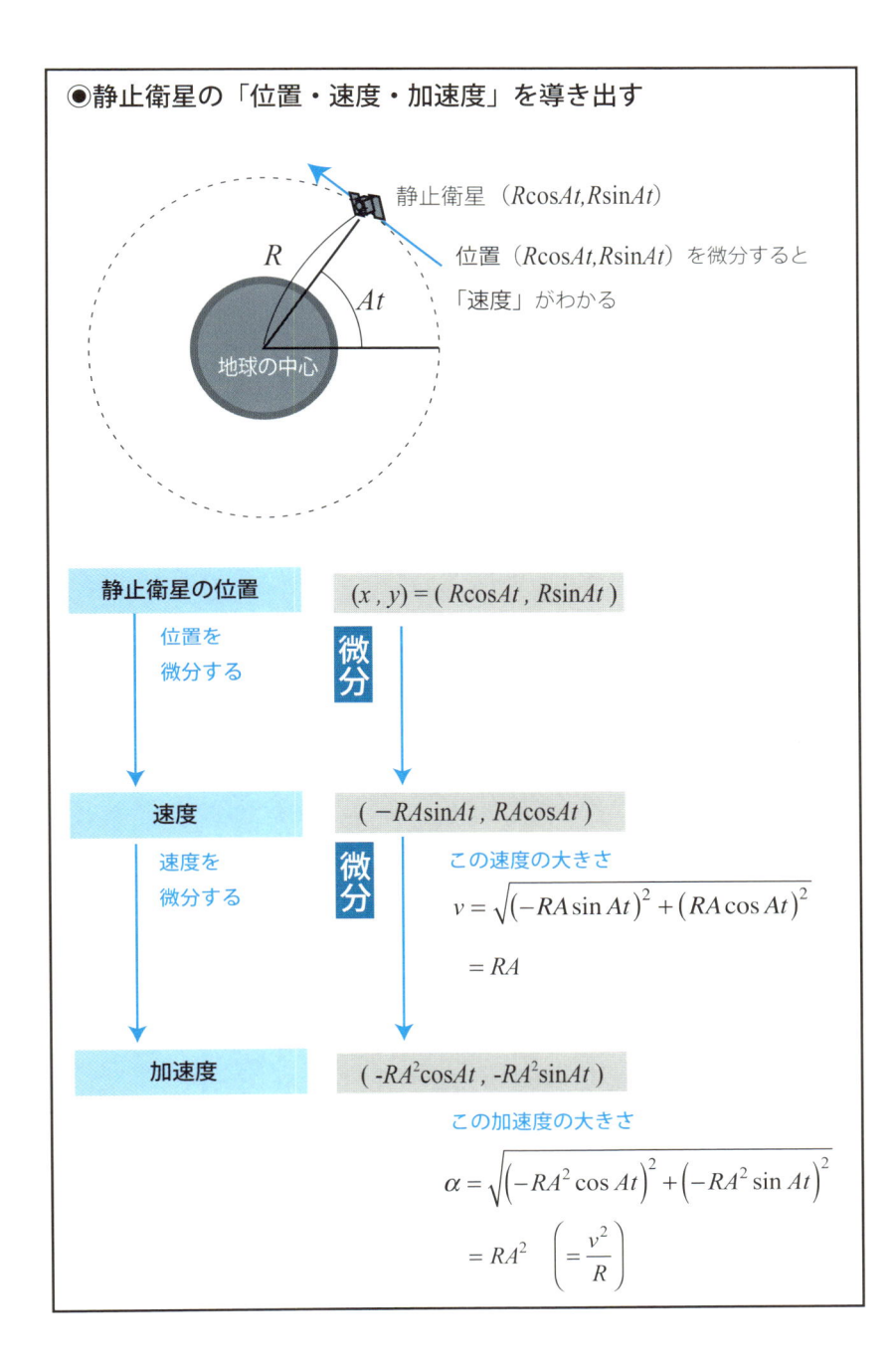

| 速度 | $(-RA\sin At, RA\cos At)$ |

速度を微分する / 微分

この速度の大きさ

$$v = \sqrt{(-RA\sin At)^2 + (RA\cos At)^2}$$
$$= RA$$

| 加速度 | $(-RA^2\cos At, -RA^2\sin At)$ |

この加速度の大きさ

$$\alpha = \sqrt{\left(-RA^2\cos At\right)^2 + \left(-RA^2\sin At\right)^2}$$
$$= RA^2 \quad \left(= \frac{v^2}{R}\right)$$

第9章 微分方程式を楽しもう！

$$(R\cos At)' = -RA\sin At$$
$$(R\sin At)' = RA\cos At$$

よって、速度の大きさはこれらを合成したものですから、

$$\text{静止衛星の速度} = \sqrt{(-RA\sin At)^2 + (RA\cos At)^2}$$
$$= \sqrt{R^2 A^2 \left(\sin^2 At + \cos^2 At\right)}$$
$$= \sqrt{R^2 A^2}$$
$$= RA$$

となります。

「速度を微分すると、加速度になる」のですから、

$$(-RA\sin At)' = -RA^2 \cos At$$
$$(RA\cos At)' = -RA^2 \sin At$$

加速度の大きさはこれらを合成したものですから、

$$\text{静止衛星の加速度} = \sqrt{\left(-RA^2 \cos At\right)^2 + \left(-RA^2 \sin At\right)^2}$$
$$= \sqrt{R^2 A^4 \left(\cos^2 At + \sin^2 At\right)}$$
$$= \sqrt{R^2 A^4}$$
$$= RA^2$$

となることがわかります。

■遠心力と重力加速度がバランスする！

さて、静止衛星が地上から「止まって見える」のは、静止衛星に働く遠心力と、同じく静止衛星に働く重力が等しい（釣り合っている）からです。

まず、静止衛星に働く遠心力はどんな大きさでしょうか。それは、静止衛星の質量（m）と、最後にまとめた静止衛星の加速度を掛け合わせたものですから、

　　　　　静止衛星に働く遠心力 $= mRA^2$
となります。
　この遠心力と、地球から受けている重力（mg）とが等しいので、
　　　$mRA^2 = mg$
これから、$RA^2 = g$。少し変形して、$R^2A^2 = Rg$
ところで、速度 $v = RA$ でしたから、
　　　$v^2 = Rg$
よって、$v = \sqrt{Rg}$ となります。

　静止衛星の速度は、$v = \sqrt{Rg}$ とわかりましたが、R とか g が入っているだけでは、「静止衛星の速度」といわれても、なかなか実感を伴わないでしょう。具体的に計算してみることにしましょう。

　地上から 36000km の地点に止まって見える静止衛星の速度を知るには、R と g を知ることです。
　　　　静止衛星の軌道半径 $R = 36000\text{km} + 6400\text{km} = 42400\text{km}$
　　　　　　　　　　　　　　$= 42400 \times 1000\text{m}$
　　　地球の重力加速度 $g = 9.8\text{m/s}^2$

> 　s とは second の略で、日本語では「秒」のこと。「10m/s」とあれば「1秒間に10m」進む、つまり「速度」を表わします。この s（秒）が s^2 になると、「1秒間に10mずつ加速する」ことを意味し、つまり「加速度」です。
> 　重力加速度は距離の2乗に反比例します。地表付近で 9.8m/s^2 なので、地球中心から 42400km 付近での静止衛星の重力加速度を g_p とすると、
> $$g_p = \frac{6400^2}{42400^2} g$$

　計算の準備ができました（両者の単位を統一するため、半径を m =

1000倍した)。静止衛星の速度は、

$$v = \sqrt{Rg_p}$$

$$= \sqrt{(36000+6400) \times 1000 \times \left(\frac{6400}{42400}\right)^2 \times 9.8}$$

$$= \sqrt{9,467,169}$$

$$\fallingdotseq 3076.8 \text{ m/s}$$

$$= 3.0768 \text{ km/s}$$

これで、静止衛星の速度がおおよそ「毎秒3km」であることがわかりました。なお、ここでは$\sqrt{}$の中を電卓で計算しましたが、できるだけ開平しやすい変形をしてみてください。ちなみに、$\sqrt{}$の中の式は、

$$\frac{8}{53} \times 100 \times 4 \times 7 \times \sqrt{53}$$

になります。

■微分方程式で知的世界が広がる

　静止衛星の速度を知るためには微分の知識だけでは十分ではなく、「遠心力(地球圏外へ飛び出そうとして働く力)と重力加速度とが釣り合いをとっていること」を知っている必要がありますし、地球からの距離 = 36000km、地球の半径 = 6400km なども調べる必要があります。けれども、事前知識はあまり多く必要ではありません。

　それよりも、微分・積分を使えるようになることで、このような非常に高度な技術知識に見える静止衛星の速度も、手計算で求められることを知って欲しかったのです。

　実際、手も足も出ないと思った人も、わずか3〜4ページほどで「静止衛星の速度を理解できたはずです。

3 ケプラーの第3法則を求める

　人工衛星の速度や加速度を前項で求めましたが、これは地球と人工衛星の関係でした。太陽と惑星との間に、いくつかの法則が成り立つことを膨大な観測資料をもとに証明したのがケプラー（1571～1630）で、以下の3つ

● **ケプラーの第1の法則** ── 惑星は楕円軌道を描く

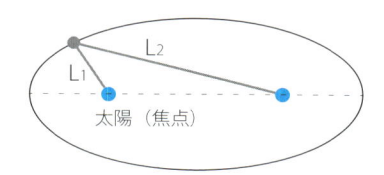

$L_1 + L_2 =$（一定）

● **第2の法則** ── 惑星と太陽が一定時間に掃く面積は等しい

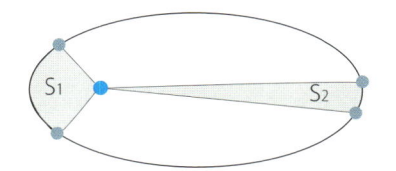

$S_1 = S_2$

● **第3の法則** ── 惑星の公転周期の2乗は、軌道半径の3乗に比例する

	質量（kg）	軌道長半径（AU）	公転周期（年）
水星	3.302×10^{23}	0.38710	0.241
金星	4.869×10^{24}	0.72333	0.615
地球	5.974×10^{24}	1.00	1.000
火星	6.419×10^{23}	1.52366	1.881
木星	1.899×10^{27}	5.20336	11.86
土星	5.688×10^{26}	9.53707	29.46
天王星	8.683×10^{25}	19.19138	84.01
海王星	1.024×10^{26}	30.06896	164.79

1 AU（天文単位）は「太陽～地球」を1とした単位

の法則が知られています。

　この中で、前項の加速度の結果を利用すると、**ケプラーの第3の法則**をすぐに求めることができます。

　惑星の公転周期 = T とすると、$AT = 2\pi$（$2\pi = 360°$、つまり1周）。よって、

$$A = \frac{2\pi}{T}$$

加速度の RA^2 に A を代入して、

$$加速度 = RA^2 = R\left(\frac{2\pi}{T}\right)^2 = \frac{4\pi^2}{T^2}R$$

　さて、惑星 X が太陽から離れようとする遠心力は、その惑星 X の質量 m に加速度を掛けたものです。そして、この遠心力が万有引力と等しくなるので、

$$\underbrace{\frac{4\pi^2}{T^2}Rm}_{遠心力} = \underbrace{\frac{kMm}{R^2}}_{万有引力} \quad （k は定数）$$

これをまとめると、

$$R^3 = \left(\frac{kMm}{4\pi^2 m}\right)T^2 = \underbrace{\left(\frac{kM}{4\pi^2}\right)}_{定数}T^2$$

ここで、かっこでくくった $\left(\dfrac{kM}{4\pi^2}\right)$ は定数なので、これを p とおくと、

$$R^3 = pT^2$$

と表わせました。

　つまり、ケプラーの第3の法則「惑星の公転周期（T）の2乗は、軌道半径（R）の3乗に比例する」が証明できたのです。微分を使うことで、さまざまな法則が思わぬほどかんたんに理解できるのです。

4 化石の年代測定と微分

■放射性元素の半減期

　微分の応用でよく知られているものに、化石の**年代測定**があります。化石の年代は、それが含まれていた地層からも、大ざっぱな判定は可能かもしれませんが、現在は放射年代測定（Radiometric dating）という方法が用いられています。

　たとえば炭素^{14}Cの存在比率は、地球上ではほぼ一定で、生物の体内での炭素^{14}Cの存在比率も、その生物が生きている間は一定です。しかし、生物が死んだ後は、新たに炭素を補給できなくなるため徐々に生物体内の炭素^{14}Cの存在比率は下がっていきます。

　この炭素^{14}Cの場合、約5700年で放射性物質が半減することが知られています（**半減期**）。もし、ある生物が死んでから5700年を経過しているとすると、この生物内の炭素^{14}Cの残存量を測れば、生きていたときの半分（1/2）になっている、といえます。もし、この残存量が1/4であれば、5700年×2 = 11,400年を経過していることになります。

　ちょうど1/2あるいは1/4、さらには1/8であれば計算もしやすいのですが、計測した結果、もし1/3であったなら、あるいは1/6であったなら、死後何年といえるでしょうか。

■微分方程式を立てて解く

　これをグラフ化すると、次ページのようになります。
　このグラフにある曲線の式を考えてみましょう。

　　　$x =$ 時間 …………………………………横軸
　　　$y =$ 放射性物質の量（残存量）……………縦軸

●化石の年代測定

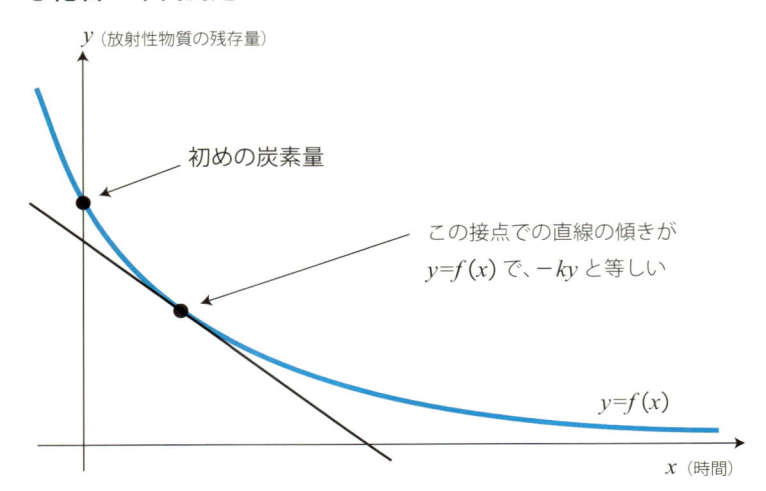

y（放射性物質の残存量）

初めの炭素量

この接点での直線の傾きが
$y=f(x)$ で、$-ky$ と等しい

$y=f(x)$

x（時間）

$y = f(x)$ を時間 (x) で微分すると、

$$f'(x) = \frac{d}{dx}y = \frac{dy}{dx} \qquad \cdots\cdots \quad ①$$

この①が「崩壊速度」で、グラフの接線にあたります。崩壊速度は、そのときの物質の量と比例しますから、$-ky$（$-k$ は比例定数）は①と等しくなります。

つまり、次のようになります。

$$\frac{d}{dx}y = -ky$$

$$\therefore \frac{1}{y}dy = -kdx \qquad \cdots\cdots \quad ②$$

ここで②の式を両辺とも積分すると、

$$\int \frac{1}{y}dy = -k\int dx \qquad \cdots\cdots \quad ③$$

ここで、左辺の $\frac{1}{y}$ を積分すると、$\log_e y$ になるので（219ページの表を

参照)、③の式は、

$$\log_e y = -kx + C \quad (ただし、C = 定数)$$

と書くことができます。よって、

$$y = C \cdot e^{-kx}$$

ここで、C は化石の最初の炭素 ^{14}C の量で、k は炭素の崩壊定数。また、$e \fallingdotseq 2.71828\cdots\cdots$ で、ネイピアの数です。こんなところにも e が顔を覗かせていました。

このように方程式の中に微分が入りこんだものが**微分方程式**で、積分することで式から微分を取り除く作業が必要となります。

さくいん（Index）　●　まずはこの一冊から　意味がわかる微分・積分

数字・欧文

cosの微分 ······················· 63, 70
C（積分定数）···················· 147
D（判別式）······················ 130
dy/dx ···························· 57
$(e^x)'$ ···························· 72
sinの微分 ······················· 60, 67
x^nの微分 ······················ 48, 50
x軸より下の面積 ················· 155
y軸回転 ························· 175

あ

アルキメデス ················· 138, 194
位置の微分 ························ 252
インテグラル ······················ 145
円錐の体積 ························ 172
円の面積公式 ······················ 214

か

解曲線 ···························· 250
回転体 ······················· 171, 175
加々速度 ·························· 170
加速度 ···························· 22
傾き ······························ 33
カバリエリの原理 ············· 190, 192
ガリレオの実験 ···················· 116
球の体積 ·························· 196
極限 ······························ 27
極小値 ···························· 103
極大値 ···························· 103
極値 ······························ 103
虚根 ······························ 130
区間変更 ·························· 212
ケプラーの第3法則 ················· 258
合成関数の微分 ···················· 202

さ

最大値・最小値 ···················· 106
自然対数 ·························· 72
実根 ······························ 130
ジャーク ·························· 170
瞬間速度 ·························· 32
商の微分 ·························· 199
常用対数 ·························· 72
シンプソンの公式 ·················· 226
静止衛星 ·························· 252
関孝和 ···························· 232
積の微分 ······················ 52, 198
積分 ·························· 17, 143
積分定数 ·························· 147
接線の傾き ····················· 34, 66
増減無し ·························· 89
増減表 ···························· 92

増分	38
走行距離	20
速度	20
速度の微分	252

た

台形近似	224
対数の微分	80
台風の進路	28
多項式の微分	55
端点	107
置換積分	206
地球の体積	186
超越数	72
定積分	150
導関数	35
ドット	57
ドーナツ型	179
トポロジー	179

な

ナビゲーション	28
なめらかで連続な曲線	15
二項定理	53, 201
ニュートン法	233
ニュートン法の一般式	239
ニュートン	57

任意定数	147
ネイピアの数	72
年代測定	259

は

パスカルの三角形	53
パップス・ギュルダンの定理	184
半減期	259
判別式	130
微分	15
微分記号	57
微分係数	35
微分できない	16
微分方程式	250, 261
不定積分	147
部分積分	218
ブリキの板の問題	120
平均速度	33
ベクトル	28, 250
ベクトル場	250

ま〜ら

マス目	136
ライプニッツ	57, 145
ラグランジュ	58
落下の法則	116
リンド・パピルス	164

著者略歴

岡部　恒治（おかべ・つねはる）
東京大学大学院理学研究科修了。埼玉大学経済学部教授を経て、現在、同大学名誉教授。『分数ができない大学生』（共著、東洋経済新報社）で、その後の学力低下論議のきっかけをつくり、日本数学会出版賞を受賞。『マンガ微積分入門』（講談社ブルーバックス）など、新しい視点でまとめたベストセラー書が多数ある。

本丸　諒（ほんまる・りょう）
横浜市立大学卒業後、出版社勤務を経てサイエンスライターとして独立。日本数学協会会員。「理系テーマを文系向けに＜超翻訳＞する」ライティング技術に定評がある。著書として『マンガでわかる幾何』（共著、ＳＢクリエイティブ）、『身近な数学の記号たち』（共著、オーム社）、『すごい！磁石』（共著、日本実業出版社）がある。

まずはこの一冊から　意味がわかる微分・積分

2012年 3月25日	初版発行
2016年10月21日	第4刷発行

著者	岡部 恒治　本丸 諒
カバーデザイン	B&W⁺
図版・DTP	編集工房シラクサ

©Tsuneharu Okabe & Ryo Honmaru 2012. Printed in Japan

発行者	内田 眞吾
発行・発売	ベレ出版 〒162-0832　東京都新宿区岩戸町12 レベッカビル TEL.03-5225-4790　FAX.03-5225-4795 ホームページ　http://www.beret.co.jp/ 振替 00180-7-104058
印刷	モリモト印刷株式会社
製本	根本製本株式会社

落丁本・乱丁本は小社編集部あてに送りください。送料小社負担にてお取り替えします。
本書の無断複写は著作権法上での例外を除き禁じられています。購入者以外の第三者による本書のいかなる電子複製も一切認められておりません。

ISBN 978-4-86064-313-3 C2041　　　　　編集担当　坂東一郎